民國園藝史料匯編

6

第2輯

《民國園藝史料匯編》編委會 編

江蘇人民出版社

第六册

種菜法

黃紹緒 著

商務印書館
民國十八年

種菜法

黃紹緒著

農學小叢書

種菜法

目錄

種菜法

第一章　緒論

蔬菜爲人類一種重要之食品，於生活上有密切之關係。吾人苟終日食米，麥，魚，肉，而無蔬菜以佐之，不特阻礙消化，減退食慾，各種疾病亦必隨之而生。蓋魚，肉，米，麥，皆爲脂肪，蛋白質，炭水化物等精細養料；而於纖維質粗料，則多缺乏。此項粗纖維質與精細養料調和，有輔助消化之功效。且其中所含鉀素之成分特多，能清潔血液，旺盛循環。有多種蔬菜，更能治愈疾病，防避傳染。故吾人每日三餐中，缺魚肉猶可，缺蔬菜則不可也。

晚近科學進步，知人類食物成分中，有多種生活素名維他命(Vitamines)者，爲生理上所必需。其功用在使身體各部之營養，得保持康健上之均衡。若某一種缺乏，則牙齦浮腫，組織疏鬆，甚者流失血液，使身體營養失當，以至於死。另有某種缺乏，則全身浮腫，神經失效，皮膚萎縮。另有某種缺乏，則性器官失其作用，此人將終身爲中性之孩童。另有某種缺乏，則身體各部之發育，比例多不相稱；或頭腦完全不發達，或身軀終身爲矮小。凡此種種不同之維他命，皆可自食物中得之。然最簡單最經濟之供給維他命原料者，則惟新鮮之蔬菜。動物之肉及乳，植物之果實等，雖含維他命之量亦甚豐富，而其價値，則遠昂於蔬菜。卽此一端，可見蔬菜在食物中所佔位置之重要矣。

吾國自古以農立國，尤重蔬食，故蔬菜栽培之方法，農家類能知之。惜多囿於成法，不思改弦更張。如培育良種，養成新種，交換種子等，老農槪少行之。卽間有以異種改良者，亦僅改良舊種，而未養成新種。因此區區蔬菜栽培，吾人能優爲之者，尙不免外人之越俎代庖，舶來品之觸目皆是也。如滿洲山東日人所經營之蔬菜園，爲數甚多；罐頭食品如蘆筍，靑豌豆等，宴會上視爲珍貴者，亦皆越重洋而來。利源外溢，可恥孰甚！愛國志士，苟欲急起直追，塞此漏卮，惟有利用科學新法，擴充栽培面積，改良各種品質，以期輸出外洋，博回巨利焉。

種植蔬菜，爲一種最高尙之事業。大別之可分爲二種：(一)娛樂的，(二)營利的。娛樂的爲家庭蔬菜園藝，其目的在供給家庭間所需要優良品質之蔬菜。故須有許多種類，繼續不斷的供給家庭之需要。營利的蔬菜園藝，其目的在供給市場之所需，借此獲得最大之利潤。其種類可多亦可少；各種繼續或間斷，均無關係。營利的蔬菜園藝，實際尚可分爲三種：（1）栽培本地日常所需普通的種類。（2）栽培一種或數種以輸於遠地之種類。（3）栽培專供罐藏或乾醃之種類。

第二章 響影蔬菜品質之要素

席上蔬菜品質之優劣，有數種因子足以左右之。最重要者，當爲烹調廚役技術之高下。烹調如得法，則可口而衛生。否則顏色，組織，香味，及消化性均必劣壞。是以茄子，蘿蔔，白菜，黄瓜等蔬菜，皆各有其特別之烹調方法。但此種因子，皆由於外來；苟蔬菜之本質不佳，縱有良廚，亦無由展其長也。茲舉影響蔬菜本體品質之要素如下：

蔬菜之鮮陳　蔬菜之鮮陳，與其品質，有直接之影響。雖有少數種類，卽陳亦與品質無大關係，但大多數均以新鮮者品質爲較優。有多種蔬菜，在採收後遺失水分甚速，不久卽萎縮，致健盛之特性完全破壞。蘿蔔，萵苣之類，若萎縮過甚，則失其作生菜之價値。他若白菜，茄子，豇豆等，亦以新鮮者品質較佳。此蓋就組織方面而言。若青豌豆甜玉蜀黍等，則採收以後，雖數小時之內，其香味亦必遺失。故青豌豆，甜玉蜀黍一類之蔬菜，最好在採收後一小時以內食之。嚴格而論，凡易萎縮之蔬菜，在普通市面，實難購得眞正新鮮者。此所以許多欲食新鮮蔬菜之人，常自闢土地，自行種植。家庭蔬菜園較營利蔬菜園之優點，亦卽易得較新鮮之蔬菜也。

成熟度之關係　蔬菜採收時之成熟度，與其品質亦有密切之關係。一般蔬菜最適宜之採收時期，大率在將完熟之前。爲時甚短，種菜營利之人，因人工經濟之關係，每每所種之蔬菜，留於土面時間過久，或一次採收之量過多。因此同次採收之蔬菜，往往成熟度大有不同：或嫌太老而多粗纖維，或嫌太嫩而過含水分。若青豌豆，甜玉蜀黍等，採收時期稍遲數日，必變爲堅硬而不合於作蔬菜之用；豇豆過熟，則莢中全變纖維；蘿蔔過熟，則內部或變硬或變爲空髓；黃瓜，茄子之類，如過熟則種子堅硬，果實卽不宜作蔬菜。反之若在適宜時間採收之，則蔬菜之品質必可增進。於此又可見自行闢園種菜，較勝於向市面購買也。

溫度之影響　欲求新鮮而適度成熟之蔬菜，必須其生長時有最適宜之環境。有許多蔬菜之品質，確須視溫度之情形爲轉移。如蘿蔔，胡蘿蔔，萵苣，波菜，花椰菜等，絕難於高溫之下生長。但另有多種蔬菜，又非在高溫下，不能充分發育，故在冬季，難以產生。若西瓜，甜瓜，番茄，辣椒等是也。

水分之需要　水分亦爲影響蔬菜品質之重要因子。冬季蔬菜生長期甚短，而以根，莖，葉充食用部分者爲尤甚。是以其生育全期中，皆需要多量之水分；而於採收適期時，水分之供給，尤爲重要。胡蘿蔔，萵苣等，在採收前若遇乾旱，則其香味必遭損害。倘水分缺乏，同時又遇高温，則香味受損害更劇。有許多夏季蔬菜，又須在初生時，供給多量之水分，以促其莖葉之發育；至將採收時，土壤中反須含水分較少，以增進其細緻之組織及香味。倘有多種蔬菜品質之優，與發育迅速有聯帶關係。若冬季蔬菜及短期蔬菜，以發育部分供食者，尤爲顯著。倘温度合宜，水分適中，自易使蔬菜迅速生長，但根本上尤不能不賴充分養料之供給。蔬菜之以果實或種子供食用者，其發育部分亦須健全，否則果實及種子之品質，仍不能充分良好也。

耕耘　耕耘爲保持土壤中水分最重要之方法。更能使土壤有良好之情形，以供給蔬菜之養料。品質良好之蔬菜，當然產於耕耘良好之地。是以耕耘亦爲影響蔬菜品質之一因子。有許多蔬菜，若遇病蟲害，其品質必變爲低劣。如西瓜藤若遇蟲蝕或銹病，則西瓜之品質，必立減低。其他之種類，遇病蟲害後，形狀，顏色，及產量所受之影響，則較品質所受之影響爲多。但病蟲害過劇者，致使蔬菜生理營養上受阻礙，亦足以減低品質，故防治病蟲害，亦爲增進蔬菜品質之一道。

品種　品種爲影響蔬菜品質最基本之因子。品種不同，形狀，顏色，大小，及生長季節大有差異；品質亦然。蔬菜之品種，市面常可購得之，其種子亦可向種子店購買。各國種子商多註有「標準品種」字樣。其中多數曾經選擇多年確具有優良之特性。此項特性，包括生產量豐富，成熟期甚早，形狀美觀，能耐搬運等；若清香之氣味，細緻之組織尚其次焉者。故市面售賣之胡蘿蔔，青豌豆，豇豆，甜玉蜀黍等其品質尙難稱最優良。是以家庭蔬菜園，若購買蔬菜種子，不必選擇所謂「標準品種」當注意選擇優良種性堅定者而繁殖焉。

第二章　蔬菜之分類

蔬菜之種類，至爲繁夥。其分佈於寒熱温各地，形態習性亦各有不同。若不就相同之特點，加以分門別類，則記憶上必甚感困難。倘就栽培之關係而分類，則此一問題，必簡單多矣。惟分類方法，東西學者，各異其說。有以氣候之適應力爲分類基礎者；有以植物自然分類爲分類基礎者；有以植物之形態及性質爲分類基礎者；有以需要部分爲分類基礎者；但最通行之方法，爲以氣候及栽培需要爲基礎之分類法。本書所論之蔬菜栽培法，亦以下表中所列者爲限。

第一　寒季菜類

（一）　成熟速者

（甲）　春季生食菜類

萵苣　獨行菜　野苣

（乙）　春季青菜類

菠菜　芥菜　瓢兒菜　雪裏蕻

（丙）短期根菜類

蘿蔔　蕪菁　大頭菜　根用甘藍

（丁）豆莢類

豌豆　蠶豆

（二）須移植者

（甲）在炎夏前成熟之春季菜類

結球萵苣　立萵苣　萵苣筍　早花椰菜　早甘藍

（乙）秋季寒期生長之蔬菜

黃芽菜　晚甘藍　晚花椰菜　木立花椰菜　抱子甘藍　芹　根塘蒿

（三）能耐夏季炎熱之寒季蔬菜

（甲）能耐夏季炎熱而不能耐冬季冰凍之菜類

菘菜　胡蘿蔔

（乙）能耐夏季炎熱及冬季冰凍之菜類

美洲防風　婆羅門參　山萮菜

（丙）能耐炎熱之青菜類

白菘菜　羽衣甘藍　蒲公英

（丁）能耐炎熱之生食菜類

旱芹　苦苣　旱獨行菜

（戊）葱類

葱　葱頭　韭葱　韭　薤　大蒜

（己）地下莖類

馬鈴薯　芋　菊芋　薑　百合

（庚）多年生類

筍　石刁柏　山藥　大黃　朝鮮薊　濱菜

（辛）水生菜類

藕　慈姑　荸薺　茭白

第二　熱季菜類

（一）普通不須行移植

（甲）豆莢類

豇豆　菜豆　刀豆

（乙）玉蜀黍

甜味玉蜀黍　爆花玉蜀黍

（丙）青菜類

蕹菜　莧菜　小白菜

（丁）瓜類

甜瓜 西瓜 黃瓜 胡瓜 瓠瓜 南瓜 冬瓜 苦瓜

(二) 須行移植者

(甲) 番茄

(乙) 茄

(丙) 辣椒

(丁) 甘藷

第四章　成熟速之寒季蔬菜

第一節　生食菜類

萵苣　栽培最廣之生食菜類，首推萵苣。凡經營菜園者，必有萵苣包括其蔬菜中。此為最易生長之蔬菜。但氣候必需寒冷，土質必需肥溼。故在溫帶中部栽培此蔬菜於春季，當及早下種，方能於炎夏前，完成其生長。北方夜間常寒冷，稍遲下種亦無妨。南方之萵苣，則宜作晚秋或冬季之蔬菜。

萵苣多於露地行條播。行間須一尺，以便中耕。普通在成熟前不行間苗。但欲得較大之植科，則間苗工作為不可少。在家庭蔬菜園，第一次間苗，須在其可供食用時，以後可連續行之。採收萵苣之法，多全株連根拔起。然亦有數品種，如第一次自地面割之，以後尚可另生新葉。家庭園中，最宜用此法，因在長時間內，可自一株得多量之葉也。

因萵苣生長迅速，需水量甚多，又因迅速生長，與品質極有關係，故宜行人工灌水。氣候如過暖，宜有物蔽蔭。但在炎夏中，雖有蔽蔭，亦屬徒然。因萵苣為寒季蔬菜，遇乾熱氣候，則變糙澀也。在適宜之氣候，大致播種後六週至八週，卽可成熟。

野苣 我國栽培不多。亦繁生於寒季。其供食部分，爲種莖未抽發前之根出葉。在溫暖氣候中，此菜不速抽種莖，卽立枯死。故亦須於早春栽培之。在溫和之氣候，可於秋季播種，冬季稍加護蔽，卽可於早春供食用。亦有於早秋播種冬季供食者。欲求結果優良，須行間苗株距宜爲五寸。播種後約六週至八週成熟。

第二節 春季青菜類

菠菜 此爲我國栽培最廣之蔬菜。必須生於寒季。若遇溫暖之氣候，卽迅速抽莖而結子。在中部及北方，多於早春播種，六週至八週卽成熟，南方則多於九十月播種，經冬可勿須護蔽。至春季生機復動時，卽可採收出售。更南之地，雖在冬季中，亦可播種或收穫。

春季栽培之菠菜，多行條播，行間約一尺。在採收以前，須勤於中耕，不行間苗。秋季播種者，擇肥沃整治良好之地，施行撒播。以後不須中耕。肥料以富於氫素者爲最宜。基肥不足，須用人糞尿行追肥。春播者施一回，秋播者施二回。

菠菜非有多量水分，亦難發育良好。故播種須在潮溼之地，以後須勤於人工灌水。在寒溼之季，其靑葉之產量極豐富。乾熱之季，不特生育不良，亦易招蟲害。

菠菜自根際發出多汁之葉時，卽可採收。通常連根拔起。亦有自地表下主根長約半之處割之。家庭園多用小刀採收，先大而後小。營利蔬菜園，則多用耡，無論其品種及植科如何，皆於同時採收。

芥菜　此亦爲最易栽培之蔬菜。任何土壤之富於肥料及水分者，皆可栽培。惟須寒冷氣候，方能產多量之靑葉。播種南方在九月下旬至十月上旬，北方則在八月下旬至九月上旬，條播撒播均可。亦須施追肥一二次。葉片至可供食用時，卽可採收。採收法或全株拔起，或單摘葉片。此菜生長迅速，結子亦快，故採收期極短。

瓢兒菜　爲白菜之一種。品質柔軟，煮食之味最美。民國十五年冬，上海附近，有賣至千文一斤者。不論何地皆可栽培，但最宜於砂質壤土或黏質壤土。氣候喜寒溼。播種宜在九月中下旬。追肥用人糞尿施二三次。採收可自晚冬至次春繼續行之。產量佳者每畝可得四五千斤。

雪裏蕻　亦爲白菜之一種。較白菜喜更冷之氣候，冬季在南方亦能繼續生長。土質不甚選擇，凡白菜之適地，雪裏蕻皆最相宜。播種期分春秋二季。秋季播種，而欲在白菜後採收者，可較白菜稍遲播之。江浙地方，可在九月下旬至十月上旬播種。北方宜較此早一二旬，南方反是。春播者暖地三月中下旬，寒地自三月下旬頃播之。又秋冬栽培者，須先播種於苗床，而後移植於圃地。秋播春播者，播種後五六十日俱可採收。如欲其充分發長，則秋播者可使之越冬至翌春採收。春播者自四月下旬至抽花梗前可收穫之。收量每畝一千五百斤至三千五百斤。

第三節　短期根菜類

蘿蔔　蘿蔔共分三種，卽春蘿蔔，夏蘿蔔，冬蘿蔔是也。此三種皆爲寒季蔬菜，惟有能耐熱者，有不能耐熱者。夏蘿蔔多於春季下種，而能於中平之夏溫下發育良好。冬蘿蔔雖於炎夏時下種，但其成熟時，必須有寒冷之氣候。春蘿蔔爲栽培最廣者，早熟種播種後四星期至六星期卽可供食用。其眞正生育期之長短，則視溫度而定。寒冷之氣候，固爲栽培上所需要，但溫度過低，則足以防止生長。早熟種供食期只有數日，過老則多纖維質之心髓。遲熟種供食用之期較長，然仍須及時採收，否則品質亦必受影響。

春蘿蔔第一次播種，宜在早春。以後間十日或兩週再播種一次。第一次在四月初播種之地，可繼續播種至五月中旬。再遲則蘿蔔未長至一定大小時，內部卽變粗糙而多辣味。在九月內，若多雨或人工灌水便利，播植春蘿蔔亦能得良好品質。夏蘿蔔可於五月內播種，至氣候爲春蘿蔔不能忍受時卽可供食用。夏蘿蔔多爲白色，春蘿蔔多爲紅色，或紅色而帶白尖。冬蘿蔔北方多於七月下旬播種，中部則在八月上中旬。若與春夏蘿蔔同時播種，全體必甚小而帶辣味。在適宜時間播種者，則肉質脆嫩而香軟。冬蘿蔔常較春夏蘿蔔爲大。冬蘿蔔在秋季結冰前，必須自地面掘起，若保藏良好，其品質可維持三四月。

蘿蔔概行條播，行間六七寸至一尺。春蘿蔔間有行撒播者。冬蘿蔔之行間，至少須一尺半。春夏蘿蔔非採收早熟者不行間苗。冬蘿蔔則必行間苗，且須甚早。株距至少須六寸。爲防根蛆蟲起見，宜行輪作。

蕪菁　春秋二季皆可栽培。惟秋蕪菁較爲重要，春蕪菁採收後須立供食用，秋蕪菁可貯藏以越冬。春蕪菁多行條播而中耕，秋蕪菁則行撒播而不中耕。播種宜極早，否則遇炎熱氣候，內部必變粗糙而帶苦味。水分多可使其生長加速，故中耕爲必要。土質亦須肥美。春蕪菁尤須行間苗。間拔者可供靑食之用。秋蕪菁栽培較易。北方較南方尤然。土地整治良好後，卽可行撒播。播後隨之以耙。因緯度之不同，播種期可自七月下旬以至八月下旬。播種後勿須特別管理，惟待採收。採收方法，須用手連根拔起，此項工作，耗費頗鉅。

第四節　豆莢類

豌豆　大致可分平滑及皺襞二種。平滑種耐寒力較强。凡土壤過於寒溼播種皺襞豌豆必至腐壞者，平滑種則能發芽。故平滑種頗適於早播。惟皺襞種組織細嫩而味香甜，品質又較優良。播種宜稍遲。

豌豆需要寒冷之氣候，必須播種甚早，方能在炎夏前完成其生長。有多數地方其適宜之氣候甚短，不能完成遲熟種之生長，只有在北方夏季涼爽之地可以栽培之。若早熟種能在適當時期播之，則任何地皆可栽培。平滑種宜與菠菜萵苣同於早春下播，植科較小之皺襞種，其播種宜遲二星期。凡露地栽培之於四月一日播種者，至遲不能過四月二十。倘結莢時遇炎熱之氣候，則結莢必短而少，且多不充實。如炎熱過甚，竟有不能成熟者。南方栽培豌豆多在秋冬季。中部地方間能栽培秋豌豆，惟所結莢，必甚纖瘦。

豌豆品種不同，植科大小亦異。凡高不滿二尺者爲矮性種，二尺至四尺者爲半蔓性種，四尺以上者爲蔓性種。矮性種不需外物支持，半蔓性種或蔓性種則須用竹竿或蘆葦支之。因此半蔓性及蔓性種之行間，宜較矮性種爲寬。否則中耕或採收工作，頗爲不便。有時亦可種爲雙行。兩單行之間，距離六七寸，雙行之間，距離則爲三四尺。此種行列佈置法以前頗爲通行。今則矮性種之行間，多由半尺至三尺。稍高之品種，成熟時必傾倒於行間者，行間則稍寬。須用支柱者，行間則爲三四尺，蓋可用中耕器一類農具也。株距一二寸，不行間苗。播種深度多爲二三寸。

豌豆之種爲罐頭用者，在外國多用割草機於將成熟時割之。普通菜園多用手摘青莢。有多數品種成熟期頗一致者，甚合罐頭廠栽培之用。其採摘期長久者，則甚合普通蔬菜園之用。

蠶豆　蠶豆與氣候之關係略似豌豆。惟耐寒力較之稍弱，故寒地不宜秋播。喜粘性壤土，砂性壤土，石灰土之土層深而適度溼氣之土地。此外有機物過多之輕鬆土過乾過溼及土層淺之土地，生育上概非所宜。播種適期爲十月上旬至十一月中旬。過遲則因溫度過低不能發芽，或根之生育不良，易受寒害；過早則葉過繁茂亦易受寒而損傷。普通多行條播。苗長二三寸時行中耕一次，至四月中開花前再行第二次中耕，以後隨時除草可也。收穫期依土地品種用途而異。普通自五月上旬始至六月下旬止，其成熟先後不齊，宜自下部之莢漸漸採收。若以鮮豆供食者，則莢尙未老種實肥大時卽可採收。如欲乾燥者，以下部之莢變黑色爲度，刈取莖莢以連耞擊出其豆粒。

第五章　在炎夏前成熟之移植蔬菜

第一節　萵苣類

結球萵苣　萵苣之葉互相摺疊成球狀一如甘藍者，是爲結球萵苣。其內部之葉，已完全軟化，故其香味遠勝於普通萵苣葉。寒冷之季，雖亦可在露地用種子栽培，但在中部地方，寒季過短，往往不能使其在炎夏前成熟。如受炎熱之損害，則難以結球。倘結球開始以後，遭受熱害，則葉邊變黃而味亦變苦，皆足使其品質減低。是以在中部地方，結球萵苣生育期之後部，必須有冷溼之氣候，方能得良好之結果。

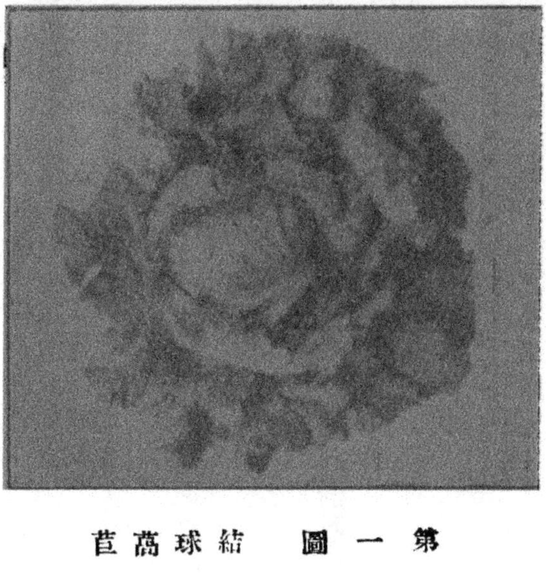

第一圖　結球萵苣

除寒地外，欲求結球萵苣生育之安全，至少當於移植前六週在溫床內播種。如在露地四月十五日必須移植者，三月一日卽須播種於溫床或溫室之木框。播種三星期後，宜行間苗一次，各苗間距離以二寸爲度。植於二寸或一寸半之鉢中亦可。用鉢植之法，在移植時可使根系不受傷害，惟普通木框所育之苗，若使根上多帶泥土，亦無妨害。無論木框或花鉢育成之苗，皆宜先移植於冷床中，以使其體質漸變堅強。至少在定植前須有十日生於冷床中。且其土壤須時用水浸透，蓋防其乾燥過速也。在露地定植之苗，株距宜爲八寸，行間宜爲六寸或八寸，如是工作上可甚便利。定植以後，中耕宜勤。氣候如過乾燥，須行人工灌水。如過溫暖，則又宜用物蔭蔽之。有數種能忍受較強烈之日光，故在氣候溫暖較早之地，宜採用此類品種。至於露地可用種子栽培者，其栽培法完全與普通萵苣同。（參閱第十三頁）間苗後株距宜爲七八寸。間苗宜早，須在幼苗甚小而將至擁擠前。

立萵苣　在普通萵苣與結球萵苣之間，有立萵苣。其葉直立，上部可以草縛之而使內部軟化。有數品種，葉之上部能自包捲，勿須縛紮。其所需氣候，土壤及栽培方法，完全與結球萵苣同。

萵苣筍　此種萵苣之莖肥大，未開花前，頗柔軟，味如黃瓜，葉亦可隨時摘食。性忌炎熱而喜寒冷，然耐雪之力亦不強。秋播者以樹葉藁等覆之，使其在苗床越冬，至翌春始行定植、土壤以肥沃溼潤之粘質壤土或粘土爲最宜，砂土不甚宜。播種宜於十月中下旬。因種子微小，覆土不宜過厚。蓋藁澆水七八日，即發芽，乃行間苗使保適當距離。南方十二月中旬可行定植，北方則越冬至次年三月定植。採收期自三月至六月頃。

第二節　早甘藍

早甘藍有圓錐形與圓球形兩種。極早熟者當推圓錐形品種，但圓球形品種，現在亦有成熟極早者。兩種栽培法甚相似。其耐熱力雖較結球萵苣爲強，但仍以比較寒冷之氣候，較易繁盛。播種宜早，方能在較熱氣候前完成其生長。此則須於溫床中行育苗。若於二月十五至三月一日播種於溫床者，四月一日即可行移植。在溫床播種者，普通不行間苗，惟須漸減其生熱材料，以使其體質漸變堅強。在南方栽培者，多於九月播種，留於冷床中度冬，至早春定植。惟較北諸地，仍以二三月播種居多。

早甘藍移植甚易，其根上不必附帶泥土。在拔起前將苗床潤溼，以鋤或移植器植於整治良好之地即可。行距以能容中耕器爲度，株距一尺至一尺半。地積如過小，株距稍狹亦無妨。所需中耕次數甚多，不特行間須時擾動，各株附近，亦宜常鬆掘。雖苗已甚大，有時外部之葉，亦因中耕破損，然中耕仍不宜卽行停止。至六月時採收。南方多爲寒季蔬菜，北方在夏季任何時間皆可栽培之。結球前間有受蟲害者，可於潮露時撒佈藥粉如熟石灰，乾塵埃等殺滅之。

第三節　早花椰菜

早花椰菜所需之氣候土宜，與早甘藍同，惟不能耐劇烈之寒或熱。氣候忽然變易或遇乾旱，極易受影響，倘其幼苗遇過冷氣候，或水分不足，或溫度過高，則必難於結球。或結球甚小，不合市面需要；或結球作不規則形，有葉片參雜於花球間。總而言之，花椰菜非有適宜之土宜及氣候，頗難得良好結果。凡空氣潮溼，夜間寒冷之地方，栽培此菜最宜。南方多爲寒季蔬菜，北方有植於夏季者。

第二圖　左圓球形甘藍
右圓錐形甘藍

花椰菜之播種，宜較甘藍約早一週。因其生長較緩，而其植科又須較大而強健也。在移植前須先使之漸變堅強，否則植科短矮，結球惡劣。其移植須與早甘藍同時。行株間須留充分之地位，以爲取得水分之用。各株相距至少尺半至二尺。中耕宜勤以助保持水分。結球開始時，並須勤於灌水及施液體追肥。

花椰菜所結之球，最忌日光之炙傷，蓋易損其美觀及香味。當開始結球時，宜將外部之葉扶起而以草繩縛之。如此花球可於比較黑暗之處發育，能保持其白色及美觀。束縛時又須注意多留空餘之地位，否則花球易於腐爛。採割花球適宜之時間，以恰達充分之大小而不自行脫落時爲佳。此適宜時間，可摘北面之葉驗之。花球發育甚速，宜即時採收，過遲品質易受影響。

第六章　秋季寒期生長之蔬菜

第一節　黄芽菜及大芥菜

黄芽菜　此爲捲心白菜之一種，在地上生長時，株高八九寸，直徑一尺四五寸。外部之葉淡綠色，向外反捲。葉柄寬二寸半，長僅三四寸，純白色。肥厚而多汁。全部重達三四斤。葉面上有極密之瘤皺。此皺外葉較少愈至內葉則愈多。心部爲上端尖之圓筒形，呈黄色。柔軟而味美。喜冷涼潤溼之氣候，不畏霜雪。其生育末期冷氣遽增尤爲佳妙。土質以粘性壤土爲宜。暖地八月下旬至九月上旬播種。北方寒地則在七月下旬至九月上旬。中部地方如南京上海等處，則在八月中旬。直播或移植均可。發芽後須行間苗。如無蟲害暴雨之時，間苗一次卽可了事。否則須分數回行之。灌水宜勤，中耕約八九日一次。達適度之大小卽可收穫。暖地晚生種可繼續採收至一二月頃。如在寒地，則至十一月上中旬止。每畝約可收五千斤至八千斤。

大芥菜　我國處處有之。南方暖地產者，尤爲偉大。花莖煮食甚美，葉可煮食或醃食。播種期暖地九月中旬至十月上旬，江浙地方，九月上旬至中旬爲最宜。普通不行直播而用移植法。先於日照良好之處作苗床，施肥而行條播。行間約三寸。薄覆土。發芽後間拔之，使其株間爲三寸。至十一二月頃定植之。定植時畦幅二尺五寸，株間一尺。至翌年二三月頃可漸次剝取其外葉，至四月花梗伸長三四寸，可全部刈取之。

第二節　晚甘藍

晚甘藍可分白，香，紅三種。白甘藍爲最重要者。自晚秋至早春市面皆見之。香甘藍之葉爲暗綠色，與普通種顯然不同。葉多皺縮。其氣味較香而生長較小。紅甘藍多供醃漬之用。三種栽培法大致相同。

晚甘藍生育期之主要部分，須在秋季之寒期。因其生育期較長，故在暖地之秋季，栽培較難。必須在北方夏秋季較涼爽之地，方能生長良好。如氣候土宜情形良好，產量極多，惟南方栽培者，結球不大。寒地栽培者，亦不若早甘藍之有把握，因其生育期經過熱時間較多，至適宜之時期，仍不能脫熱時間之阻礙。故在非常冷溼之氣候，晚甘藍方能產量豐富。土質以肥沃之沖積土爲上。南方菜園，每季栽培不宜過多，北方可大規模栽培。

晚甘藍須於定植四五週前播於整治良好之露地。因其生長之日間，較早甘藍爲長，故達移植之程度，較早甘藍爲快。移植時間，自六月十五至七月十五。若栽培面積甚廣，宜分數次播種，如是移植工作可平勻分配，每次移植之苗，皆有適度大小。有多數品種，雖移植極遲，亦能於短時間發育良好。早甘藍則否。

晚甘藍之移植，易遇乾熱之氣候，故移植時須注意勿缺水分。在移植前，土地須耕耙良好以保持水分。移植後苗之葉頂須摘去，以減低水分之蒸失。在乾燥區域，欲免移植之危險，有時竟行直播。土質須肥沃潮溼方能發育迅速。中耕宜勤。行株間須留充分地位。普通爲二尺與一尺半之比例。最適晚甘藍之地，栽植不妨稍狹，以免結球過大。其他結大球困難之地，則非多與吸收水分與養料之地面不可。

第三節　晚花椰菜

以晚花椰菜與晚甘藍較，尤需冷溼之氣候。卽較之早花椰菜，在溫暖氣候亦不易生長，蓋其幼苗遇七八月之乾熱氣候，每易枯死也。是以晚花椰菜甚喜冷溼之空氣及海洋微風。在灌溉便利之地，亦能生長良好。凡能栽培晚甘藍之地，亦可栽培晚花椰菜。其播種育苗，完全與晚甘藍同，惟其苗床之整治，應更精細。因其種子價較貴，設出苗不佳，犧牲不免較大耳。移植後，行株間應較晚甘藍多留地位，因其需水分較多。栽培晚花椰菜失敗者十九皆由栽植太密之故。遲熟大花椰菜，行株間至少須闊二三尺，有時竟用行株間各三尺以上者。

第四節　木立花椰菜及抱子甘藍

木立花椰菜　此菜所需氣候土宜及結球之情形，與晚花椰菜同。惟當其發育時，需冷氣候較長。英法國栽培較美國爲多。歐洲南部，有數地方，常於秋季播種，冬季生長，而於次春結球。較北諸地，則於初夏播種，經秋冬而不結球，冬季略加護蔽，至次春乃結球。我國人視此蔬菜，不甚重要。

抱子甘藍　此種甘藍與普通甘藍迥然不同。其中莖伸長，葉廣疎而不緊捲，各葉腋間結生小球。此種小球，徑約一寸許。其數甚多，常使中莖覆沒不見。甚需長期之冷氣候及充分之水分，否則小球難發育完全。此植物亦能耐受熱氣候，惟小球則變爲疎叢之葉而不緊捲，只晚甘藍栽培有把握之地方能種之。其成熟所需之時間，較晚甘藍爲尤長，故其播種期，宜較晚甘藍爲早。先於苗床中育苗，然後照晚甘藍法行移植。亦需適度之中耕以保持養分及水分。在小球構成時，將中莖周側之葉片摘去，當可發育更好。惟莖頂之葉叢，則必須留之。小球在晚秋始完成其發育，若微受冰霜，其品質尚可增進。採收時或將小球自莖摘下，或將全株割下儲藏均可。據云其質味之優美，當爲各種甘藍之冠。

第三圖　抱子甘藍

第五節　芹及根塘蒿

芹　芹之生育期甚長，在北方多植爲夏秋蔬菜，南方則植爲冬季蔬菜。最喜潮溼肥沃之土壤。在乾旱區域，雖可以人工行灌水，但仍以天然良好之氣候土宜，方合其栽培。需手工技術甚多，非富有經驗之農夫，頗不易得良好結果。

芹有早晚二種。早熟種在氣候情形好時，即須定植，通常在五月一日左右。生育期全在夏季。八月內卽可採收。但必須氣候涼爽，水分充足，方能如此。晚熟種則於六月至七月十五日之間定植於田間。芹之生長既極遲緩，故在許多地方雖播種極早，亦不能在炎夏前成熟。設芹之生育期大部在熱季中而又缺乏雨水，則不特產量甚少，品質必亦惡劣。惟炎夏過後，復遇秋雨及冷氣，則在九十月之間，仍能供給多量品質優良之蔬菜。

無論早熟晚熟種，均須於三四月前播種於整治良好之苗床。早熟種須於一月內下種，晚熟種須於三四月內下種。早熟種多利用溫室。晚熟種則多利用溫床或冷床。亦有用露地苗床者，惟此法不甚可靠。因其種子甚小，發芽遲緩，最好播種於木框中之潮溼土壤而薄覆之。待苗長至適度大小，須移至另一木框，行株距各約二寸。此木框可置於冷床中。灌水及其他均須特別注意。待定植時乃移出，如苗生長過高，可以剪削短之。

移植前土壤須充分潮溼。移植後須有一部分蔭蔽，故家庭園之植芹者，每每移植於葡萄或玉蜀黍之行間。普通行距爲五寸。但常須視軟化之方法而異，由二尺至四尺者，亦非罕見。移植多用移植器。植苗後，須撮土向根際壓緊。如氣候炎熱，移植時須行摘心。

第四圖　芹之軟化法

芹之軟化法，計有四種。(一)培土法。此爲最廣行之方法，惟高温時期依此法易致腐敗，故常於晚秋行之。卽十月上旬生長達一尺五六寸時，各株上下二處以藁寬縛其葉，乃鋤起畦間之土，打碎土塊，培於株之兩側，高八九寸。更經十日再深爲培土，至稍露葉端爲度。如是一月，可完全軟化。(二)床軟化法。廣闊而高之畦，且栽植距離狹時，同時數行軟化，土既不足，費力亦多。乃於高畦周圍一尺許所生之株先培土使之軟化。待其採收後，再以其處之土，軟化畦中央之株。(三)板圍法。此法乃以板代土。法於八月頃芹已充分生長，乃將板密接於株之兩側並立之，而於板之外打樁護之。板用幅一尺，長六尺，厚一寸許之松板可已。板間稍入土粉或細砂，則二十日後，卽可充分軟化。全圃可分先後數回行之。(四)窖內軟化法。冬季積雪多之寒地，組織硬化，在露地不易行軟化者。多用此法。乃於一二月頃，取露地養成之株，根部帶多量之土，掘取移入二十度左右之窖室或温床密爲排植之。適度灌水，則數日後莖葉俱軟白矣。以上四法，各有得失。就經濟及軟化後之品質而言，以(一)(二)兩法最有利。

根塘蒿　其形頗似芹。當其初生時，頗難與芹分辨。惟根塘蒿之根則較大，其供食之部亦卽此，乃與芹不同之點。生育良好者，其根之直徑約三四寸。栽培方法，與晚芹同，惟不需軟化工作。播種於木框或整治良好之苗床。定植前須行間苗一次。生育期中且須勤於中耕及灌水。其栽培較芹爲易，但無冷氣候及肥土壤，其根頭頗難充分發育。收穫多在晚秋。亦有儲藏以供冬季之用者。

第七章　能耐夏季炎熱之寒季蔬菜

第一節　能耐夏季炎熱而不能耐寒季冰凍之蔬菜

萘菜與胡蘿蔔　此二者所需氣候土宜，完全相同，故栽培法亦可合論。其耐寒能力，雖不及萵苣菠菜等，然可於早春下種。普通多行條播。若用手鋤中耕，行間可爲六七寸至一尺。若用機器中耕，則行間須爲二三尺。胡蘿蔔之種子，較萘菜爲小，苗亦較弱，故播種宜較淺，且在幼苗出土前，不宜聽土面硬結。是以胡蘿蔔所喜之土壤，砂土強於黏土。兩者播種之行間，宜雜少許蘿蔔種子。因蘿蔔發芽較速，可供中耕之特別標記。至萘菜胡蘿蔔需地位時，蘿蔔已移去矣。

播種以後，卽須用手鋤或機器中耕。且須用手行間苗及除草。間拔之萘菜，可充靑飼料。間拔之胡蘿蔔，則用途極小。株距之廣狹，視成熟時每株所需之地位而定。若一部分須早拔起者，則株距不妨稍狹。品種不同，株距亦有差異。通常多爲二三寸。中度大小者，其品質每較過大者爲優。是以間苗時，株距不可留之太寬。其需細嫩之萘菜或胡蘿蔔者，常有於早拔之隙地補植新苗。但此種新苗，頗難耐乾熱之氣候。非有充分之人工灌水不可。

第二節　能耐夏季炎熱及冬季冰凍之蔬菜

美洲防風　此菜之種子，甚易失發芽力，故必須採用新鮮種子。在萘菜胡蘿蔔播種時，即須下播。行間約闊一尺半。播種宜早，以便其生育初期在冷溼之春季中。其根極深，一經生成之後，雖遇長期之乾旱亦屬無妨。乾熱之氣候，不能使其根之直徑增大，故在九月時，其根每甚小。但經秋雨及適宜之溫度，則至十月，仍可充分發育。若欲其根保持固有之性狀，則土層必須深而鬆軟。土層淺而帶黏性之土壤，易使其根成畸形，或生旁枝，售價不免受影響而低落。中耕，除草及間苗，與胡蘿蔔同。但美洲防風在未熟前，絕少採供食用者。土壤如甚鬆軟，其長根增長甚速，頗難於拔起。故間苗工作，須及早行之。掘取時亦須極爲仔細。若根被鋤損，其價值亦必低減。全根須有一尖，其直徑爲二分。故用鋤挖掘或用犁翻起此根，均極困難。通常多於行間將土犁起，而以手拔出之。此或爲最妥當之方法。

婆羅門參　其栽培方法，極似美洲防風。亦須全寒期以供其發育，惟高達一尺左右，則能耐較乾之氣候。種子大而形狀奇異，不適用條播機。側根甚多，其間苗較美洲防風尤難。須用手行點播，以上諸弊方可免。管理方法，與一般行條播之根菜同。無特別病蟲害，亦無須特別技術。最要爲深播於肥沃土壤，而勤於中耕。採收方法，亦與美洲防風同。

第三節　能耐炎熱之青菜類

白菾菜　此種菾菜，其葉較根爲發達。葉大，淡綠色，表面縐縮。中肋及葉柄甚寬，近於銀白色，故有白菾菜之名。常可代菠菜供食用。根白色，旁根甚多，不適於供食。葉可作青菜，葉柄可代石刁柏。播種多在早春。因其葉身闊大，行間至少須一尺半。其葉可充青菜時，卽須行間苗。株間宜留八七寸。全株長至適度大小時，乃拔起之，或將葉割下，此方爲正式供青菜之用。或拔或割，均不宜將根冠傷損，因尚可另發新葉以供第二次之採收也。如欲採收甚早，宜先於温床內育苗，然後移植於露地。此菜在歐美市面少有出賣者，但在家庭園中多植之。其栽培法可以粗放，雖遇不良氣候，亦能繼續供給食用，實小園圃最佳之蔬菜也。

羽衣甘藍　此菜雖屬甘藍類，但並不若普通甘藍之結球。葉長達一二尺，頗狹窄。各葉捲摺如香甘藍狀，邊緣有色襉。能耐強烈之熱旱，無論早春何時播種，均可越夏至秋季採收。卽留至深秋亦不妨，惟再遇冬季之霜雪，則屬有害。中部地方，冬季溫和者，又多於秋季播種，而爲早春蔬菜。其最能耐寒之品種，甚可充冬季蔬菜。故一年中，幾有大部時間可以栽培。每次採收時，只可摘取數葉片，以後可繼續生新葉甚久。採葉時若不任其過大，則質可柔嫩。但密植爲供給早春市面者，全株可一次採摘之。其品質因受霜雪益可改進，故常爲冬春蔬菜，少有爲夏季蔬菜者。條播時行距宜爲二三尺。間苗後，株距宜爲七八寸。中耕只須普通注意已足。少受病蟲害。

蒲公英　野生之蒲公英，人多掘爲早春之青菜。此種野生者，全株甚小，葉只數片，烹煮所需之時間亦多。如選擇肥沃土壤，栽培之亦如他種蔬菜，則可產生豐富多汁之葉。歐美種菜之人，亦有栽培以供販賣者。早春時條播之，行距一二尺。間苗後，株距四五寸。有時他種青菜缺乏，可於六月割取其尖上嫩葉一次。此不特可無損其本體，且可改良品質，增加收入。亦有任其在夏季生長而不加以採收者。耐旱熱之力頗強，能在冬季前長成具冠之大根。至早春時，根部儲藏之養料，發出爲茂盛之青葉，在他種早春青菜未發生時，此菜可獨獲鉅利。北方栽培此菜尤宜。採收以後，須立行耕地，以防其根抽莖結子。

第四節　能耐炎熱之生食菜類

旱芹　此爲最優良之香生菜。能耐夏季劇烈之旱熱，並可繼續生長至深秋結冰之後。一株旱芹，除供夏季需用外，可於深秋掘起，置冷床木框或地窖內之花鉢中，以供冬季之生菜。其種子小而發芽遲緩，故土壤須整治良好，並須含水豐富。欲求苗之生長佳良，可於溫床淺播之，隨時灌以需要之水分。若播種於露地，須雜少許蘿蔔種子以爲行間之標記。因其性甚耐寒，故早春播種亦不妨。若播種於溫床者，在甘藍移植時，亦須移植於露地。行間宜爲一尺或一尺半。間苗或移植後，株距宜爲三寸至六寸。中耕及除草視需要而行之。如環境情形良好，定植三月後，其葉即可採用。每次採收時，一株只可採取數葉。如是一季中可繼續採收甚久。

苦苣　此爲秋季主要之生菜。在寒冷氣候，其生長迅速，品質亦佳良。如欲其在冬季前採收，則在夏季中即須播種。其於夏季旱熱，亦能忍受。在六七月時，可直播於田中，或先播於苗床而後移植之。定植後，行距宜爲一尺半，株距一尺。中耕及灌水均宜十分留意，而尤以移植後爲甚。葉叢密厚而擴張，捲曲而有裂齒。其味略苦。組織非經軟化，常甚粗糙。軟化方法，可將葉片聚合而以軟草繩縛之。

軟化時間約二三週。軟化完成，即宜採用，蓋內部軟化之葉易於腐壞也。因此一次只能束縛數株，否則難以持久。束縛時間，務須留意，必在其乾燥時。否則未軟化而先腐化矣。

第八章　葱類

第一節　葱頭

葱頭爲歐美各國重要之蔬菜，其位置僅在甘藍之次。成熟與未成熟兩種，皆可供食用。一年中菜市上皆有出賣者。雖在不良之環境，亦能保藏甚久，故爲航海家探險家所必需之食物。我國栽培，至今尙未大盛。只都市附近一二新式菜園略有栽培者。其味似葱。惟我國葱多食莖葉，此則食其球形之鱗莖耳。

葱頭之品種甚多，依形狀有橢圓及扁球，球形，紡錘形，卵形及洋梨形數種。依色澤有赤色及帶紅色者，黃色及帶褐色者，與白色者數種。品種名之見於歐美載籍者，其數當不下百餘矣。其生育之初期，喜冷涼溼潤，不畏霜雪。如初期過於溫暖，則莖葉徒長過盛，鱗莖之形成困難。遇旱熱則生育與品質均不良。自生育之中期及末期，好溫暖乾燥氣候。強風能折損其葉，不論何時，俱屬有害。土質以砂質壤土或黏質壤土而有適度溼氣者爲最宜。腐植質多之土壤，鱗莖雖肥大而成熟遲，且質不充實不堪貯藏，色澤亦惡劣。乾燥之砂土，根甚發育伸長而鱗莖瘠小。在甚黏重之土壤，往往成熟延期，如普通之葱莖葉過茂而不見結球者亦有之。

繁殖法有用種子與用鱗莖者。用種子者又有直播與移植之分。直播法寒地常行之。養苗而移植者，暖地常行之。用鱗莖者亦有二法，卽用小鱗莖代苗者，與用大鱗莖者是也。直播法可省移植之勞，免遲延之弊。然其成績遠不如移植法。故新式葱頭栽培法，多不用直播而用移植。本篇所述栽培法，亦多注重於此。

播種可分春秋二次行之，寒地宜春播，暖地宜秋播。春播時以早爲佳。普通以三月上旬至下旬爲適期。秋播過早苗徒長，易受寒傷，且多抽莖開花。過遲鱗莖雖易形成，然不能得肥大者且亦易受寒害。故中部地方如南京上海等處，宜在九月中旬。北方宜在八月中旬至下旬，南方則在九月中旬或下旬。播種法，有條播撒播之別。普通多行撒播。播下後覆土厚二三分，更撒布砂或糲糠以防乾燥與雜草之繁茂。約十日至十五日發芽。再十五日苗長二寸以上，卽可行間苗，施追肥。秋播者年內概可定植。若苗之生育不良不適於定植時，則冬季覆蘽或糲糠以防寒氣。又如輕鬆地結鱗莖難者，於栽植前行假植一回。播種後經六十日根部形成小球，至球已露出於地，其苗卽可定植。苗以大者爲良。因大苗生大球，小苗生小球，收量以用大苗者爲多也。

管理以中耕爲重要，宜分二三回行之。切忌培土於根旁。如輕鬆土深植者，務搔去其土使鱗莖露於地表，則可得大而正形且肉質充實之鱗莖。秋播者如至四五月頃抽花梗者，則在花小葉尙柔軟之際，拔而供食用。栽培於輕鬆地鱗莖不肥大或因根深而繁茂時，秋播者於五月上旬至六月下旬，春播者八月上旬，時時捻曲其頸部抑制其勢力，則足以助鱗莖之肥大。近於收穫期如遭霪雨不易達老熟時，則約在收穫前二十日至二十五日，以空桶或大木回轉使其葉枯而抵於成熟。或以足輕踏之亦可。若綠葉尙存未抵於成熟卽採收之，則肉不充實，不能貯藏。

春播者播種後一百五十日，秋播者經二百六七十日可得以收穫。吾人見葉枯凋卽可斷定葱頭之已成熟而可採收。然採收後卽供食用者，不必待葉之枯凋，隨時可取用之。當收穫之際，先將葉殘留下部五分許刈去，然後掘起鱗莖，除去附於其下之根，就日中曬二三日而乾燥之。

第二節　葱及韭葱

葱　產於我國山東地方，上海南京等處亦有輸入者。全長二尺餘。葉圓筒形外被蠟質，內爲空洞。軟白部達尺餘。甚肥大柔軟而香氣強。軟化頗易。四季皆可栽培，於氣候關係甚少。惟冷氣較温氣爲更適。雨水不宜多。喜黏質壤土或腐植質壤土。但排水必須佳良，否則軟化時必多腐敗之虞。播種期有春播夏播秋播三者。上海南京一帶，春播三月上旬至四月上旬。夏播六月下旬至七月上旬。秋播九月中旬至九月下旬。北方寒地春播宜五月上旬，秋播宜九月上中旬，夏播可與南京上海同。育苗有直播移植二法。概行撒播。株距二三寸，光線卽暢通。播種後輕鬆土薄覆土，黏重土則不覆土，以板或鍬鎮壓之卽可。秋播者其上須撒灰以防霜凍之害。更於其上蓋藁以防乾燥與表土之固結。發芽後卽除去之。苗長二三寸至五寸許，密生部須行間苗。達六七寸乃分而假植之。隨時行中耕除草。經五六十日可以定植。春播者六月下旬至七月下旬，夏播者九月上旬至十月中旬，秋播者三月下旬至五月下旬。栽植時欲爲軟白之葱，當寒冷之季則植於溝向陽之一側，卽使其接近溝之北岸或西岸是也。若在温暖之季，則植溝之南岸或東岸以避日光之照射，及防乾燥。如欲得葱白之長大者，每株一本，株距一寸至三寸。惟分蘗力強者，每株數本共植之，以抑制其分蘗，俾葱白得以肥大。栽植畢，溝底宜鋪麥稈，糜芥堆肥等以防乾燥。如不行軟化而收綠葉者，則株間八寸每株二三本共植之，可得肥大之葉。若不望葉之肥大，只期量多，則株間一寸，一處五六本植之可也。軟化葱之春播者，定植後一百二十日，夏播者二百四十日，秋播者七十五日，可培土終了。於是春播者十一月至三月下旬，可以隨時收穫，夏播者翌年四月至六月收穫，秋播者翌年六月至十月收穫。

韮葱　似葱而稍小，分蘖力弱。葉綠色，長大，面上有白粉。不爲圓筒狀而爲扁平，宛如大蒜之葉。綠葉質硬，不堪供食。惟其下部，亦猶葱之葱白，軟化後色白而短大，有特殊之芳香與甘味。雖爲寒氣蔬菜，亦能耐熱，與耐寒同。早春播種，經夏季而達深秋，至地面將結冰前，始行採收。有時在七月初旬行移植一次。先植於深溝中，漸塡以土，遂可使之軟化，不行移植者，可用土向下部堆擁，亦能使軟化迅速。甚喜肥沃潮溼之土壤，並須良好之中耕。軟化部分愈多，品質愈佳。採收期自十一月至二三月。

第三節　韭大蒜及薤

韭　此爲我國南北各地家常重要之蔬菜。葉細長，扁平而厚，頗柔軟，爲翠綠色，可於夏季隨時採收，與肉類或卵炒食之。秋季其花梗亦可採食。冬春則軟化而供食用。其軟化品名韭黃，富有香氣，爲酒席上必需之和料。栽培極易，無論何地，俱能生育繁茂。其繁殖可依播種或分株。多行條播，行間五六寸。若欲行培土軟化，則行間須一尺五六寸。每株植二三球。以後注意中耕除草及施追肥。早春時卽可以採收。

大蒜　我國栽培甚古，約在二千年前。其葉於柔軟時供食用，謂之蒜苗。花梗亦可供食，謂之蒜薹。最後以鱗莖供食，謂之蒜頭。蒜頭自數個鱗莖集合而成，外包被膜，呈灰白色。全部含辛味及臭氣，北人最喜生食。北方寒地，於二月下旬頃植之，南方則於八九月頃植之。其栽植概用鱗莖。行距一尺，株距三寸許。嫩葉發出卽可採食。當努力除草中耕，冬季嚴寒，當用草蓋之。至七八月頃葉枯凋後，卽可採收鱗莖。

薤　其葉形似大蒜而稍爲三稜形。鱗莖分離未如大蒜之有膜包被。故成熟之薤，常爲數鱗莖而連於一座上。繁殖用單鱗莖。亦有行播種者。栽培法極易。九月中旬，每間七八寸植鱗莖三枚。植後可中耕二三次，追肥一次。每株可採

第五圖　薤

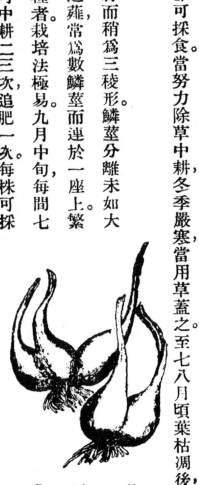

鱗莖甚多。採以葉端現黃色時爲度，約在六七月之交。

第九章　地下莖類

第一節　馬鈴薯

馬鈴薯爲蔬菜類中之最重要者。在歐美上中下三等人之家庭，每日三餐，幾無不有之。市面出賣者，有成熟與不成熟二種。不成熟者頗易腐爛，成熟者若保存方法良好，可保藏至數月。純爲寒季蔬菜。在南方栽培者，其生育期全在春季之寒期中，至將熱前成熟。但必須生育較久方能成熟者，縱遇温熱氣候，亦屬無妨。北方之遲熟種，其生育期多於九十月寒期前停止。南方欲植中熟之種，頗屬不易。惟在溼沃之地，則早熟種收穫後，尚可栽植遲熟種。倘氣候寒冷，其結果必佳良。但欲求薯塊大產量多者，仍以北方爲宜。

馬鈴薯最適之土壤，當推肥沃砂質壤土而富含腐植質者。蓋塊莖在此種土壤中，較在粘質壤土中易於發育也。中部地方栽植早熟種，其地面務須於秋季耕之。因土壤須富有腐植質，故在耕地前，須施多量之堆肥，或耕覆多量之綠肥。在春季地面可耕作時，卽須以碟耙重耕一次。耙後立須栽植。

栽植馬鈴薯約須深三寸，如此種塊方易發育而不受日光之照射或耕地之擾動。普通多植於畦脊上，但此法易使根部受傷，每於極需水分時，地面蒸發甚多。除土層甚淺或排水不良之地外，均宜栽植甚深，且須中耕平勻。小地面之栽植，概用手工。法以鋤或單鏟犂開溝而以手下種塊於溝底，隨以土覆之。過二三星期，用釘齒耙耙地一次，以殺滅一切害草。若栽培面積過廣，則可利用機器。行株距之大小，隨品種而異，但各農家之意見常不同。通常行距二尺至三尺，株距七八寸至一尺半。種物多用薯塊以代種子，其大小各家意見亦不一致。普通每塊約重二兩，至少須具芽眼二枚。

馬鈴薯栽植以後，除前述耙作外，每間一週或十日須行中耕一次，至兩旁之莖葉封行爲止。如遇急雨使土地硬結，亦須隨行中耕一次。其目的在使地面加一層覆蓋，庶水分不易蒸發。有多數地方，不行中耕，只用草鋪於地面。在早春下種後，全田面鋪草約厚三寸。此不特可保土中之水分，亦能阻生害草，遮蔽日光。成熟之後，其品質可較普通方法栽培者爲上。

馬鈴薯多受甲蟲及疫病之害。甲蟲爲害後，其成熟期提早，薯塊每難達適度大小。受疫病者無論在田中或窖中，均易腐壞。防治方法，可噴射波爾多液。苗高六七寸時，卽須噴射，以後每間二三星期再噴一次，至成熟時爲止。尙有一種薯痂病，常爲害薯塊之本身。其最劇烈者，能使薯塊毫無售賣之價值。因其病菌常於冬季藏於土壤中或病薯中，故可以下兩法防治，卽（一）受病之田三四年內不再植馬鈴薯，（二）以福爾摩林液浸種是也。

採收馬鈴薯方法，多用鋤挖掘。但此法易使薯塊傷損，故外國多用一種特製之掘薯器。最新式者，能將薯塊掘起後，使其附着之土壤脫離，而堆之於一定地面以便搬運。掘起之後，立須移入窖中，不可令其受日光照射。

第二節　芋

芋之栽培，在取其富含澱粉之塊莖以供蔬菜。其葉柄無刺激味者，可剝去其外皮而煮食。葉可作飼料。品種有水芋旱芋之分。旱芋可種於山地，水芋水田蒔之。葉皆相似。但水芋味勝，葉亦可食，爲不同耳。

水芋最喜粘重而能保持水分之土壤，河谷盆地之糞肥田，最適水芋之栽培。整地方法，須先耕而後引水其中，心土必須壓之使緊。惟久植水芋之田，則可勿須鎮壓。整地完好，可再將水放出而行栽植。

水芋之繁殖，多用前年之子芋。如目的在得大形之芋頭，當擇子芋之中形者用之。如目的在得子芋，當選子芋之大者用之。栽植期依寒地暖地而異。暖地四月上中旬，我國中部地方四月下旬至五月上旬，北方寒地在五月中旬頃栽植之。行株距視品種及栽培方法而異。通常株距一尺，行距二三尺。有時亦有植爲環形者，每環約植四五株。定植以後，須勤於除草及中耕，概以手鋤行之。其次在摘除外部之死葉及供給田間需要之水分。雜草經鋤去後，大致不再生長。死葉埋入水下之土壤，可作一種肥料。田間之水更須時時更換。

水芋之成熟期，因品種約需十三月至十五月。但在其成熟前陸續採收之，較易獲迅速之厚利。惟此法常使芋之品質低劣。概用手拔起而擲於田埂上。除去莖葉後，貯籃中運市出賣，亦有不去莖葉而以四五枚縛成一束者。

旱芋須植於乾燥之土壤。但亦須多量之水分，故必在雨量豐富之區域方可植之。其整地方法，與根菜類同。耕耙工作極須仔細。畦幅闊三尺許，兩旁宜有小溝。繁殖方法，與水芋同。

第三節　薑

薑爲香辛類蔬菜。我國栽培最古，產熱帶地方，歐洲無栽培之者。品種有廣東大薑，盆薑，及金時薑等數種。氣候以溫溼爲宜。過旱過雨，均屬有害。土宜視用途而異。製乾薑者當選砂質土。供蔬菜用而欲得辛味不強品質柔軟者，當選富於腐植質之壤土或粘土。種薑宜就肥瘠適中排水良好之地特別栽培。有全形用之者，有切開爲二三小塊用之者。栽植期宜四月上旬至五月上旬。暖地宜四月上中旬，寒地宜五月上旬。不宜過遲。惟欲遲收穫者，又不宜栽植過早。早採者行距一尺半至二尺。株距六七寸。晚採者行距二尺，株距一尺五寸。植薑於畦溝中。薑上須覆堆肥，油粕，米糠，灰等之基肥，厚以薑略隱爲度。更於其上覆土厚五分許，使畦面水平。如在寒地，覆土宜加厚一寸至一寸五分。約二三十日後，行第一次中耕。以後距十五日至二十日續行中耕二回。欲製乾薑及種薑者，九月下旬至十月上旬再深行中耕一次，使根旁之土乾燥。施肥中耕而外，宜注意隨時除草。七月中旬，宜鋪藁於畦上，以防根莖之曬傷。當旱魃之際能於早晨灌水亦甚佳。收穫時期，早熟種自七月上旬卽可收穫。

遲熟種九月下旬亦須順次全部採收。製乾薑者，可遲至十月中旬至十二月中旬。

第四節　百合

百合種類雖多，然多取其花供觀賞，可供食用者，惟卷丹山丹二種。此二種之鱗莖味極美，不僅養食，可乾之以製一種食品或澱粉。喜溫暖乾燥之氣候，及高燥之平地或傾斜地。雨多或排水不良之地，均易罹病害。喜表土深之砂質壤土。

栽培法卷丹與山丹不同。栽培卷丹先設種床，上鋪腐壤，播鱗莖。冬時須覆藁以防寒。至翌春發芽成長，床間宜行中耕，培以油粕粉末一二次。經一年，大如雞卵。至翌年秋季，先耕定植地，施以堆肥油粕等。設幅二尺五寸之畦，於畦上每間八寸至一尺，於生長一年之鱗莖植之。

定植後，夏乃開花。欲鱗莖大則勿任其開花，又勿使其多生鱗莖。如供繁殖之用，鱗莖宜酌留花則終以不開爲良。故見花，必連梗摘除。至秋季莖葉枯萎，採掘鱗莖最大者已可出售。但於原地施堆肥油粕等，每間八寸至一尺移植之，經年鱗莖益大。至三年之秋，已適採掘。其矮小者，須更移植之。再經一年，然後全收。其一鱗莖抽莖二三本者，甚劣。

分裂鱗片插植之亦可繁殖，然不若用全鱗莖之善。亦有用小鱗莖者，則鱗莖分裂數個而分生數莖，其質不美。但用生於葉股之鱗莖，則收期稍遲，品質極佳。定植地之畦幅，宜寬一尺五寸。於畦上每間四五寸植之，培以堆肥油粕。但所植鱗莖，多秋季所得，故至翌年晚夏，始可採收。繁殖之則宜於六月中，掘取鱗莖，插植其莖身，使生多數小鱗莖，以供繁殖之用。通常採收期，爲七八兩月。

培植山丹，亦以得鱗莖爲主。任其開花，不任其結實。花有艷色，花戶需之。栽培者俟其花開截而售之。

第十章　多年生菜類

第一節　筍

筍爲竹之初出地上者。無論何種之竹，其筍皆可供食用。惟形有大小，品質有優劣耳。普通爲採筍而栽培之竹，有孟宗竹，淡竹，苦竹三種。孟宗竹之筍曰茅竹筍，淡竹之筍曰淡竹筍，苦竹之筍曰苦竹筍。又有依其採掘時之狀態而與以特別之名稱者。如夏季掘竹之嫩鞭曰鞭筍，冬季掘未出土之嫩芽曰冬筍或苞筍是也。

竹爲東亞原產，我國印度日本多產之，西洋則無之。我國自古栽培，南方到處皆有竹林竹園，北方則不多見。喜溫溼之氣候。必須擇風少之地栽植之。位置以向南或東南日光充分透射之處爲宜。土質最須肥沃之粘質壤土，次爲壤土，若砂土及礫土，切宜避之。表土須深，排水務須良好。否則非僅不能得肥大之筍，且竹之壽命亦難久長。故竹園周圍宜掘深二尺餘之溝以便排水及防根莖蔓延至園外之用。

繁殖概用分株法，間有用插條法或播種法者。欲行分株法，當先擇定親株。親株以二齡許之幼竹直徑二寸以上者爲佳。將此親株留下部八尺至一丈許切去其先端，務使多帶根莖部及土掘取之，以後之生育，可望其佳良。春秋二期俱可栽植，春以二月中旬至三月下旬爲適期，秋以九月中旬至十月下旬爲適期。南方梅雨時期亦可栽植。大概暖地宜秋植，寒地宜春植。每畝地以植二十株至二十五株爲最宜。

親竹栽植後，起初產量頗豐，經過四五年，逐漸次減少。此類老竹，務宜伐去之，而代以新竹。採伐期以十月十一月爲最宜，十二月至一月中旬次之。老竹採伐前，當預留筍使長大爲竹以補其缺。其法當筍旺盛之初期，依欲伐採親竹之數，留肥大之筍於相當位置可也。欲求筍之發育肥大，其上端須以刀削去之，以節養分。根莖必須植於溝中或堆覆塵土或河泥，勿使露出地上而飽受風霜。如有雜草，更當努力除之。

日照良好之處，如根莖不深入土中，則筍之生長甚速，自十二月下旬，即可採收其小形者，此即所謂冬筍。春季筍出產期，在江浙地方，初期概在四月上旬，最盛期在四月中旬，終期在五月中旬。

第二節　石刁柏

石刁柏一名蘆筍，亦爲歐美重要之蔬菜。一經定植以後，可年年採收，勿須重行栽植。故在春季氣候不良，一年生蔬菜難於栽植者，植石刁柏最宜。其供食部分，概埋於地下，故不畏霜雪之害。其根亦甚耐冬寒。雖其生育期之大部在寒季中，但遇夏季炎熱，亦屬無妨。且能耐亘旱。

栽植之開始，爲用一齡或二齡之根。自用種子培育或向種子商購買均可。如自行播種，宜於春季播之成行，行距約一尺許。其發芽頗爲遲緩，宜少雜蘿蔔種子，以爲行列之標誌而便中耕。蓋蘿蔔能在石刁柏前發芽，否則雜草叢生，無由辨其所在矣。又種子下播前，須浸於溫水中約二十四小時。苗出土後，其中耕，除草，間苗等工作，完全與葱頭同。

第六圖　石刁柏

定植石刁柏，宜在早春行之，過遲則難發育良好。其根雖耐性堅強，但在掘起後而未定植前，宜用溼土養之，以防其乾燥。定植之土壤宜肥沃。通常在前一年，即須施肥。否則亦須在前年秋季施肥而耕之。若此亦不能辦到，則惟有在栽植前耕入腐熟之廄肥。無論行秋耕與否，定植前皆須再耕一次。並須繼之以礫耙及齒耙，以使土粒勻細。於是可於土面開溝，深七八寸。兩溝間距離三四尺。每距二尺許，植根一枚。其深度以覆土後根冠距表面約五六寸為佳。但在定植時，所覆之土，根冠以上，不能厚過二寸。否則其苗，難以生長。

石刁柏開始生長後，即須行中耕。常用一中耕器在兩溝間之畦脊行之。苗旁及溝中之雜草，則以鋤去之。每次中耕除草時，均宜將土壤內苗株堆壅，如是畦溝遂漸填平矣。第一期生長已過，地表之莖葉須割去之。同時撒佈一種表面追肥，或於早春施之亦可。並須於早春以礫耙將肥料混入土中。因石刁柏之根栽植甚深，頗不易受耙作傷損。若行之得法，嫩筍亦不至受害。苗再出土後，宜於行間行中耕。至莖葉封行時，中耕始可停止。晚秋時，再將地面莖葉割去，施肥耕地如前。第三年之春，栽植已有兩整年，可採收少量之嫩筍。但最多不可繼續過三週，因採割過多，易使苗佳弱，於將來之發育頗有妨害也。第三年以後，每年在出芽及割嫩筍前，均須以碟耙在行間中耕，其除草之能力極大，約需行二三回。亦有於末次中耕時，植豇豆於行間者。深秋時莖葉須割而焚之，以阻止其結子，並防病蟲之害。

欲求石刁柏能繼續多年產量豐富，每年皆須行表面追肥。通常皆於出芽前以碟耙拌入土中。若秋季施用者，至次春始用耙拌入。在將採割前施之，而繼之以碟耙，亦無不可。

石刁柏一季中繼續採割過久，無論其年齡之若何，皆屬有害。普通繼續在六週以內，其生活力當無大害。若至八週，則採收之嫩筍必甚小，此蓋表示其生活力已減低。若小筍已多而仍繼續採收之，則第二年之出產，必皆為甚小者，故不可不慎也。採割石刁柏，常有一種特製之小刀。（參閱第七圖）

以上所述，皆為青石刁柏栽培法。青石刁柏之採割，通常待其嫩筍高七八寸時，於地面下一二寸之處割之。若欲採收軟白之石刁柏，則在將採割前，須以土向行上

第七圖　石刁柏割筍刀

堆壅成脊，至其先端露出脊上時，可自地面下數寸之處割之。因其在黑暗中發育，不受綠色素之影響，故易變軟白。市面出賣者，多屬此種。採割時期既過，土脊須耕平。至次春復堆壅之。

第十一章　水生菜類

第一節　藕

我國自古即有藕之栽培，占蔬菜重要之地位。可生熟兼用。又可製澱粉，如杭州西湖藕粉是。其蓮子可生食炒食及煮食。花可供觀賞用。葉在卷葉時期有食用之者，及其長大可採而供種種用途。其葉柄及花梗可爲瀉下劑。統觀其全體，自下而上，無一物可棄，誠貴品也。

藕喜温暖多溼，切忌冷溼之氣候。自發生立葉後至九月上旬尤忌暴風。如葉爲風傷損，大有害於其生育。土質以富於有機質而極肥沃之壤土或粘土爲最宜。栽培於砂土者，成熟雖早而藕節多曲，形狀不良而味亦不美。極適之地，爲肥沃而不宜於水稻之水田。繁殖有用種子與地下莖之別。欲得肥大之根莖，當用前生之根莖以爲種。然供觀賞用蓮者則往往用種子。種藕宜用親藕（親藕爲自種蓮發生形成之藕，自親藕分生之枝曰子藕）最發達之先端二節。如藕價昂貴，則以子藕爲種而增其肥料分量亦可。

種藕栽植期普通在四月中旬至五月中旬頃。暖地早而寒地遲。栽植前當行深耕灌水，而於田之四周，築土圍之。且施以基肥。如能利用二三月頃之農閑，深耕數回，使其受充分之風化作用更佳。整地而後，勿須作畦。栽植距離，視品種，種藕之大小，土地之肥瘠等而異。概言之種藕用親藕時行距一丈，株距四尺。用子藕時行距八尺，株距二尺至三尺。而田之周圍，則空留五尺，以免日後藕之蔓入鄰田。

栽植種藕時，田中灌水約深五六分至一寸。在長方形之田，種藕與其長平行植之。栽植時先以兩手掘土，種藕之基部約全長之四分之一現於地表而斜插之。其先端約在土下深四寸許。惟須依其年之氣候與栽植期之早晚，善爲準酌。卽温暖時可淺植，寒冷時宜深植也。

栽植後灌水深二寸許，漸次增加至四寸爲度。自五月下旬至七月上旬，行除草三四回。此際足踏入田中，愼勿踏斷根莖。除草時當排除田水，且乘便攪拌根間之土壤。除草畢仍灌水深四寸許。至葉枯時，可排出田水，惟不宜過甚，以田面不生龜裂爲度。花蕾發生時，如目的專在根莖者，當折曲（非折斷）其花梗，使之不能開花結實，以圖根莖之十分發育。葉與根莖之發育，有大關係，故切不可傷損之。然至八月中旬，根莖已充分發育，將近成熟，則摘取之可無妨礙。

藕早者七八月頃已可收穫。然欲其充分發育，須待至九十月。卽於其時至翌年四月止，可依需要而隨時採收之。採收多用手爲之，而略佐以器具。當掘土時，見有枯而粗大無皺之葉柄，卽可斷定其下有根莖存在。乃善爲採取，勿傷其芽及子藕可也。

第二節　慈姑及荸薺

慈姑與荸薺皆我國所栽培，西洋概不多見。球莖富於澱粉，可供食用。荸薺味甜，並可作水果生食。喜溫暖日照多而無暴風之氣候，又好溼潤。如遇旱魃暴風，均屬有害。土質慈姑喜壤土而排水不良者。荸薺則喜砂性肥沃之土壤。作種之慈姑或荸薺，均宜選充實肥大者。栽植期荸薺在五月上中旬，慈姑在六月中下旬。行距慈姑爲三尺至二尺五寸，荸薺則爲五尺。株距慈姑爲二尺至一尺五寸，荸薺爲二尺五寸。荸薺若與水稻間作，栽植方法稍異。卽插秧寬二丈，留五尺幅種荸薺一行。如是更迭栽植，至栽滿止，其株距亦以二尺五寸爲宜。至七月上旬頃，早稻收穫後，乃將栽荸薺處所發生之新苗再補植於種稻之處。其株間與行間，均以一尺五寸許爲宜。自十月頃迄翌年三四月可隨時採收。

第三節　茭白

茭白一名茭筍，我國原產。南方利用池沼或河岸圩湖栽培者頗多，而特於水田栽培者亦不少。氣候不甚選擇。土質以富於有機質之黏壤水田爲最宜。種於池畔池岸亦無不可。繁殖概依分株法。四五月頃，耕起土地施廏肥等以爲基肥。閱一星期灌水數寸，再細爲耕耙。耙平乃自舊株取新出之苗植之。每株一苗，行株距俱二尺。惟種二行須留二尺寬之通路以便採收時之踏入。田之肥沃者，距離稍廣亦無妨。種植後隨時除草，至分蘖已盛，即可中止。肥料宜分施人糞，畜糞，水藻等數回。務使土地肥沃，俾其充分繁茂。老葉隨時剝去。至八月頃分蘖繁茂，滿布田面，遂開始生茭白。九十月達旺盛期，至十一月即告終，乃清理其莖葉，使翌年之生育良好，至三年必須更新。如每年更新一次，則收量雖較少，而茭白則甚肥大。故欲得佳品，宜每年取新苗植之。如其地冬季欲另種作物，則掘其根株安放之於河岸，翌春發葉時，再取而種之。

第十二章　熱季豆莢類

第一節　菜豆

菜豆一名四季豆，嫩莢及豆均可供蔬菜。有硬莢與軟莢之分。性喜温暖，爲夏季作物。然在十度至十五度之氣候下生育最佳。甚畏霜，旱魃能大減其收量。最宜於肥沃乾燥而不過溼之土壤。含石灰質之黏壤土最佳。瘠地栽培之，不能繁茂。且軟莢種之莢亦不免粗硬。

菜豆如多種栽培於一處，易雜交而變性，故留種者務宜分植之。擇無變種者爲母株，殘留其下部所結之莢，使之完熟，以供採種。收穫後行粒選，擇正形者用之。陳種子不宜用，自温床移植栽培者，亦不宜用爲採種。播種有春播夏播之分。然晚夏之播種，收量極少，鮮有行之者。床播期南京三月中旬，寒地四月上旬。直播者亦依寒地暖地及品種之早晚而有差。早熟種在不罹凍害之限度內，愈早愈佳。晚熟種可稍遲播之。早熟在暖地宜四月中旬，南京宜四月下旬，寒地宜四月下旬至五月上旬。切不可過早。晚熟種與早熟種同播，固無不可。但因前作之關係，至六月上中旬止。夏播至遲八月中旬必須播畢，否則收量減少，甚屬不利。

定植或播種前，須整地作畦。蔓性種畦幅二尺五寸至三尺五寸，株間一尺至二尺。矮性種畦幅一尺五寸至二尺，株間一尺許。作畦畢施基肥。直播者一處點播種子二三粒覆土可也。插種後早則經五六五日遲則經十四日發芽。及生本葉，行中耕一次。蔓性種至生蔓之時，培土於根際，即爲之建立支柱。矮性種舖藁於圃地之全面，以阻雜草之繁茂與地表之乾燥，並得防莢之着汚泥也。

早熟種之春播者，自播種後經五十日；夏播者經四十日；早春之床播經六十日得以開始採收。晚熟種則較早熟種遲二十日許。早播蔓性種得繼續採收六十日；矮性種可繼續四十日。晚夏播於寒地之種類，其採收期間有不達三十日者。軟莢種務於柔軟期間收之。普通每隔三四日採收一次。硬莢種待外皮變黃色後收採。二三日間待莢乾燥，以連枷打出其豆粒。

第二節　豇豆

豇豆亦爲夏季重要蔬菜之一。其莢亦如菜豆，頗柔軟。種子之白者可製豆沙餡，赤者可以爲糕餅之原料。品種亦有軟莢硬莢之分及蔓莖矮莖之別。其性頗強健。無論何種風土，俱能生育繁茂。播

第八圖　豇豆田之支粒

種可照菜豆。暖地大抵自四月起得以播種。寒地須至五月中旬始可播。其後至七月止，分播數回，則夏秋得不絕收穫嫩莢矣。畦幅二尺至二尺五寸。每距一尺至一尺五寸一處點播種子四五粒。覆土五分至一寸。俟發芽後爲之間拔，每處留三株，隨時行中耕二三回。普通無須施追肥，如生育不佳，酌施之亦可。蔓性種蔓高一尺許時，宜立支柱使其纏繞。矮性種生長過度時，須爲之摘心，方可收量增多。大抵播種經三月得開始採收，可繼續二月之久。

第三節　刀豆

刀豆爲豆莢中之最廣大者；幅一寸五分，長達一尺者有之。品種有赤白二種。喜温暖氣候，寒地子實難以成熟。土質喜黏性而排水佳良者。忌連作。欲採收種子者，須早播於苗床而後移植之。播種期直播宜五月上中旬，床播宜四月上中旬，床播者每隔四五寸點播一粒。眼宜向下。覆土厚一寸許。其上厚蓋藁不可深植。子葉出地後，當注意澆水自播。種後經三十日卽生本葉，可以移植。不問直播與移植，其畦幅俱爲二尺五寸，株間一尺二寸至一尺五寸。蔓高一尺許，須時行中耕。立支柱。過度繁茂，並爲之摘心。至八月上旬，莢長五六寸，卽可順次收穫。

第十三章　熱季青菜類

第一節　蕹菜

蕹菜爲我國原產。莖中空，柔軟而色綠。葉似菠菜。可摘而供食。旋摘旋長，故得不絕採收。喜溫暖氣候與肥沃土壤。四月下旬作幅三尺之畦。每距二尺許，點播種子五六粒於一處。及發芽生長，間拔之。每處僅留一二株。其蔓至五六寸長時，摘去其先端，則分枝繁茂，可隨時採收其嫩芽。盛夏成長最速，蔓匍匐地面，得多量採收。如欲收種子，不可過採嫩芽，令其開花結實，及完熟收而貯之。性畏霜，至十一月初旬，遇霜卽枯。

第二節　莧菜

莧菜爲我國南方栽培之蔬菜。莖葉皆可供食用。喜溫暖氣候及高燥肥沃之土壤。採莖者雖植於樹下或房屋等之陰處均無不可。直播或移植。直播法先撒播種子，及其發芽生長乃爲間拔。惟以採莖或採種爲目的者，必須先播種於苗床而後移植。播種自四月初旬至六月下旬。其種子細小，苗床之土宜充分打碎而仔細播之。上覆以藁。十餘日卽發芽。待其長至三寸許，卽可拔而移植之。畦普通三尺而於其上七八寸見方植一株。及其恢復生活乃澆壅稀薄人糞尿。採莖者並須壅灰。自後隨時除草中耕並施用追肥二三回，則生長迅速矣。採收自出苗至結子前可隨時行之。惟欲得充分肥大之莖，則必在九月內採收。

第三節　小白菜

白菜類之能於春夏暖期內栽培者，只小白菜一種。其生育期極短，且播種收穫，無一定時期，前後作物亦難一定。大致自春暖至秋末，隨時皆可依市場之需要而播種。概用直接撒播法。播種後，種子上宜薄覆土，且蓋藁或刈草於其上，以便澆水而防大雨之打擊。每畝收量，可五六千斤。

第十四章　熱季須行移植之菜類

第一節　番茄

番茄爲歐美栽培最廣之蔬菜。美國南方並有專門栽培番茄之大菜園，以備輸至北方及製罐頭之用。其生育期極長，非遇霜雪，必不枯死。但能選擇早熟種，先在溫床中育苗，則雖在北方較涼之地，亦可使其在霜降期前，將生育期縮短。無論栽培之目的，爲就地出賣，或輸至遠方，總以成熟甚早，結果甚多爲歸。欲求成熟早產量多，當於適當之移植期，選用強壯之幼苗。法於移植前八週至十二週，播種於溫床。當其第一對粗葉發現而尚未變爲細長時，宜移植於另一溫床，行株距各約二寸，或植於二寸徑之花鉢亦可。由此再過二三週，可移植於冷床，行株距可五寸。植於花鉢者，可移於三寸徑之花鉢，然後陷於冷床之土中。其根系於是可充分發達，幼苗移植於本田後，可得直立強健之株。在移植期將近，須使幼苗體質更爲堅強。其發育不宜過速或過茂盛。若能遵上法行之，縱環境情形變更，損失亦不大。

由冷床中掘起幼苗，須將其周圍之土壤切爲方形。然後以鏟仔細掘起之。定植之田須先整治良好，並預開植穴，仍以鏟連苗帶土植入。再以鋤推壅泥土，使苗穩定。行株距三四尺。除矮生種外，尤以用四尺距離居多。土壤如不甚肥沃，宜施追肥。普通多用骨粉，乾血，硫酸鉀等混合肥料，每株施四分之一磅最宜。亦有基肥用廐肥撒播而追肥用化學肥料點播者。但土壤肥沃者，無論基肥或追肥，均不必施用。移植時期，隨季節而異。普通在早玉蜀黍栽植完畢以後。倘能避免霜凍之害，則以愈早愈妙。

定植以後卽須行中耕。最初一二次宜深而近苗，以後則宜漸淺，以免有傷根系。欲求採收期可繼續甚久，中耕次數須多。但雨量豐富而又分配得宜者不在此限。

在多數地方，須立支柱以扶縛之。普通多用五尺長之木柱，於近每株之處深插地中。苗高一尺至一尺半時，卽以軟繩縛之於柱上。軟繩須先在柱上縛緊，以免滑落。然後將苗鬆縛之，以免苗長大時莖幹受傷。苗再高一尺，當再縛一次，至高與木柱齊，當作第三次之束縛。有時品種生育強盛，更有作第四次束縛者。除單柱法外，倘有雛形，叉形等束縛法。但最普通最便利者，仍推單柱法。至於整枝方法，有促成早熟之效，惟產量則大減少。若栽培番茄爲製罐頭用者，早熟與否無足輕重，宜以省事爲前提。卽晚播於温床或冷床而直移於露地亦無不可。此種幼苗常甚小，用小移植鏟卽足。中耕全用機器，無須支柱或束縛。

第九圖 蕃茄單柱整枝法

番茄之採收，視其用途而異其時期。若爲自用，或就地出賣，或用製罐頭，宜待其充分成熟。若備輸於遠地，則在開始變色時，卽須採收。採收時務須注意勿使皮有破傷，否則其果易於壞爛。

第二節 茄

茄爲需精細栽培之蔬菜。如欲收成良好，隨時皆須使其充分健全。任何時期生活上稍受阻礙，其失敗必易。其栽培所需重要之條件，爲高温，肥土，精細之中耕，及蟲害之防治等。因中北部地方，在六月以前，氣候每尚寒冷，故須在温床中先行育苗。且在移植時，苗之生育，必須良好。故其種子，在三月中卽須下播。

有温室之地，最好於其中播種，否則用温床亦可。其温度在日間須爲華氏八十度至八十五度，夜間爲六十五至七十度。三四週後，苗已至相當大小，可移於二寸徑之鉢中，而置温室或温床內。花鉢中須用最肥沃之土壤。至根系充滿此鉢時，可移植於三寸五分徑之鉢。如根系充滿此鉢時，外面猶未温暖，宜再移於五寸徑之鉢。隨時均須以温室或温床保護之。卽在六月中，外面氣候不佳，亦須如此行之。植於鉢中時，又須注意，勿使其受鉢之束縛，蓋此足以妨其生長也。

移植前土地須整治良好，耕地後須隨之以耙，以保持土中水分。並須施以多量之肥料。移植時將苗仔細從鉢中移出，愼勿使其根系受傷。行距宜爲三四尺，株距宜爲二三尺。中耕宜勤。採收期普通自播種後九十五日至一百十日可開始採收。至霜降時爲止。可隔日採收一次。採收在傍晚或早露未乾時，則色濃厚。日中收者色澤劣。然欲長貯藏者，則宜於日中水分少時採之。

第三節　辣椒

辣椒所需之氣候，與番茄同。惟其生育較緩，須先十日在温床中育苗，方得與番茄同時移植。早熟種播於温床出苗後，須移入二寸徑之花鉢，再移於四寸徑之花鉢。最後置花鉢於冷床中，以使其體質變爲堅強，而便移植於露地。遲熟種播於温床後，可直移於露地，勿須用花鉢移轉。但除南方暖地外，總以在秋霜前能完熟爲佳。栽植之先，預爲整地，畦幅二尺，株距八寸至一尺。宜勤於中耕及除草。頗少病蟲之害，無須特別防護。收穫期有早晚，普通自八月上旬起，至九月下旬終。作蔬菜之青椒，花謝後經十五六日尚未成熟而達適度之大時，即可漸次採收。其不然者，則待變赤或黄後採收。如製乾椒者，則爲省力計，待一株之果全數完熟時，拔而晒諸日中，使其乾燥而一一摘之。

第四節　甘藷

甘藷天然屬於熱帶作物。南方土質帶砂性者，皆可植之。在北方須注意温度之充足，及土壤之乾燥，故須擇面南向陽而排水優良之地。土面概作高畦，可保持高温及利便排水。移植須待土面充分温暖之後。因其喜氣候乾熱，故一經定植，即雨量甚少，亦可發育良好。潮溼之季而土壤又排水不良者，所結之藷塊，每每長而纖維多，短而肥厚者，反難得也。

熱帶或亞熱帶地方，終年不降霜雪者，蔓葉常存，收穫後即可插植，無須用種藷。但在温帶地方，則不可不留種藷以待翌春之用。種藷採收之地，以南向傾斜日光排水佳良者爲最宜。俟降薄霜一二回，藷充分成熟，乃仔細採收，不使受傷且殘留蔓之一部，善爲貯藏之。

欲養成幼苗，在温暖地方，僅於温暖場所埋其種薯，待其發芽可已。然普通必設温床育之。移植時蔓苗之切取法有二：第一，蔓一尺許伸長時隨時切取之。普通自六月上旬始，分三回行之。第二，蔓伸長數尺後每條一尺許切斷用之。以蔓之先端爲苗者，藷之收量最多。漸至基部，則收量漸減。插植時期，在我國內地，概以四月中旬至六月下旬爲適期。在此期內，以早爲有利。故在南方温暖之區，能於五月上旬至下旬插植完畢爲妙。

插植之前，宜先行整地。如爲間作，僅須耕起前作物之畦間。否則須全面耕起而作畦。畦幅普通二尺許，而以兩旁之土堆積於其中，高約尺許。畦之方面以自東而西爲最佳。因東西之畦，苗之基部向北斜插而露其先端於南，可以防乾燥而促其發根。株距普通八寸至一尺。苗插植時，宜於陰天行之。如遇晴日，務避日中而於夕刻插之。插植方法有三：即普通插法，釣鈎插法，及弓形插法是也。三法中以弓形法爲最優，因蔓彎曲埋於土中之節數較多，生藷自多，可增加收量也。插植畢如在乾燥期須充分鎮壓。然雨後或溼氣多時，以手略鎮壓之卽可。

插植後如水分充足，數日卽發根。爲麥之間作者，麥採收後，卽淺行中耕培土。如爲高畦則專行中耕，不必培土。如有雜草，亦宜隨時除之。管理上最重要者爲翻蔓，如怠而不行，則蔓之各節，生白根穿入土中，分散養料，使基部之藷，反不能肥大。欲防此弊，須行翻蔓。翻蔓宜於八月下旬頃止，分三四回行之。朝夕蔓脆弱，易於折斷，宜於日中翻之。翻蔓時可帶行除草。

收穫時期在城市附近，未熟時卽可全部採收。然普通早生種，插植後經百二三十日，晚生種經百五六十日葉稍黃變，方可採收。如欲貯藏至翌年者，則須至十一月上旬受二三回微霜後，十分成熟而後收之。掘藷方法，我國多用耙鋤。美國則用普通步犂而將其翻土板取下。有一種特製之掘藷機，適用於廣大面積之收穫。其犂之前面附有二碟形之刀，以爲切斷莖蔓之用，後面裝犂鏟二，用以起開畦脊。其下製一U形之鋼鏟，可於畦底將藷鬆起。此機在行間拖過後，卽可用手握蔓而將藷塊拔出。拔起後須置田間數小時，使之乾燥，以後乃自蔓上割下，於是可貯藏或運市出賣矣。

王雲五主編

萬有文庫

第一集一千種

種菜法

黃紹緒著

發行兼印刷者　上海寶山路　商務印書館

發行所　上海及各埠　商務印書館

中華民國十八年十月初版

The Complete Library
Edited by
Y. W. WONG

VEGETABLE GROWING

By
HUANG SHAO SU

THE COMMERCIAL PRESS, LTD.
Shanghai, China
1929

觀賞樹木

陳植 著

商務印書館
民國十九年

觀賞樹木

陳植 著

百科小叢書

觀賞樹木

目次

觀賞樹木

第一 樹木與觀賞

造園材料，可大別爲自然材料，及加工材料兩種。然權其輕重，則前者爲必需材料，後者爲補助材料。植物材料，造園必需材料中之最要者也。故造園美，不啻全處於植物材料支配之下；植物材料實造園一大要素也。植物美，草本不如樹木，其應用量，亦遠在樹木下。故樹木不啻占植物材料大部；即造園美，不啻處樹木支配下也。樹木之供造園用者，謂之觀賞樹（Zierbaum; ornamental tree），或簡稱庭樹（Gartenbaum; garden tree），即本篇所論者也。造園與演劇，同爲綜合的藝術之一（合空間與時間）性質亦頗相似，特材料不同，爲稍異耳。蓋一爲植物美，一爲人體美，庭樹之整姿，一似俳優之化粧也。觀之，益徵庭樹之重要矣。

- 藝術
  - 空間的
    - 繪畫
    - 彫刻
    - 建築
    - （以上）造形美術
  - 時間的
    - 音樂
    - 詩歌
  - 綜合的
    - 演劇——人體美——俳優——化粧
    - 造園——植物美——庭樹——整姿

- 造園美
  - 自然美
    - 材料美
      - 動物美
      - 植物美
        - 樹木（觀賞樹木）
        - 花草
      - 礦物美
    - 風景美

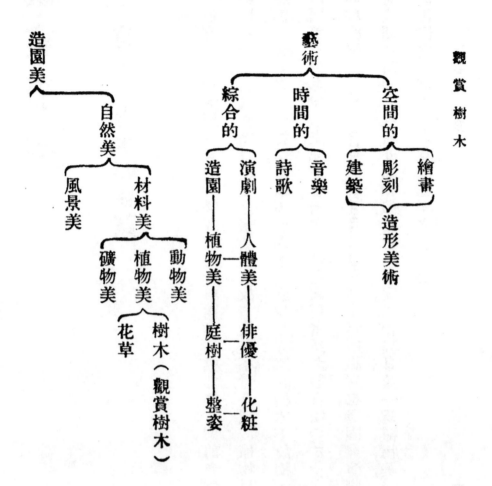

藝術美
- 畫繪的美
- 圖案的美
- 彫刻的美
- 建築的美
- 演劇的美

土地經營術(Kulturkunst)中之以審美爲主目的者，如公園庭園是。以實用爲主目的者，如農，林，畜牧等事業是。兼審美實用而有之者，爲住宅，（綠籬，宅旁林等）名勝，（風致林，紀念樹等）寺院，（寺苑及寺院風致林）都市，（行道樹，田園都市等）墓地，公所等之裝景是。造園裝景，同以樹木爲要素；故樹木實占風景裝飾術(Landschaftver schöner Kunst; landscape architecture)中之重要位置焉。茲述庭樹美性之概略如次：

第一級　空間的美

其一　色彩美

一　樹冠之色　樹冠足以支配全體色彩，除落葉樹，冬季色彩稍異外，大部爲綠葉所蔽；故樹冠色彩，亦支配於葉色之下。惟以種種關係，影響於色彩者，至深。葉之透光者，呈黃綠色。葉之經光線直射者，爲綠色。在林中或生蔽蔭下者，呈濃綠色。生森林中蔽蔭下者，呈濃青綠色。皆以光線變化者也。外此，立地及時期之影響亦著。

二　葉裏及葉柄之色　柳及銀白楊以葉裏白色，樹冠之色彩特殊。葉之有柄者，色調視無柄者溫淡，而呈赤或赤橙色。

三　枝幹之色　幼時枝幹，類呈綠色，樹皮剝落，生龜裂時，其色逐漸變。枝幹色澤，以樹種互殊：白樺，灰白色；紫薇，茶褐色；槐，濃綠色；松，褐色；公孫樹，淡灰褐色。惟固有色彩，非至落葉後不顯。

四　芽苞花果之色　種別互殊，其壯觀各別。

其二　形態美

一　全體樹形及外圍線　以樹種各別。全體樹形，白楊爲圓筒形，魚鮮松爲圓錐形，赤楊爲鐘形。至於外圍線，則楡爲直線，柳爲曲線，赤楊爲波狀。

二　幹之分歧及屈曲　幹之挺直者，爲針葉樹大部，及闊葉樹中之白楊，樺木等。幹之分歧多曲者，爲七葉樹，紫薇，柳，樟及針葉樹中之紫杉，榧，檜等。

三　樹冠位置之上下　樹冠位置，雖同一樹種，亦以地位而異，斯美的價值以殊。

四　分歧之角度枝條之曲態　枝條形態，曲直二線之變化甚著，或爲波狀，或似蛇形，或先俯而後仰，或先仰而後俯。分枝角度，亦各異趣：白楊，柳，桐之角度極狹；松，槠，辛夷之角度甚廣；檘樹橫展，幾成直角。

五　枝葉之團聚　樹冠疏密，亦以樹類異致。密者，暖帶之常綠闊葉樹類屬之。疏者，溫帶之落葉闊葉樹，及寒帶之林木屬之。

六　樹皮之裂紋　即同一樹木，以年齡而互殊。幼時頗平滑，稍衰即龜裂。其紋有縱裂，橫裂；其狀有方形，矩形。

七　根蔓之狀態　根蔓之隆聳地表者，蟠曲如龍，姿態奇趣，富美的價值。

八　葉芽苞花果之形態　樹木以種別各異，其形態影響於美的價值至鉅。

第二級　量及時間的美

其一　天候變化之美

一　枝條振動及其色彩　樹木振動，足以表示個體之審美，白楊蕭蕭，（葉）楊柳依依，（枝）其較著者也。樹體運動，色彩亦隨劇變。

二　樹葉樹梢之發音　白楊之葉簌簌作聲，故有響葉之稱。松樹之梢颯颯如浪，乃有松濤之雅。

其二　季節變化之美

一　各部形態之進展　枝，葉，花，實皆由芽之進展（伸發開結）以成，變化不盡，興味無窮。

二　各部色彩之轉換　自春入夏由黃綠，赤橙而變濃綠。秋高葉紅，鮮麗如醉。（針葉樹，及常綠闊葉樹除外）。樹木爲多年生植物，色彩變化，雖同一樹種，同一季節，以年齡異致審美之價值益增。

其三　年齡變化的美

一　各部形態之進展及凋落　根，幹，枝，葉，恆以年齡增加而變態，幹之垂直者，經年而根聳；枝之端挺者，積齡而屈曲；其他各部形態，變化亦著。

二　各部色彩之變遷　葉幼時色淡，年長漸濃，質亦漸堅。枝幹色澤，年齡愈高，益臻蒼古。

其四　量及力的關係

以所有之量，及所受之力各殊，美的價值以別。

第三級　統一性的美

一　形態之統一性　枝條着生，有一定方式；花，葉，果實，保一定位置。要之各部結合，皆整然有序者也。其以病害而畸形不健者，美之價值大損。

二　色彩之統一性　樹木之健全者，雖如何變化，然色彩皆具統一之性；紛亂無序者，惟於被害之部分見之。葉非其時而繁，花非其時而開，稱之珍奇則可；至於審美，則毫無價值矣。

三　運動之統一性　運動亦與形態，色彩，同具統一性。葉動，枝搖，諸樹各顯審美價值。

樹木美性，至第二第三高級時，其特色之發揮愈甚，草本美性，僅具第一級至第二級，已幽微而不顯；（其一）爾往更無論矣。樹木美性，雖以立地，天候，及其他環境而變化，然個體美性之特徵，終非全失。有之，惟在破壞樹木美性時；修剪術（topiary art）其著例也。故主自然美者，至反對之。

第二　觀賞樹木之分類

其一　美觀本位之分類

植物美觀中至複雜而表現個性者，樹木是矣。樹木中若果樹等類，以實用目的，施以剪定整枝諸手術者，樹木固有美觀，幾抹殺盡矣。能保其風姿者，惟於庭樹見之。庭樹如以美觀爲本位而分類之，可大別爲色彩美，形態美及內容美三種。兹分别述之如次：

一　色彩美

色彩美，爲庭樹美之第一要素，不惟以樹木之分集而不同；（孤立木，列木，樹叢）又以樹木個體之部位而異致者也。

樹冠　樹冠，一複雜綠色之集合體也。自春洎冬，色彩迭變。樹冠色彩，普通以綠色爲代表；惟複雜不若水空之單調。蓋樹冠色彩，固以時，以日，以季，以陰晴而異致，受光線支配而變化者也。以季節別之：春呈淡黃，乃至淡黃綠色；夏呈濃綠色；秋季除一部仍爲綠色外，餘皆呈黃紅橙，或黃綠色；入冬葉落，樹冠色彩，復驟變矣。

葉　葉爲樹冠構成之要素，光澤，表裏，新綠，紅葉等，皆葉之色彩美，關係至切者也。樹葉盛夏濃綠，入秋後鮮豔奪目，媚態益增，有專以珍愛葉色而栽植者。茲依其色別略舉如次：

1　紅及其類似者：

槭，柿，漆，櫨，烏桕，桃葉衛矛，花楸樹。

2　黃或橙色者：

白楊，紫薇，梧桐，厚朴，無患子，法國梧桐，鵝掌楸。

公孫樹，菩提樹，白雲木，樺，榆。

花　依開花季節，區別如次：

1　春

桃，（紅，白），山茶，（白，紅），牡丹，（紅，黃，白，紫，淡紅），藤，（紫，白），杜鵑花，（白，紅，黃，淡紅），辛夷，（白），木蘭，（紫），泰山木，（白），連翹，（黃）金絲梅，（黃），棣棠花，（黃），瑞香，（白，黃，紫），錦帶花，（淡紅）。

2 夏

梔子，（白），合歡木，（白，淡紅），安石榴，（淡紅），繡球，（白，紫），木槿，（白，紫，淡紅），檉柳，（淡紅），紫薇，（白，綠，淡紅）。六月雪，（白），夾竹桃，（白，黃，淡紅）。

3 秋

芙蓉，（白，淡紅），桂，（黃，淡黃），胡枝子，（白，紅），油茶，（白，紅）。

4 冬

梅，（白，紅），蠟梅，（黃）。

實

果實色彩亦頗美觀，且有專以果實色彩美而供點綴用者。茲依色別分列如次：

1 紅色者：

南天竺，珊瑚樹，紫金牛，桃葉珊瑚，楊梅，櫻桃，枳椇，柿，構，枸杞。

2 黃色者：柑，無患子，楝，槐，杏，梅，枇杷。

3 黑色者：女貞，桂，樟，欒。

幹 除少數特異外，一般以褐色爲夥。樹幹色彩，影響於全體之美觀至巨。茲依其色別分列如次：

1 青色者：梧桐，棣棠，竹，芙蓉，桃葉珊瑚。

2 褐色者：柳杉，馬尾松，黑松，天竺。

3 灰白色者：

白樺，白松，白楊。

4 灰褐色者：

公孫樹，樅。

5 茶灰色者：

紫薇，榠樝。

6 紫色者：

紫竹，寒竹。

7 黃色者：

金明竹，黃絲竹。

二 形態美

庭樹姿態，亦爲支配美觀之要素。茲述之如次：

樹形全體　通觀庭樹樹形全體，可大別爲整型與不整型兩種。前者若柳杉，樅，喜馬拉耶杉，及日本金松（カウヤマキ umbrella fir），杉子孫柏等，大部分之針葉樹類屬之。後者若山茶，繡球，牡丹，錦帶花，蠟梅花等，大部分之闊葉樹類屬之。然樹木整型者，恆以天候，及一切環境狀況，有不能繼續維持姿態漸變者。

第一圖　樹形之類別

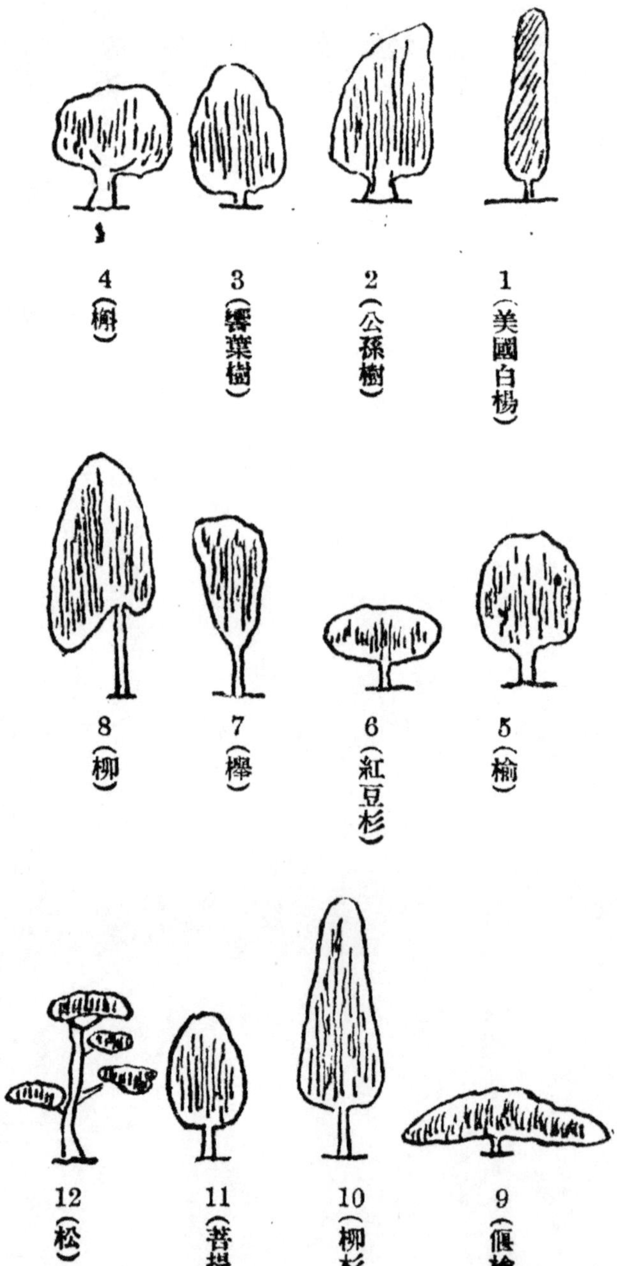

樹冠　樹冠形狀，足示樹木個性；故樹冠形狀，乃遙辨樹類之特徵也。（如第一圖）洋式住宅之重視壁面裝飾者，如於樹種選擇，吟味稍疏，卽易陷於不調和。故對於庭樹，樹型選擇，務宜注意建築，善爲選定之。

樹幹　樹幹形狀，殆皆類似，若南天竹，八角金盤，棕櫚，蘇鐵等，皆以樹幹美姿見稱者也。

葉　葉形大別之，有單複，大小之別。細察之，有針線，披針，心臟，卵，倒卵，匙，腎，楯諸形之殊。他若葉緣，基脚，亦各異致。葉形足以支配景色；設計者，所當愼焉。

枝序　亦樹冠構成之要素也。雖以樹類互殊，然以日射，及其他影響，有改變其個性者。

三　內容美

樹木之形態，及其生活與抵抗外力之狀況等，若深味之，至與樹木之美觀有關；且擬人目之，實有無限之聯想存焉。

1　雄壯者：

松，柳杉，紫杉，櫟，槠。

2 悲哀者：

白楊，公孫樹，喜馬拉耶杉，楓。

3 瀟灑者：

竹，南天竹，鐵杉，柳。

4 秀麗者：

落葉松，金錢松，日本金松。

其二 實用本位之分類

庭樹實用，可大別爲左列數項。茲分述之：

裝飾 裝飾用庭樹，依列植，孤植，或羣植，爲門，亭，花壇，住宅，及其他建築點綴。其適合樹種，爲蟠型，與適於修剪，及盆栽者。茲述其主要者如次：

1 喬木

a 常綠喬木：

松，榧，鐵杉，魚鱗松，喜馬拉耶杉，扇骨木，棕櫚，蘇鐵，竹，櫧，柯，厚皮香，交讓木，泰山木，桂，婆羅樹，女貞。

b 落葉喬木：

金錢松，公孫樹，梧桐，朴，七葉樹，合歡木，厚朴，辛夷，木蘭，法國梧桐，梅，欅，紫薇，柳，槭。

2 灌木

a 常綠灌木：

茶，紅豆杉，黃楊，子孫柏，梔子，瑞香，偃檜，八角金盤，桃葉珊瑚，南天竹，夾竹桃，枸橘。

b 落葉灌木：

棣棠，繡球，蠟梅，錦帶花。

衞生 植樹以調節日射，防止風塵，及遮蔽煤煙淨化空氣者也。

其供綠陰及防止日光用者，宜擇枝下（Astreinheit）高，樹冠密，及葉身大而冬季落葉，枝序通風者。適當樹種如：

梧桐，七葉樹，梓，楝，法國梧桐，鵝掌楸，重陽木，枳椇，槭，公孫樹，燈台樹。

其供防風用者，宜擇喬木之常綠，（視簷高）而根蔓強健者。適當樹種如：

柳杉，羅漢松，松，檞，樟，櫸，合歡木，竹。

其植海岸防風，及防止煤煙用者，於「潮風之害」及「煤煙之害」中分別詳述，閱者可參讀之。

其具淨化空氣力者，宜擇葉面較寬，新陳代謝作用旺盛者。供地下水排除用者，當選生長旺盛，枝葉繁茂者。適當樹種如：

泡桐，梧桐，燈台樹，法國梧桐。

熱帶及溫帶南部諸省，可植玉樹（Eucalyptus spp.）爲之，藍玉樹有異香，於衛生有奇效焉。

一般樹木對於衞生，闊葉樹之生長旺盛者，較常綠樹效力恆著。

蔽隱　植樹以遮護住宅及蔽隱醜物用者，須擇樹之耐修剪，下枝長保，反抗力較強者。茲舉其主要者如次：

1　耐陰而下枝密者：

女貞，珊瑚樹，鬠子木，櫧，羅漢松，黃楊，油茶，鐵冬青，樅，紫杉，黃爪龍樹。

2　濕潤地可生者：

榿木，冬青，女貞，櫧，黃瓜龍樹，珊瑚樹。

3　適生於乾燥地者：

杜松，檜，木槿，胡頹子，洋槐，雪柳，枸橘。

此外綠籬(Hecke; hedge)及其他蔽隱栽植之專以美觀爲目的者，左列諸種，其適樹也：

薔薇，木香，躑躅，枸橘，鐵杉，榧，茶，羅漢松，扇骨木，山茶，石楠，夏粥，繡線菊。

生產 庭樹之以園藝處理者，可分爲果樹，蔬菜兩種：

1 果樹：

楊梅，棗，山楂，胡桃，榅桲，柿，無花果，櫻桃，梅，桃，杏，枇杷，橘。

2 蔬菜：

竹，（筍） 香椿，（嫩葉） 黃連木。（嫩葉）

他若間伐材，及枝條，剝皮之利用，及庭樹葉，花，果實之藥用，皆庭樹之以美觀而兼生產者也。

其三 一般性質之分類

一般性質，詳於植物形態學(morphological botany)，及植物分類學(systematic botany)中。其關樹木者，樹木學(Forstbotanik; dendrology)中，述之尤詳。茲依其性狀，分別如次：

一 依樹木之高低別：

1 喬木（Baum; tree.）

2 灌木（Busch od. Strauch; bush or shrub.）

二 依葉之形態別：

1 針葉樹（Nadelholz; needle leaved tree or coniferous.）

2 闊葉樹（Laubholz; broad leaved tree.）

三 依葉之存落別：

1 常綠樹（Immergrüner Baum; evergreen tree.）

2 落葉樹（Blattwerfender Baum; deciduous tree.）

四 依樹性陰陽別：

1 陰樹（Schattholz; tolerant tree.）

2 陽樹（Lichtholz; intolerant tree.）

五 依子葉單複別：

1 雙子葉樹（Dikotyledonischer Baum; dicotyledonous tree.）

2 單子葉樹（Monokotyledonischer Baum; monocotyledonous tree.）

茲爲讀者易於檢索計，擇要科別庭樹如次。至於學名，以限於篇幅，不及備載。讀者如能參讀植物分類學，及樹木學諸書；則樹木之特徵，形態，及其他性質，自能瞭如指掌矣。

甲 針葉樹類：

1 蘇鐵科（Cycadaceæ） 蘇鐵。

2 公孫樹科（Ginkoaceæ） 公孫樹。

3 紫杉科（Taxaceæ） 紫杉，羅漢松，粗榧，榧，三尖杉，百日青，竹柏，紅豆杉。

4 松杉科（Pinaceæ） 金錢松，馬尾松，白松，短葉松，黑松，海松，檜（圓柏），假檜，魚鱗松，樅，鐵杉，雲頭柏，柳杉，杉，日本金松，喜馬拉耶杉，銀落柏，纓絡柏，南洋杉，扁柏，花柏，杜松，落羽松，水松，偃松，五鈫松，側柏，姬小松，落葉松，黃肉樹，世界爺（Sequoia）。

乙 闊葉樹類：

1 胡桃科（Juglandaceæ）胡桃，溪楊，山核桃。

2 楊梅科（Myricaceæ）楊梅。

3 楊柳科（Salicaceæ）柳，白楊柳，響葉樹，美國白楊，青楊。

4 樺木科（Betulaceæ）白樺，赤楊，鵝耳櫪，榛，見風乾。

5 殼斗科（Fagaceæ）水青岡，櫟，栗，赤櫧，麵櫧，苦櫧，柯，枹，槲，石櫧，紅椆。

6 榆科（Ulmaceæ）榆，櫸，朴，糙葉樹。

7 桑科（Moraceæ）桑，構，無花果，楮，緬樹，優曇花。

8 木蘭科（Magnoliaceæ）辛夷，玉蘭，木蘭，泰山木，白蘭花，厚朴，鵝掌楸，莽草，金香木，黃心樹，含笑花。

9 雲葉科（Trochodendraceæ）雲葉白果（連香樹），雲葉樹，昆欄樹。

10 番荔枝科（Anonaceæ）鷹爪花，番荔枝。

11 毛茛科（Ranunculaceæ）牡丹。

12 小蘗科（Berberidaceæ）南天竹，小蘗，十大功勞。

13 蠟梅科（Calycanthaceæ）蠟梅。

14 樟科（Lauraceæ）樟，楠，月桂樹，猪脚楠，肉桂，檫，天竺桂。

15 虎耳草科（Saxifragaceæ）溲疏，繡球，粉團，茶藨子，山梅花。

16 海桐科（Pittosporaceæ）海桐。

17 金縷梅科（Hamamelidaceæ）楓，圓葉樹，金縷梅，倚霞花，蠟瓣花。

18 篠懸木科（Platanaceæ）法國梧桐，紐釦樹，槭葉法國梧桐。

19 薔薇科（Rosaceæ）木香花，桃，梅，櫻，海棠，山楂，榲桲，玫瑰，繡線菊，石楠，扇骨木，夏粥，薔薇，榠樝，棣棠花，珍珠花，笑靨花，花楸樹，梨，杏，櫻桃，月季，雪壓花，車輪梅，珍珠梅，紅棠梨。

20 荳科（Leguminoceæ）槐，洋槐，黃檀，合歡木，紫荊，皂莢，紅豆樹，相思樹，莿球花，金雀花，胡枝子，白藤，紫藤，木腰子，雞錦兒，金龜樹。

21 芸香科（Rutaceæ）柑，橘，枸橘，山椒，月橘，文旦，香櫞，代代花，黃蘗。

22 苦木科（Simarubaceæ）樗，苦楝。

22 橄欖科（Burseraceæ）橄欖。

24 楝科（Meliaceæ）楝，香椿。

25 大戟科（Euphorbiaceæ）重陽木，交讓木，虎皮楠，烏桕，野桐，山麻杆（桂圓樹。）

26 黃楊科（Buxaceæ）黃楊，錦熟黃楊，紅葉黃楊，雀舌黃楊。

27 漆樹科（Anacardiaceæ）漆，櫨，鹽膚木，黃連木。

28 冬青科（Aquifoliaceæ）鑿子木，黐木，冬青，婆羅樹，鐵冬青。

29 衞矛科（Celastraceæ） 黃爪龍樹，桃葉衞矛，衞矛。

30 槭樹科（Aceraceæ） 槭，三角楓，茶條。

31 七葉樹科（Hippocastanaceæ） 七葉樹。

32 無患子科（Sapindaceæ） 無患子，欒，荔枝，文冠樹，龍眼，蕃龍眼。

33 鼠李科（Rhamnaceæ） 棗，枳椇，銅錢樹，凍綠柴。

34 田麻科（Tiliaceæ） 菩提樹，椴，級木。

35 錦葵科（Malvaceæ） 木槿，黃槿，芙蓉，扶桑。

36 梧桐科（Sterculiaceæ） 梧桐。

37 山茶科（Theaceæ） 茶，山茶，油茶，紅淡比，厚皮香，茶梅，何樹，桫欏，
大頭茶。

38 金絲桃科（Guttiferæ） 金絲桃，金絲梅，福木。

39 旌節花科（Stachyuraceæ） 旌節花。

40 檉柳科（Tamaricaceæ）檉柳。

41 椅科（Flacourtiaceæ）椅，柞木。

42 瑞香科（Thymelaeaceæ）瑞香，三椏，芫花，黃瑞香。

43 胡頹子科（Elaeagnaceæ）胡頹子，木半夏。

44 千屈菜科（Lythraceæ）紫薇，枸那花。

45 安石榴科（Punicaceæ）石榴。

46 桃金孃科（Myrtaceæ）玉樹（桉樹）番石榴。

47 五加科（Araliaceæ）刺楸，八角金盤，通脫木。

48 山茱萸科（Cornaceæ）四照花，燈台樹，桃葉珊瑚，山茱萸，八角楓。

49 石南科（Ericaceæ）石南，杜鵑花，山躑躅。山枇杷，石巖，黃金花，滿山紅，馬銀花，梫木，南燭，白珠樹，紅珠樹。

50 紫金牛科（Myrsinaceæ）紫金牛，硃砂根，杜莖山。

51 柿樹科（Ebenaceæ）柿，君遷子，瓶蘭花。

52 齊墩果科（Styracaceæ）白雲木，齊墩果，野茉莉。

53 木犀科（Oleaceæ）桂，枸榾，素馨，迎春花，茉莉花，探春花，水曲柳，女貞，白蠟樹，水蠟樹，雪柳，紫丁香，白丁香，秦皮，連翹，暴馬。

54 夾竹桃科（Apocynaceæ）夾竹桃。

55 紫草科（Borraginaceæ）厚壳，松楊。

56 馬鞭草科（Verbenaceæ）頳桐，麻栗樹（teak），龍船花。

57 茄科（Solanaceæ）枸杞。

58 玄參科（Scrophulariaceæ）泡桐（桐），七重桐，白桐。

59 紫葳科（Bignoniaceæ）梓，楸，黃金樹，凌霄花。

60 茜草科（Rubiaceæ）梔子花，六月雪，虎刺，賣子木。

61 忍冬科（Caprifoliaceæ）楊櫨，錦帶花，接骨木，莢蒾，珊瑚樹，金銀木，蝴蝶樹。

丙　單子葉樹類：

1　禾本科（Gramineæ）　孟宗竹，紫竹，淡竹，斑竹，寒竹，大明竹，佛面竹，金明竹，黃絲竹，釣絲竹，龍鬚竹，疏節竹，鳳凰竹，鳳尾竹，綠竹，蔴竹，笹類。

2　榮蘭科（Pandanaceæ）　露兜樹，林投樹。

3　棕櫚科（Palmæ）　棕櫚，椰子，檳榔，桄榔，椶櫚竹。

4　百合科（Liliaceæ）　絲蘭。

5　芭蕉科（Musaceæ）　芭蕉，甘蕉，美人蕉，扇芭蕉。

第三　重要觀賞樹木之特質

其一　針葉樹類

針葉樹類爲喬木，主軸通直，枝葉整齊，全形狹長，常綠（落葉松落羽松爲例外）之細針密攢，光線之透射較難，形態端正，色彩眞摯，印象神嚴，殆爲針葉樹類通性。就中除公孫樹，竹柏，落葉松之色彩，公孫樹，黑松，紫杉之形態，爲異致外，餘皆近似。

柳杉

學名 Cryptomeria japonica, Don.

柳杉爲樹之陽性者，不耐庇蔭，生長迅速，故下枝之枯萎亦早，樹形呈長圓錐形，迄老年漸由圓筒形而呈畸形。枝條較疏，幼枝呈拋物狀曲線下垂。樹幹亭亭，姿態宜人，宜於建築周圍，及公私園庭之栽植。栽植形式，孤叢咸宜。惟樹根稍淺，應注意防風。

喜馬拉耶杉

學名 Cedrus deodara, Loud.

喜馬拉耶杉（Himalaya cedar），爲小亞細亞，及非洲原產，常綠，葉與我國金錢松（golden larch）酷似。柔條緩垂，樹態端麗，爲世界著名庭樹，適於庭中及屋周點綴。

紫杉

學名 Taxus cuspidata, S. et Z.

葉披針而性柔，樹冠扁平，側枝橫展，樹態雅秀，有清泉突湧，猛獸蹲石之概。樹幹光滑，遍體赤褐，濃陰重蓋，豐飢隱約；美國植物學家威爾遜（E. H. Wilson）氏，稱我國紫杉姿態特勝，蓋有以也。樹齡甚高，適於紀念栽植。紫杉變種紅豆杉（Taxus cuspidata, S. et Z. var. Chinensis, Rehder. et Wils.），性亦相若。

附註 威爾遜氏著威氏植物學（Plantæ Wilsonianæ），三卷九冊，詳記我國西部樹木。

榧

學名 Forreya fargesii, Franch.

榧葉尖光澤生長遲緩，爲貴重庭樹，適於庭前及入口門側點綴。抗煙耐陰，乃其特質。

側柏

學名 Thuja orientalis, L.

側柏爲我國原產。枝葉翩翩，排列如掌，適於窗前及道旁點綴。子孫柏爲其變種，樹形橢圓，雖衰勿渝；適於庭前栽植。

鐵杉

學名 Tsuga chinensis, Franch.

葉如榧而小，主軸直立，枝條橫展，枝葉繁茂，樹冠深綠，姿態峻邁，風度凜然。植爲庭樹，孤叢咸宜。

金錢松

學名 Pseudolarix fortunei, Mayr.

金錢松（golden larch），爲落葉喬木，葉輪生如錢，初春新葉，鮮綠益妍，高齡皮脫，雅麗怡目樹形爲圓錐形，枝葉較疏，陽光直透，樹下適於陰樹及灌木生長。

松 Pinus spp.

我國松類中之供觀賞用者，以白松爲較普通，學名 Piuus bungeana, Zucc.，樹幹蒼白，斑然可愛，「葉墜銀釵細，花飛香粉乾；寺門煙雨裏，混作白龍看。」蓋卽所以詠白松也。枝疏展，作傘形，英茂含滋，姿態古奇，爲觀賞名木。他若馬尾松，及短葉松，海松等，除用作盆景及墓地栽植外，園中尙鮮。松態蒼古，適於點綴。呂初泰曰：「松骨蒼，宜高山，宜幽洞，宜怪石一片，宜修竹萬竿，宜曲澗粼粼，宜寒煙漠漠。」乃松之配景術也。

檜

學名 Janiperus chinensis, L.

葉具鱗針兩種，枝葉密生，全形爲圓錐形，冒霜停雪，風度幽深；若修剪成型，樹態殊麗，適於屋周，石碑，銅像裝景之用。假檜在檜之變種，匍匐地表，適於庭中，池畔，山腹，及橋旁點綴之用。

杜松

學名 Janiperus nigida, S. et Z.

葉類白色，三葉輪生，形不整，幹欠直，生長遲緩；其生瘠地者，幾匍匐地表。刺伯亦稱銀落柏，（學名 Janiperus formosana, Hay.）與杜松同屬，枝葉下垂，姿態宜人。

金松

學名 Sciadopitys verticillata, S. et Z.

金松爲日本特產；與我國金錢松異屬。葉扁平，傘骨狀簇生；東鄰庭樹之美，當以此爲最。生長甚遲，中年後稍速，老時梢端兩分，樹形端整，雖老不渝。日本公私園庭中，靡不有之。我國近年來，輸入亦夥，爾往當與 Cedar 爭妍競美也。移植稍加注意，無不成活。

公孫樹

學名 Ginkgo biloba, L.

公孫樹（ginkgo tree）爲東亞特產，地質時代之遺物也。葉扁形淺裂，樹形整齊，雖老不潰；樹幹黑褐，葉色金黃，扇葉迎風，景色奇麗。我國自古栽植於寺院墓地，以爲點綴。方今都市之計劃益新，行道之植樹日急；公孫樹實行道樹中之第一良樹也。蓋樹幹多水，有防火之效，日本東京震災時，其植公孫樹帶，皆幸無患。爾往栽額，當益增矣。

其二　闊葉樹類

闊葉樹種類既繁，美性亦雜，形色變化之繁，大小年齡之別，遠非針葉樹類所及。故入針葉之林，如登崇樓，有肅然生敬之概。覩闊葉之羣，若踐華屋，有綺羅奪目之感也。茲就重要者，述之如次：

泰山木

學名 Magnolia grandiflora, L.

泰山木（big laurel）爲常綠喬木，葉革質大形，裏面密生褐毛，花潔白，有奇香，庭園中觀賞佳樹也。泰山木爲美國原產，種子不易得，用接木繁殖，砧木用木蘭屬（Magnolia）植物（若厚朴，木蘭，玉蘭等。）

桂

葉對生，長橢圓形，花有黃白二色，即世稱銀桂（學名 Osmonthus asiaticus, Nakainom

nov.）金桂（O. aurantiacus,（Mak.）Nakai sp. nov.）是也。花香，庭樹中當以此爲最。花爲食中上品。生長不速，以壓條繁殖。呂初泰曰：「桂香烈，宜高風，宜朗月，宜畫閣，宜崇台，宜皓魄照孤枝，宜徽颸颺幽韻。」桂之配景，審美古人言之詳且盡矣。

紫薇

學名 Lagerstroemia indica, L.

葉圓形，對生，樹皮光滑，呈淡紅色，於盛夏開花；花有紅，白，綠三色，所謂紫薇，銀薇，翠薇是也。就中以紫薇爲恆見，其花夏開，秋猶不落，世呼百日紅，花爛熳如火，妖嬈可愛。

槭 Acer spp.

槭(maple)以葉稱，葉以紅著。秋槭春櫻，爲日本景色之要素；宜其屆時國人如狂也。「停車坐愛楓林晚，霜葉紅於二月花。」蓋卽昔賢所以詠槭葉也。槭類甚夥，皆適於觀賞。三角楓（學名 Acer trifidum, Hook. et Arn.）枝下較高，樹形亦整，適於道旁栽植。

南天竹

學名 Nandina domestica, Thunb.

葉重羽狀複葉，小葉卵狀披針形，常綠灌木，春開白花，冬懸紅實，累累朱實，扶搖綠葉，雪中視之尤佳。舊植於花壇中，寒中佳品也。以分蘖繁殖。

厚朴

學名 Magnolia hypeucaol, S. et Z.

厚朴（cucumber tree），葉倒卵狀長橢圓形，樹皮平滑，呈灰白色，五六月頃開花，花潔白奇香，適於庭園及其他裝景之用。

辛夷（學名 Magnolia kobus, Dc.），玉蘭（學名 M. denudata, Desr.），與厚朴相似，樹視厚朴稍小，樹態豐麗，銀花皓潔，觀賞佳品也。白蘭花（Michelia longifolia, Bl.）花小色白，適於盆栽。

柳 Salix spp.

柳種類甚繁，然供觀賞用者，以垂柳（學名Salix babylonica, L.）爲最。枝柔下垂，好濕潤，適於池濱橋畔裝景之用。新春長絲，迎風飛舞，初夏濃煙，綠蔭遍地，宜其樹姿秀麗，膾炙人口矣。讀劉禹錫「輕盈嫋娜占年華，舞榭妝樓處處遮」之句，足徵古人所植。

法國梧桐

學名 Platanus orientalis, L.

法國梧桐 (plane tree)，共兩種，一爲歐洲原產，一係美洲原產。美洲產者，稱紐釦樹 (button tree)。葉三角形，有淺裂，不擇土宜，雖磽瘠亦可生長，葉大蔭濃，道旁栽植之良種也。以插木繁殖。紐釦樹學名 P. occidentalis, L.。

鵝掌楸

學名 Liriodendron chinensis, L.

鵝掌楸，爲四川湖北特產，葉與美國 L. tulipifera, L. 相若，葉長約四寸，樹高可五丈，樹呈圓錐形，葉作大瓶狀，適於道旁及庭園栽植。

七葉樹

學名 Aesulus chinensis, Bge.

七葉樹(Chinese horse chestnut)，葉掌狀七出，樹形壯年後，漸趨整齊，樹皮平滑，姿態雄壯，綠蔭滿地，適於洋式庭樹，及道路裝飾之用。樹齡可達千餘年，紀念植樹之佳品也。

石楠

學名 Photinia serrulata, Lindl.

石楠為我國特產，葉橢圓，有銳鋸齒，新葉淡紅色，可修剪成型。我國舊僅於墓地栽植，爾來洋式庭園及新築公園中，栽植益夥，陰翳至可愛也。讀權德輿「石楠紅葉透簾春」及龔璛「紅葉石楠春」之句，足徵石楠紅葉之妍，非虛語也。

扇骨木（P. glabra, Mak.），葉似石楠而小，性亦相埒。

杜鵑花 Rhododendron spp.

杜鵑花品種甚繁，花亦異色，根細纖，易於移植。洋式庭園，有集諸品叢植於台地（terrace）而修剪之者。花開時，羣芳競豔，洵奇觀也。以插木繁植。

棣棠花

學名 Kerria japonica, Dc.

葉橢圓形，有缺刻狀深鋸齒，花瓣有單複，花色別黃白，枝柔弱，分蘖繁多時，宜分植之。不然，蓄蔽葉中，有朽腐之虞。殘株應勒去之。適於籬畔栽植。

海棠

學名 Malus floribunda, Sieb.

種類不一，其花甚豐，其葉甚茂，其枝甚柔，姿態綽約，有翛然出塵之概。新蕊紅嬌，柔條翠淺，唐相賈耽珍爲花中神仙，蓋有由也。孤植盆栽俱宜，園中珍品也。

紫荊

學名 Cercis chinensis, Bge.

葉心臟形，花紫紅色，古有以紫荊隆替覘兄弟和違者，「荊樹有花兄弟睦。」故庭院中，類多植之。

櫧 Quercus spp.

櫧屬中之供觀賞用者，以赤櫧（學名 Q. acuta, Th.）麵櫧（學名 Q. myrsinaefolia Bl.）爲最普通，樹冠呈圓形或橢圓形，枝葉暢茂，綠蔭遍地，適於防風，防火及宅旁綠蔭栽植之用。讀唐朱景玄詠雙櫧亭詩「連簷對雙樹，冬翠夏無塵；未肯慚桃李，成陰不待春。」足徵櫧供點綴，由來舊矣。

海桐

學名 Pittosporum tobira, Ait.

葉長橢圓形，全緣革質，常綠灌木，樹形不整，枝葉分歧，適於蔽隱栽植之用；且對於抗力特強，海濱別莊之重要庭樹也。

桃葉珊瑚

學名 Aucuba japonica, Thunb.

葉長橢圓形，對生，有粗鋸齒，花暗紫色，實赤色，幹青翠，常綠小喬木，生長甚速，雖大木遷徙易活，日本式庭園中靡不栽植之。公園中，亦夥用以點綴者。我國式庭園中，栽之亦宜。

白楊 Populus spp.

種類雖繁，然其樹型，可大別為圓筒形，橢圓形，及卵形三種。圓筒形者，若美國白楊（America aspen）是。橢圓形者若白楊柳（學名 P. simonii, carr）是。卵形者，若響葉白楊（學名 P. tremula, L. Var. adenopoda, Burk.）是。生長甚速，為落葉喬木，濕潤之區，發育益良，適於墓地，公園，及堤旁栽植之用。我國舊有「白楊多悲風，蕭蕭愁煞人」句，故園中栽植甚鮮。洋式庭園中，恆見植之。

洋槐

學名 Robinia pseudoacacia, L.

洋槐（locust tree），為北美洲原產，葉重羽狀複葉，落葉喬木，生長甚速，五六年生，即枝葉密布，綠陰如傘矣。惟樹根甚淺，易遭風患，故僅適於叢植，及園中點綴。

牡丹

學名 Pæonia moutan, Sims.

落葉灌木古稱洛陽牡丹天下第一品種甚繁，花色亦夥，移植分種，宜於秋分後半月內行之。花色豔麗，冠絕羣芳花壇點綴珍品也。歐陽修洛陽牡丹記，鄞江周氏洛陽牡丹記，陸游天彭牡丹譜，胡元質牡丹譜，薛鳳翔牡丹八書，諸氏論述頗詳。

木香

學名 Rosa banksiae, R. Br.

攀緣性，小葉五個，春開淡黃色花。高架萬條，香馥清遠，望若香雪。插木當用玉插法，不然，不易活着。

桃

學名 Prunus persica, Stokes.

花色別紅白，花瓣分單重，花妖艷，實甘美，庭樹中之美觀而兼實用者也。桃宜小園，別墅，山巔，溪畔，點綴之用。

蠟梅

學名 Calycanthus præcox, L.

葉卵形或長卵形，全緣，對生，早春開花。開花最早者，色深黃，稱檀香梅，香極清芳，蠟梅中佳品也。實生者，花小，香淡，名狗蠅梅，品最下。

槐

學名 Sophora japonica, L.

槐（pagoda tree）喬木，幹褐色，古趣盎然，綠蔭宜人，適於庭園及行道栽植之用。嘗考苻堅載記：「自長安至於諸州，皆夾道樹槐柳。」中朝故事：「天街兩畔多槐，俗號爲槐衙。」兩京雜記「上林苑槐六百四十餘株，守宮槐十株。」蓋槐樹裝景，自古已然。

梓

學名 Catalpa ovata, D. Don.

葉心臟形，葉柄有黏質，呈紫色，葉通常爲三至五裂，葉大，陰濃，適於綠蔭及行道栽植；花亦豔麗，呈紫色斑紋。

黃金樹

學名 Catalpa spesiosa, Warder.

葉與梓相似。惟葉背無特異，不若梓有紫斑。爲美國原產，今稱蓋譯之 gold tree 者也。樹形不如梓整齊，枝下亦低，故於觀賞價値，遠在梓下。

山茶

學名 Thea japonica, Nois.

常綠小喬木，葉深綠光潔，花鮮紅奪目，庭園點綴，頗重視之，且多用爲盆栽者。鶴頂茶，瑪瑙茶，寶珠茶，正宮粉，照殿紅等，（見羣芳譜）皆其園藝變種也。

白蠟樹

學名 Fraxinus chinensis.

樹高可四丈許，羽狀複葉，樹形爲圓錐形，生長甚速，枝葉蒼葱，姿態壯麗，適於行道栽植。

女貞

學名 Ligustrum incidum, Ait.

常綠小喬木葉卵形深綠，六月中開花，花色乳白，皓潔可愛，樹形整齊，令人望之怡然。耐修剪，適為綠籬。

溪楊

學名 Pterocarya stenoptera, Dc.

落葉喬木，羽狀複葉生長甚速，池畔河濱，滋育益盛，翅果累累，酷肖元寶，故亦稱元寶楓。樹態扶疏，濃陰遍地，適於行道點綴。邇來上海，蘇州，馬路兩旁，栽植頗夥；爾往當可推行全國也。

枳椇

學名 Hovenia dulcis, Thunb.

落葉中喬木，葉大陰深，樹冠平圓，果實紅豔，都麗悅目，適於行道及綠陰栽植。

黃楊

學名 Buxus sempervirens, L.

黄楊（box tree）爲常綠灌木或小喬木，葉密枝繁，經冬不凋，適於院庭及盆栽，綠籬栽植。樹耐修剪，可成諸型。

其三　竹類

竹類甚夥，就中供觀賞用者，爲紫竹，釣絲竹，鳳尾竹，黄絲竹，淡竹，龍鬚竹，斑竹等。南方有宅後栽竹，以避風而資實用者。薛野鶴曰：「人家住宅須要三分水，二分竹，一分屋；消受如許清福，一身不虛矣。」旨哉斯言。蓋宅旁植竹，不惟搖竹清影有添景色，玉版冰壺足佐春饌已也。若封植園地，嬋娟挺秀，蔭蔚宜人。竹林行擇伐更新，管理甚易。

讀避暑錄話：「山林園圃但多植竹，不問其他景物，望之自使人意瀟然。」卻掃篇：「兩京一僧院後，有竹林甚盛，僧開軒對之，極瀟灑，士大夫多遊集其中。」足證竹在我國庭園之重要。

呂初泰曰：「竹韻冷，宜江干，宜巖際，宜盤石，宜雪巘，宜曲檻迴環，宜喬松突兀。」此又竹之配景術也。

第四　觀賞樹木之適應

其一　氣候

土壤之分解變化，生物之生死盛衰，支配於氣候者至甚。氣候云何？卽氣温，光線，濕氣，風等是矣。其栽植而不易發育，或竟未能活着者，皆未於氣候深加意也。

一　氣温　爲支配天然分布之最大原因，造林學上之森林植物帶（Waldzone），卽主以氣温分別者也。今揭各帶可生之庭樹如次：

熱帶樹種：

南洋杉，金龜樹，椰子，茘枝，龍眼，芭蕉，橄欖，相思樹，水松，重陽木（茄苳），玉樹，檳榔樹，桄榔，黃槿，羊桃，柚，橘，林投樹，莿球花，番石榴，鳳梨，鶯爪花。

暖帶樹種：

樟，秦皮，蘇鐵，羅漢松，櫧，柯，楠，金絲桃，竹，香椿，梧桐，木槿，芙蓉，厚皮香，山茶，油茶，紫薇，朴，梔子，南天竺，珊瑚樹，昆欄樹，糙葉樹，無患子，欒樹，黃肉樹，松楊，石楠，刺柏，柳杉，杉，竹柏，榧，檫。

温帶樹種：

交讓木，黃爪龍樹，黃楊，桃葉衞矛，夾竹桃，枸榾，桂花，杜鵑花，泰山木，玉蘭，辛夷，法國梧桐，十大功勞，女貞，紫荆，七葉樹，海桐，槭，楓，冬青，莢蒾，繡球，櫸，櫟，楝，槐，柳，圓柏，側柏，鐵杉，馬尾松，白松，泡桐，胡桃，水青岡，公孫樹，海棠。

寒帶樹種：

落葉松，紫杉，偃松，魚鱗松，莽草，槭，柳，杜松，白樺，花楸樹，繡線菊，珍珠花，白楊，海松，水曲柳，黃蘗，榛，椴，暴馬。

二　光線　庭樹非光不生，然需要之程度有差，對日之好惡有別，此樹性陰陽之所以別也。進言之，卽樹類之好陽惡陰者，謂之陽樹；好陰惡陽者，謂之陰樹。故宜各擇適地植之；反之卽難滋生發育矣。故擇樹時務注意之。茲依日本本多林學博士調查之關庭樹者，分爲七級如次：

陰樹：

（一）羅漢柏，金松，紫杉。

（二）榧，魚鱗松，樅，鐵杉，黃楊，山茶，櫧，柯。

（三）羅漢松，棕櫚，樟，扁柏，花柏，七葉樹。

中性樹：

（四）榆，赤楊，猪脚楠，鵝耳櫪，檜，胡桃，杉，朴，五鈫松，姬小松，槭，厚朴，糙葉樹，櫻，槐，櫰槐，椵，雲葉白果（連香樹）枳椇，菩提樹。

陽樹：

（五）柳杉，櫟，柳，刺楸，枹，槲，栓皮櫟，海松，桐。

（六）黑松，赤松，櫸，栗，側柏，楝，漆，櫨，公孫樹，白楊，洋槐，靑楊，梧桐。

（七）落葉松，白樺。

更別其他樹類爲五級如次：

第一級　強陰樹：

桃葉珊瑚，八角金盤，黃爪龍樹，虎皮楠，冬靑，百日靑，紫金牛，硃砂根，枸骨，珠蘭，海桐。

第二級　陰樹：

交讓木，珊瑚樹，紅淡比，油茶，茶梅，梫木，鑿子木，鐵冬靑，棕櫚竹，楊梅，枇杷，天竺桂，肉桂，月桂樹，棣棠花，蚊母樹，指甲花，扇骨木，婆羅樹，女貞，梔子，繡線菊，六月雪。

第三級　中性樹：

杜鵑花，桑，構，木蓮，竹類，箬類，泰山木，南天竺，椅，小蘖，溲疏類，繡球，茶藨子，蠟瓣花，倚霞花，金絲梅，金銀木，海棠，紅棠梨，紫藤，山椒，枸橘，橘類，桃葉衞矛，桫欏，檉柳，石榴，四照花，山茱萸，桂花，夾竹桃，珍珠花。

第四級　陽樹：

假檜，杜松，漆，合歡木，鵝掌楸，柳，紫荊，圓葉樹，金縷梅，梨，山楂，薔薇，梅，桃，榲桲，榠櫨，杏，皂莢，胡枝子，臭椿，無花果，香椿，櫨，無患子，欒樹，柿，齊墩果，紫薇，紫丁香花，白雲木，水蠟樹，梓，黃金樹。

第五級　強陽樹：

鹽膚木，野桐，旌節花。

三　溼氣　土中之乾溼蒸發之多寡，惟空中溼氣是視。空中濕氣缺乏之時，葉面蒸發之作用盛，蒸發之量亦增，蒸發過量，足以致樹死命，所以空中濕氣爲必要也。空中乾燥時，宜時灌水以溼潤之，其於空中乾燥抗力最強者，爲松類及落葉櫟類。其枝葉較密之樹，抗雪之力較弱。

四　風　益害相參，除特別暴風，足以翻根折幹，有妨樹木發育外；流通空氣，裨益生長之功，不可沒也。故濱海之區，多風之地，栽種庭樹，宜擇深根性者（若櫟槲栗等）。抗風力弱者，針葉樹如松類，闊葉樹若洋槐及複葉之槭等。

其二　土壤

樹木之於土壤適應，一如其類別。蓋地味有肥瘠，傾斜有緩急，結合有疎密，温度有高低，濕度有多寡，斯樹木各異其適否也。

一　肥瘠

（a）耐瘠者：松，洋槐，樺，合歡木，槐，柳，赤楊，白楊。

（b）好肥者：欅，櫧，榆，槭，桐，胡桃，水青岡，秦皮。

（c）中庸者：柳杉，杉，樅，鐵杉。

二　濕度

（a）好濕者：柳，白楊，溪楊，白樺，赤楊，珊瑚樹，百日青，燈台樹，鵝耳櫪，水曲柳，雲葉樹。

（b）中庸者：櫟，櫸，朴，糙葉樹，胡桃，鐵杉，紅淡比，梫木，柯，扇骨木，七葉樹，莢蒾。

（c）耐燥者：馬尾松，落葉松，洋槐，山赤楊，杜鵑花，白松。

三　密度

密土又稱堅密土，即土壤之質黏少砂，乾後硬化者。疎土亦稱輕鬆土，凝結力弱，作業容易者屬之。其中庸者，介乎疎密之間，砂質壤土等屬之，土壤之最良者也。

（a）適於密土者：櫸，枹，樅，魚鱗松，落葉松，白楊，櫟，見風乾。

（b）適於疎土者：榆，赤楊，洋槐，馬尾松。

四　傾斜

土地傾斜概分平坦（五度以下），緩斜（二〇度以下），急斜（三五度以下），嶮岨（四五度以下），絕岨（四五度以上）五種。三十度內無損營林（森林公園）至於庭園則皆地遍平坦矣。

（a）耐急斜者：柳杉，鐵杉，血槠，樅，姬小松。
（b）好緩斜者：櫸，枹，溪楊，樟，黑松。
（c）適平坦者：洋槐，白楊，柳，梅，櫻。

第五　觀賞樹木之育苗

養苗之法，大別爲左列六種。今並述之如次：

實播法
插木法
接木法
壓條法
分根法
分條法

其一　實播法

庭樹養苗，應用實播者甚鮮；蓋自播種以迄栽植，非短期間內，所可如願。故除不獲已者外，類避用之。方今種苗事業益臻發達，交通機關日趨便利，故庭樹所需，類可訂購運送，固無自養之必要矣。

播種時期，除大粒種子秋播外，類於春季播之。播種方式，除小粒種子應用撒播外，類用條播法。公孫樹，松，棕櫚，山茶，櫧，栗，厚皮香，樅，榧等，皆以實播育苗者。

其二　插木法

園藝上苗木泰半以此法育成之。插木季節，以春初新芽將放，樹液流動時爲宜。法用利刀切插穗爲適長（約四五寸），就沃地插之。其最適於插木繁殖者爲：桑，白楊，柳，黃楊，羅漢松，黃爪龍樹，月季，梔子，法國梧桐，杉，柳杉，檉柳，夾竹桃，雪柳，金雀花，杜松，無花果等。

其三　接木法

接木之法甚多，普通應用者，爲切接法；例於三四月頃行之。取一年生枝三分之二以下部分之一二三寸爲接穗。惟接穗之芽，須擇留一二。插接穗於砧木之木質與皮部間之形成層，然後用藁縛之。

埋土中約逾穗梢五分許，三四週後，始漸發芽，茲列砧木養成法，及砧木接穗應擇之樹類如次：

接穗	砧木	砧木養成法
白蘭花	辛夷	分根
泰山木	厚朴	播種
柿	君遷子	播種
板栗	茅栗 錐栗	播種
胡桃	溪楊	播種
桑	野桑	播種
桃	毛桃	播種
桂	水蠟樹 女貞	播種
苹果	海棠	播種 插木

其四　壓條法

壓條法，恆於不結果實，插木困難之樹木行之。蓋利用不定根，以繁殖者也。撓枝伏地，積土壓之，其與地面接觸部，削去皮部，俾易生根，數閱月或一二年後生根完全時，先期切斷，然後分植。適於壓條者：爲　桂，　槭，　夾竹桃等。

其五　分根法

分根法，於樹木休眠期內行之。法取苗木之根徑達五六分者，切爲五寸乃至尺許，少露端末植之。適於分根者：爲　泡桐，　漆，　杜鵑花，　芙蓉，　繡球，　牡丹，　石榴，　梧桐等。

其六　分蘖法

一名分株法，分植支蘖以繁殖者也。支蘖例於落葉後，由母樹切離之。適於分蘖繁殖者：爲木蘭，　漆，　南天竹，　牡丹，　杉，　桃葉珊瑚，　紫薇等。

第六　觀賞樹木之栽植

其一　栽植及配置

無種植素養者，每以不獲決定樹種爲苦。不知應擇樹種，決定目的，並審核地位後，固易易者。彼昧乎此者，宜其徬徨不能自決矣。

庭樹栽植不僅爲個體審美之表示，即建築花壇芝地（lawn），及其他庭樹，莫不有相互之關係。蓋庭樹栽植，實爲造形美術本質之空間構造（space composition）製造之方法；即一木之微，亦爲美觀構成之一因子也。

公園，庭園，及一切觀賞樹木之栽植，宜先作一栽植圖，以定栽植地域之輪廓，然後始可從事於樹木之配置，及樹種之記入。進言之，卽解決栽植型（自然的，建築的，）配植法（孤植，叢植，）及栽植相（單純，混交）後，始可爲樹種之討論。明乎斯，則樹種問題，自能迎刃而解矣。

庭樹配置法：大別爲自然的，與規則的二種。自然的配置法云者，譬於二株庭樹或二團配植之處理也；除若干共通點外，色彩形狀，大小務各異致。就中尤以二株大小各異，爲重要條件。例如常綠與落葉對植，樹幹喬矮對照，樹冠深淺相映，一呈自然之美者也。（第二圖）

其三株，或三團之配植也，爲配植法之最美而最普通者。依美觀上性質，可分爲三個階段，如二者略異，餘者著別，則樹態愈妍。例如三株中，植大小松樹各一株，餘植槭樹，則當別具奇趣矣。其配植位置，以不等邊三角形爲原則，庭樹皆植於各三角頂端，最忌一直線及正三角形。（第三圖）

其四株，或四團者，除三株，或三團，仍植於不等邊三角形頂點外，餘擇其特性者植中心，（第四圖）或另植一株

第二圖

第三圖

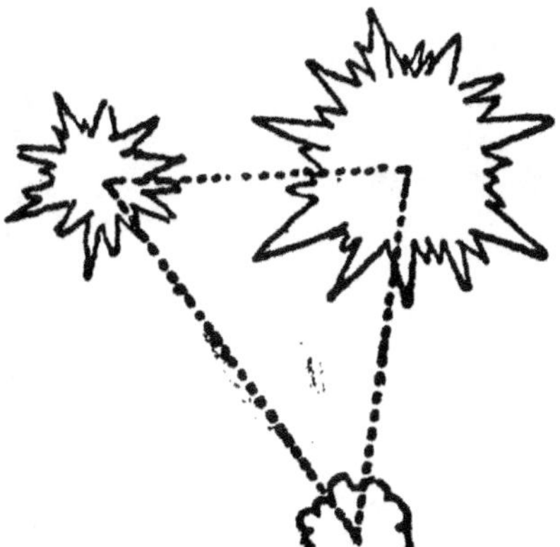

（或另一團）於三角形頂點一株之先端，或迴植各株（或各團）爲梯形。（第五圖）

第四圖

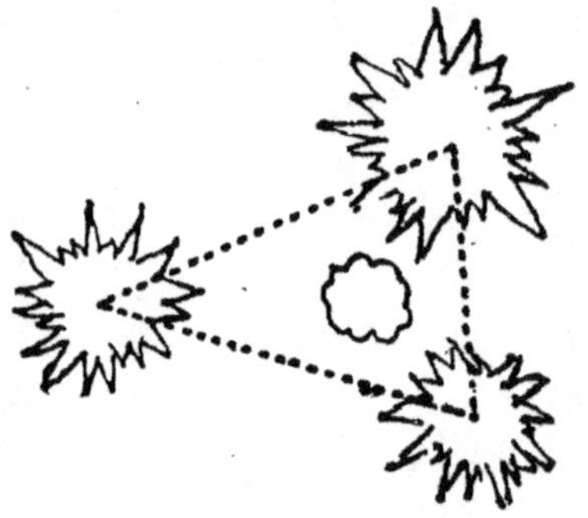

第五圖

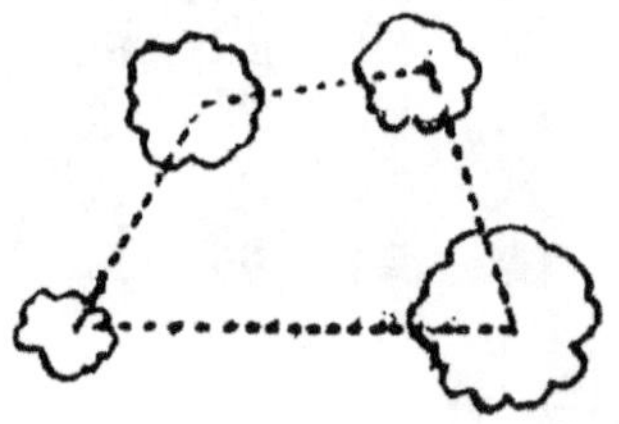

第六圖

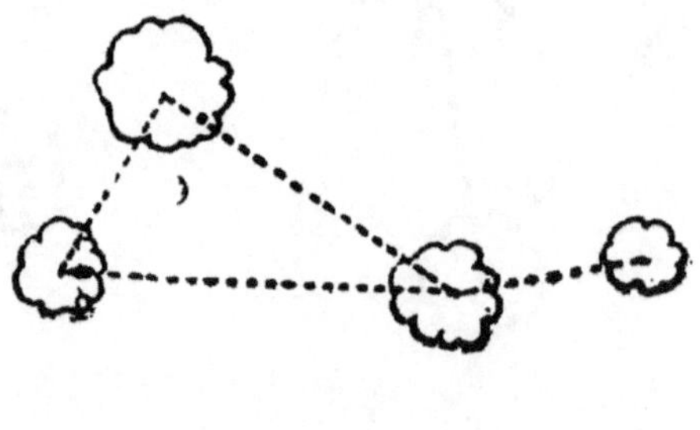

其五株，或五團者，除梯形四隅各植一株，或一團外，餘植於中心，（第六圖）或植於不等邊五角形各頂端。（第七圖）

其六株，或六團之配植，則益複雜，今就第八第九兩圖，說明如次：

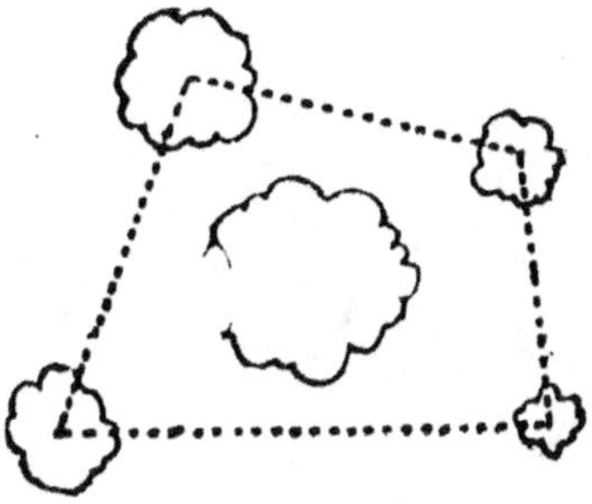

第七圖

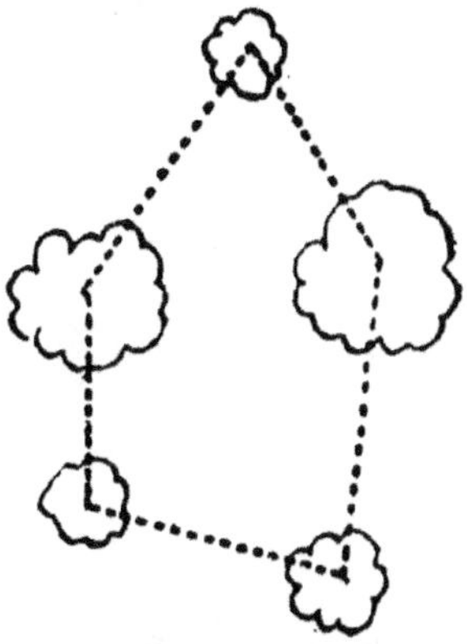

第八圖

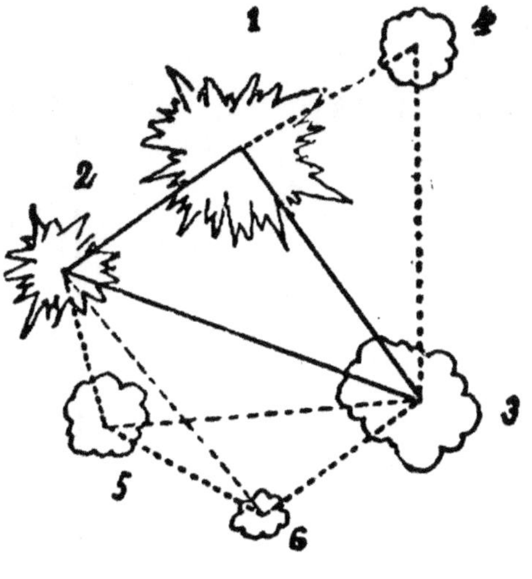

以1爲主，以同調之2爲副，完全異趣之3爲客，有此三者，大體之骨骼以成，以4 5 6爲佐，5 6爲前方之點綴，4爲後方之背景，5或有以石代樹者。茲舉樹類配置之概略如次：

至七八九株（或圖）者，複雜益難配置，當別爲二羣分植之，（第十圖）。

樹種選植，不宜過多，雖僅一種，亦無傷美觀。其植爲中心木者，宜擇幹高枝多，葉茂及樹冠尖銳

第九圖

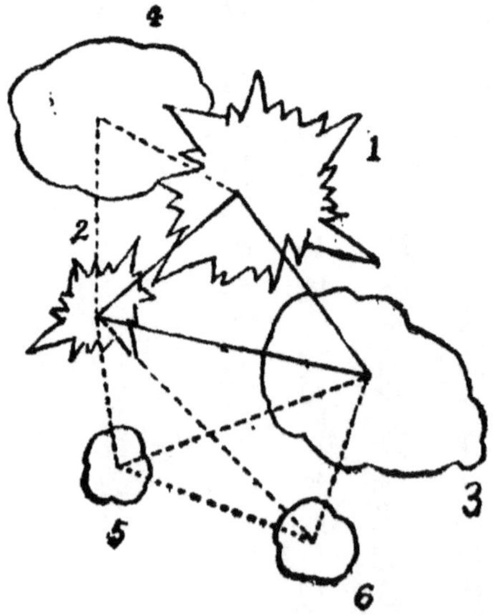

第十圖

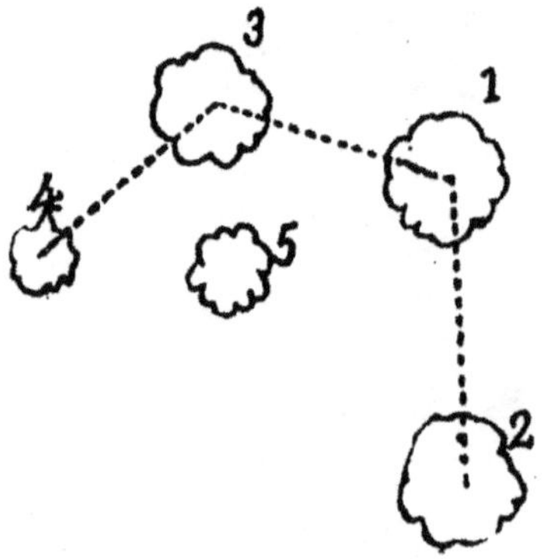

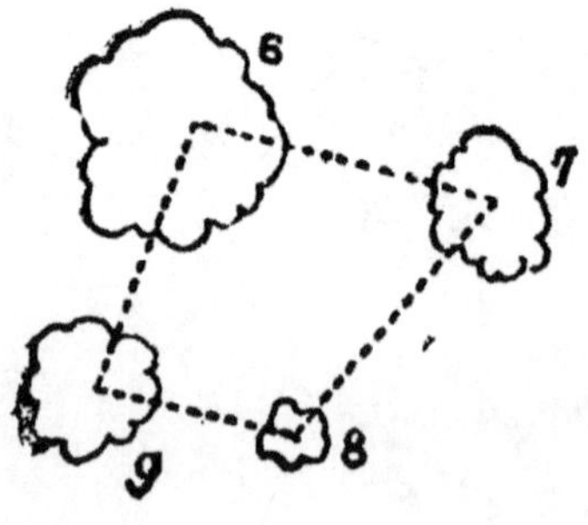

1	松	鷄木	檉
2	松	鷄木	鐵杉
3	槭	槭	櫨
4	紅豆杉	山茶	瑞香
5	杜鵑花	石	石
6	櫻	白松	槭

者。茲舉其適當之種類如次：

松，榧，鐵杉，喜馬拉耶杉，杉，公孫樹，樟，柯，櫧，山茶，泰山木，櫸，朴，糙葉樹，栗。

規則的配置法，行道樹，及綠籬等屬之。規則的配置云者，將同樹種，同樹型者，爲同距離之栽植者也。此法應擇之樹種，類屬闊葉樹。茲舉例如次：

梧桐，紅淡比，山茶，厚皮香，櫧，柯，桂花，櫻，厚朴，櫸，七葉樹，洋槐，法國梧桐，鵝掌楸，三角楓，垂柳，雲葉白果，楓，朴，樗，菩提樹，合歡木，重陽木。

其二　移植之時期及方法

甲　移植時期

樹木移植，大抵於樹木休眠期內行之。温暖地帶，至初春發芽而止。熱帶之地，例擇落葉期內，嚴寒之區類於凍結季外行之。今依溫暖兩帶爲準，述其移植之時期如次：

（a）針葉樹　二月下旬至四月下旬爲適期。就中尤以三月中旬至四月中旬，爲最佳。

針葉樹類，絕不宜於秋植。

（b）常綠闊葉樹　三月上旬至四月上旬（早春），六月上旬至七月上旬（晚春），十月中爲適期。

早春爲新葉未放之期，晚春乃梅雨連綿之日，故均爲移植適期。分期移植，對於大規模建築，頗爲得策。

（c）落葉闊葉樹　十月下旬，至十二月下旬（冬季），三月下旬至四月上旬，爲適期。

落葉樹木之發芽，以樹種而別遲早，早者在二月下旬，遲者抵六月中旬。梅於早春開花，當先於去年秋冬之交移植之。其以他種關係，須逾發芽季移植者，當施術以緩其發芽。

（d）竹類　移植時期，以地下莖之筍芽發動時，爲最佳。

古者以五月十三日（陰曆）係竹醉日，爲栽竹之適期。惟栽竹時期，除出筍及酷暑嚴寒外，苟根株稍大，無不成活。

乙　移植法

庭樹移植，惟適法易繁，不然，不易成活，或不免於死亡。茲述其主要之方法如次：

（a）旋根法　大樹之移植者，以根旋爲要圖。就中尤以常綠樹爲然。一般闊葉樹，及屢經移植，鬚根繁盛者，類避免之。旋根法，普通於移植一二年前，以樹幹爲中心，取同心圓，圓徑爲幹末樹徑五寸以上者之三至五倍，沿周垂直掘下，且漸向中心斜掘之，俾斷直根而止。側根之較粗者，留三四本，剝皮令其枯死，俾支樹體，餘除僅留側根二三本，備吸收水分外，悉用利刀切去之。復覆土如故，刪枝葉，植支柱，俾免風患。待二三年後，移植之。

旋根時季，落葉樹於十一月至翌年四月底；常綠樹於四月上旬至六月中旬，或九月中旬至十月下旬行之。

（b）掘取法　掘取落葉樹，如於新芽未發前行之，宿土雖失，可無大損。且有謂槭，櫻，公孫樹等，反以附有宿土，發育不良者。

常綠樹，非留宿土，不易成活，既如前述。其經根旋者，掘取後，用藁繩縛之，並輕擊使固，俾便運送。其未施根旋者，處理之法，亦同。樹木掘出後，同時當注意於根部之損傷，而爲枝葉之刪修，枝條切痕，乃宜塗抹木膠，以杜不測。

（c）定植法　植穴以既廣且深爲原則，植栽不宜過淺，以無異舊深爲度。植穴宜混石礫，及沃土納之，俾增膨軟，其施腐熟肥料者，益佳。栽入後，根際覆土，待七八分時，注水並左右搖動之，俾充分浸透，（落葉樹，落葉時期，並冬期水易冰結時，不宜灌水）。復於其上覆土，其事遂竣。土表敷藁者，且得防燥效力。

第七　觀賞樹木之管理

其一　整姿法

整姿法，爲美術上理想化之手段也。庭園之式樣，及栽植之位置各別，斯樹類之整姿以異。茲分別論述如次：

一　自然的整姿法：

尊重樹木之個性，以整姿者也。不惟不加抑止，且從而發揮其本質，卽一一承其天性，而稍加整理者也。

二　彫刻的整姿法：

其整植物姿態，一似處理木材石材然。卽剪樹姿呈四方，圓形，及圓錐諸型者也。

摘心，摘芽，摘梢，摘葉，剪枝，捻幹，剪根等俱爲各種整姿法共通之手術。茲並述之：

（1）摘心：

摘新梢先端，以促進側芽發育，增加枝條數量，並所以促開花，繁樹冠，整樹型者也。

（2）摘芽：

於摘心效果過良時，謀抑止發育，摘除腋芽之手術也。施摘芽手術後，足以充實枝條，助長延伸。

（3）摘梢：

所以剪斷樹梢，抑止樹高，而促進側枝發育者也。小樹之蒼老奇古者，卽依此種手術成之；故爲宿景庭園中重要之手術。

（4）摘葉：

摘葉爲調節樹勢，抑止徒長，必要之手術。大葉樹木之枯葉黄萎者，務摘去之。

（5）剪枝：

除枯枝及隱蔽無裨外觀者，皆應剪除外，卽樹冠過密，有損光線透射，易招暴風吹襲，及防止病害發生時，皆應施適量之剪枝。他若圖花芽發生，促枝條伸長，及增根部發生時，剪枝亦爲不可缺乏之手術。惟剪枝時，當於分歧點剪斷之。

（6）剪根：

剪根不惟足以抑止上長，保持下枝，增健花芽；且可促鬚根發生，益進樹根於健全。養成矮小庭樹，惟斯爲尚。

（7）曲枝：

曲枝不惟足以抑止枝條生長已也，整姿增花，亦莫不以之。

（8）捻幹：

抑止樹木全部發育，俾呈蒼老奇趣，松類庭樹，行之最夥。

以上各種整姿，以目的而異其季節，例如枯枝枯葉支蘗之摘除，類隨時實施。花木之整姿，恆於花後行之。剪根則於休眠期內；曲枝，捻幹則擇傷痕癒合季節（初春或晚夏）。至於樹形之整理，發育之促進，類於發芽前行之。常綠樹木，概於梅雨中行之。

枝條切截，用器宜利，切痕宜平，新鮮切痕當以木膠（tar）塗抹；所以杜絕病菌之侵入焉。

其二　撫育法

甲　施肥　爲增益美態，促進發育及恢復樹勢時，類分別施肥。肥料別遲效速效，速效肥料，以糞尿，魚肥，堆肥，油粕等爲恆，所謂淡氣肥料是也。遲效肥料，以堆肥中和藁灰，米糠，過燐酸石灰者爲尙。樹木每年應施遲效肥料三四次。

乙　灌水　樹木之移植未久，及積晴不雨時，宜灌水以濕潤之。灌水前，宜築圍，或鬆根際土壤，以備深注，而杜硬化。灌水當於傍晚行之。

丙　壅土　樹木根土，恆以踐踏而固結，其根土固結者，殊於養分之吸收作用有損，故宜時於根際鬆耕，一若作物中耕者然。爾外復以鬆土壅之，傾斜地益宜注意。

丁　支柱　庭樹之新植，及喬高抗風力弱者，應立支柱扶直之。支柱中以冂字形（第十一圖），梯形，三脚形者（第十二圖）爲常用。主柱抗壓力強，鉛絲抗伸力著，故主柱外，更用鉛絲張之，（第十三圖）其效益著。

戊　裹幹　庭樹之貴重者，當用泥，棕，紙，菰，藁等裹幹，以杜蟲害，而避皮焦。幹之用紙裹者，以新

第十一圖

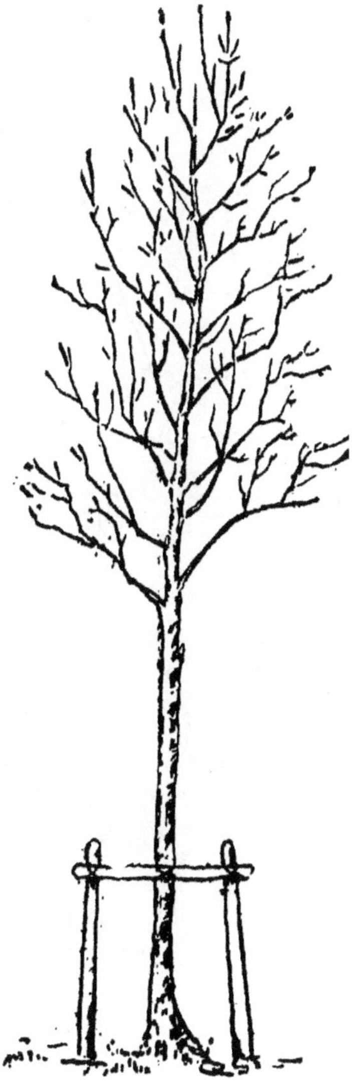

门字形支柱

第十二圖

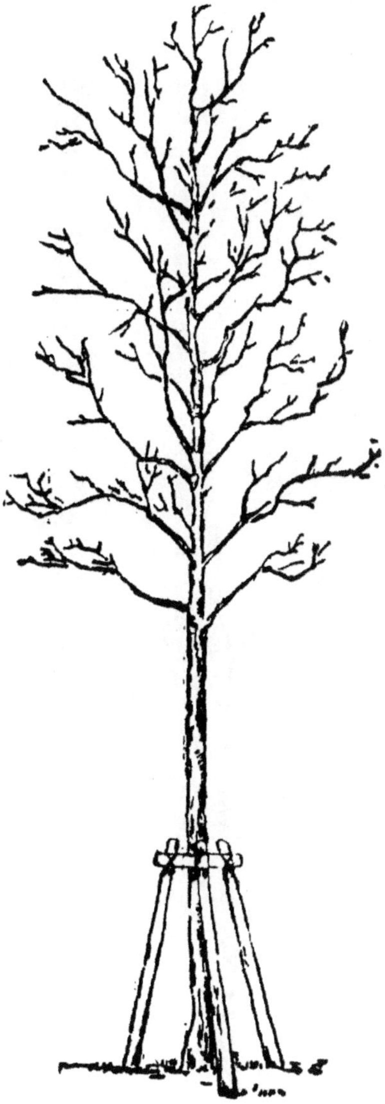

三脚形支柱

聞紙，及經油印之廢紙爲佳；蓋足使害蟲忌惡臭而遠避也。其須裹幹者，以不損美觀爲尚。裹泥法，針葉樹若松類等常用之。裹幹法，於防寒亦著奇效。（第十四圖）

第十三圖

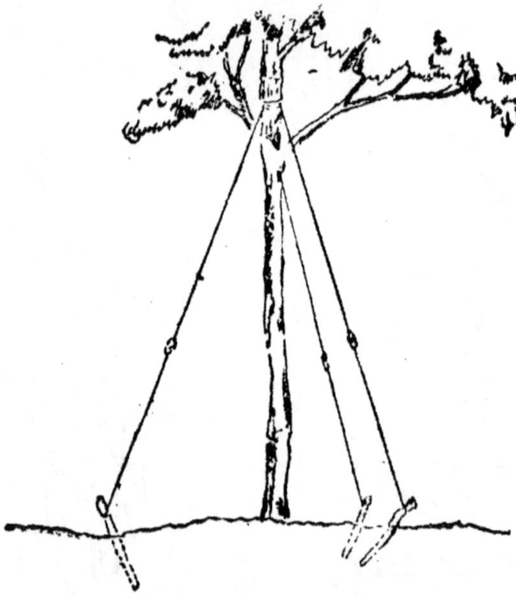

第十四圖

第八　觀賞樹木之保護

其一　氣象之害

甲　寒害

（A）凍害　植物組織間温度降攝氏零度以下時，恆冰結而變黑而枯死；其較健者，或僅局部槁萎，稚樹殆無倖免矣。植物對於凍害抗力之大小，不惟以種類而異致，即生活狀態及立地關係，亦足左右抗力，同一樹種，而異其強弱生死者，職是故也。樹木各部之易受凍害者，以花爲著，新葉新芽次之。觀賞樹木之經修剪成型者，抗力視自然發育者弱。蓋以枝葉較嫩，離地較邇（離地愈近，受地表之影響愈甚，而冷卻之變化愈烈）故也。桑之根刈，而被害較著者，蓋有以也。植物地帶之富濕氣者，以寒氣停滯，霜害最熾。若以方位言，則面南者，其害稍替。被害程度，針葉樹常優於闊葉樹。茲別其被害之度如次：

一〇——九者：臭椿，櫨，梧桐，白雲木，海州常山，黃蘗，椅，雲葉白果。

八——七者：牡荊，野桐，櫟，栓皮櫟，鹽膚木，胡桃。

六——五者：皂莢，合歡木，辛夷，水青岡，櫸，糙葉樹，赤楊。

四——三者：楝，無患子，朴，四照花。

二——〇者：齊墩果，榔榆，鑽天榆，花香樹，枹。

樹下留雜草植下木者足以防寒。面北者，應植樹防風，以杜氣温驟變。生籬等之須修剪者，應自南方着手。

（B）霜裂　霜裂云者，幹被寒氣所襲，幹部縱裂之現象也。霜裂由於樹幹冰結；及冰解時，暴風驟襲而起。被害之度，喬木甚於灌木，孤植甚於叢植。樹木之髓線發達，材質堅緻，直根粗大及深根性者，被害最易。榆，七葉樹，枹，槲等樹木中之被害最著者也。他若白楊，菩提樹，柳，松，白檜，魚鱗松等，材質雖疏，被害亦烈。

預防之法，莫如混植，叢植，及設置防風樹等。

（C）霜柱　霜柱，地表水分柱狀之結晶也。土壤之生霜柱者，鬆軟異恆。淺根植物，易被其害。柳杉，鐵杉，魚鱗松，洋槐等，被害較烈。

防除之法，利於排水。根際壅土，亦著奇效。稚樹宜用落葉，鋸屑，及藁等敷之。

（D）雪　雪害至烈；益以多量紛降，於冬春之交，風和氣燠時爲甚。積雪之害，可分爲雪壓，雪折，雪倒，雪頹四種。今並述之：

雪壓（Schneedruch）　雪壓之患，恆於稚樹見之。惟矯正恢復，轉視壯齡者稍易。蓋以幹部中彎，易遭曲傷故也。

雪折（Schneedruch）　雪折之害，可分爲折幹，折枝，折梢三種。就中尤以折幹之害爲最著。折幹之禍，恆以枝葉積雪，重量不均而起，益以風襲，幹折尤易。竹林中，最易見之。

雪倒（Schneewurf）　雪倒，即樹體倒地，根部露出之謂。雪倒之患，傾斜地爲害尤甚。淺根性樹，被害最烈。

雪頹（Lawinen）　雪頹云者，急傾山腹，雪塊轉落之現象也。普通公園及庭園中，不易見之。

森林公園（forest park），國立公園（national park）中之巨禍也。應設溝置柵，及築垣以防止之。

乙　暑害

（A）旱魃　樹木之被害者，葉恆黃變而垂萎，苗常乾槁以枯死，間接復可爲害蟲蕃殖之導線，甚矣旱魃之爲患也。抗旱之力，深根性者，優於淺根性者，故柳杉，紫杉等之稚樹，被害常視槲，櫟，枹櫧等爲烈。庭樹之樹皮色白平滑，若水青岡，鵝耳櫪，樺木等類，近側稚樹，發育不良，蓋以陽光反射所致也。若以淺根性樹，與深根性樹混植，及於砂土密植，皆有禦旱之力。

（B）皮焦　皮焦之患，西南二側爲烈。被害樹木，樹皮類以乾燥而漸剝離；樹皮剝離，或爲腐朽之因，或爲枯死之兆，亦庭樹之巨患也。皮焦之害，皮薄平滑者，尤視皮厚粗糙者爲甚。叢植者，恆優於孤植或散生者。泡桐，槭，櫧，水青岡，水曲柳，鵝耳櫪等，皆被害之最著者也。

防止之法，擇樹木之被皮焦害者，避西南兩側植之。孤植樹木，修枝不宜過量。貴重樹木，應塗泥，護藁，以預防之。（幹部護藁，以不見幹部爲度）。

丙　風害

（A）暴風　暴風足以拔樹，覆幹，挫枝，脫葉，終底於斃。庭樹中，拒風之力，闊葉樹優於針葉樹，根淺而材疏者，被害亦易。闊葉樹中，葉巨枝密者，被害較著，法國梧桐，梧桐（葉大），槠，朴（樹冠大），斷幹折枝之患，恆於園中道旁見之，其明證也。針葉樹中，若黑松，白松，短葉松，馬尾松等，材堅根深，樹冠較疏，被害較鮮。

防止之法，宜針闊混植，面風方向，應植防風林，以防止之。庭樹之貴重者，爲防風計，當立支柱扶直之。

（B）潮風　潮風爲害，視普通風患更烈，蓋以潮風中多鹽質也。濱海之別莊，公園之大患也。樹木之遭潮風害者，或葉積鹽屑，生理之作用以妨；或惡化地質，養分之溶解以難。如不諳樹性，貿然栽植，靡不枯殆以死。設計者，不可不注意焉。

抗鹽力，針葉樹，不如闊葉樹強。蓋萌芽性，恢復力，針葉樹遠在闊葉樹下也。闊葉樹之常綠者，恆視落葉樹強。今分舉如次：

1 抗力最強者：黑松，杜松，檜，合歡木，黃爪龍樹，海桐，黃櫨，車輪梅，大葉水蠟樹，偃檜。

2 抗力強者：朴，櫸，枹，槲，柿，柳，竹，山茶，黃楊，女貞，桃葉衞矛，八角金盤，交讓木，厚皮香，珊瑚樹，楊梅，百日青。

3 抗力稍強者：槠，柯，櫟，厚朴，苦楝，菩提樹，見風乾，胡桃，胡頹子。

4 抗力最弱者：柳杉，竹柏，粗榧，樅，樟，櫻。

其二 煤煙之害

煙害（Rauchschäden），普通所指者，爲工場及其他排煙中有毒成分，加害植物之作用也。其被煙害者，針葉樹葉端，由綠色而黃色，而赤褐，而枯死，而脫落。枝條之被害者，亦從先端始。闊葉樹之被害者，葉面先生黃或褐色斑點，其害漸進時，斑點益增，終底於死。故公園及庭園之接毘鍊鑛所，及在工業都市中者，當瞭然樹木抗煙強弱，先爲之防。不然，樹木殆無能免其禍者。今舉樹木抗煙之強弱如次：

抗煙力強者:

針葉樹—榧，粗榧，公孫樹，杜松，檜，柳杉，黑松，落葉松，鐵杉。

落葉闊葉樹—皂莢，無患子，燈臺樹，朴，合歡木，糙葉樹，槲，枹，野桐，七葉樹，榛，梓，秦皮，水曲柳，柿，洋槐，刺楸，榔榆，槭。

常綠闊葉樹—山茶，黃爪龍樹，油茶，桃葉珊瑚，女貞，紅淡比，枸榾，珊瑚樹，海桐，八角金盤，棱木，樟，柯，櫧，黃楊。

竹類

抗煙力弱者:

針葉樹—落葉松，海松，樅，魚鱗松。

闊葉樹—栗，櫸，溪楊，胡桃，溲疏，黃櫱，菩提樹。

雖同一樹種，抗煙之力壯齡獨強；萌芽力強者，抗力亦著。其抗煙力弱者，宜雜耐煙樹種植之。

其三　昆蟲之害

昆蟲之爲害最烈者，當以鞘翅，有吻，直翅，鱗翅，膜翅等數目爲著。樹木由梢端以抵根冠，幾莫不有蟲類爲害。蟲類之種類頗多，斯爲害之狀態有別，或蝕葉芽，或害花果，或棲土中以食根，或伸口吻以吮液。樹木以害蟲寄生，或脫樹皮，或蝕材部，實指不勝屈也。今舉庭樹害蟲之主要者，如次：

一　爲葉芽害者：

鞘翅目——金龜之，葉甲蟲。

鱗翅目——松毛蟲，杉毛蟲。

膜翅目——落葉松蜂，松黄葉蜂，杉鋸蜂。

二　爲幹部害者：

鞘翅目——天牛，象鼻蟲，穿孔甲蟲，木蠹蟲。

鱗翅目——鐵礮蟲。

三　爲根部害者：

鞘翅目——蠐螬。

直翅目——螻蛄。

四　吮吸樹液者：

有吻目——蚜蟲，松泡蟲，樟葉蟲。

更將重要庭樹之害蟲，略舉如次：

一　械類之害蟲：

鞘翅目——琉璃天牛，槭葉蟲，槭蠹蟲，槭捲葉蟲。

鱗翅目——柳鐵礮蟲，刺蛾，垂繭蛾，花斑木蠹蛾。

膜翅目——槭黑蜂。

有吻目——紅紋龜蟲，槭貝殼蟲。

二　柳杉之害蟲：

鞘翅目——柳杉金龜子，柳杉赤天牛，柳杉黑天牛，柳杉蠹蟲。

鱗翅目——柳杉毒蛾。

三　楊與柳之害蟲：

鞘翅目——柳天牛，赤頸天牛，柳葉蟲。

鱗翅目——八星蝶，黃綠蝶，柳天蛾，柳鐵礮蟲，柳毛蟲，柳燭蛾，柳毒蛾。

四　松之害蟲：

鞘翅目——松蠹蟲，松象蟲，白星象鼻蟲。

鱗翅目——松毛蟲，松螟蛾，小松螟蟲，松捲葉蛾。

有吻目——履狀介殼蟲。

五　竹之害蟲：

鞘翅目——竹蠹蟲，小竹蠹蟲。

鱗翅目——筍蠹蟲，竹蛄蟖蟲，竹蝴蝶。

六　櫟與栗之害蟲：

鞘翅目——栗天牛，山天牛，四星天牛，大栗象蟲，小金龜子，栗蠹蟲。

鱗翅目—櫟赤紋毛蟲，花斑木蠹蚊，垂繭蛾，櫟藍毛蟲，櫟毛蟲，栗蟲蛾。

有吻目—大毛蚜蟲，櫟龜蟲。

七　樟之害蟲：

鱗翅目—青斑鳳蝶，樟蟲，樟蠹蟲，樟葉蟲。

害蟲預防之法除注意樹木營養以保其健全法外，無勝是者。貴重庭樹時爲防害蟲寄生，（如木蠹蟲，及穿孔蟲等）。有裹繩，塗泥，及裹油紙以預防之者。

驅防之法除用捕殺及誘殺法外，類使用藥劑，以驅滅之。驅蟲劑之較普通者，爲石油乳劑，（加用除蟲菊者益佳）。青酸瓦斯，砒素合劑，及苦木樹皮液，煙草肥皂合劑，除蟲菊粉等。今擇要述其製法如次：

一　石油乳劑　用洗濯用肥皂八兩，置熱湯二升五合中溶解之，隨復加火油五升，充分攪拌之，至呈乳白色時爲止，和水二三十倍後，用唧筒噴撒之。

二　煙草肥皂合劑　用煙草六兩，浸熱湯五升中，並以肥皂十二兩混合之，和水十五乃至三十倍稀薄後，始取用之。

三　除蟲菊粉　除蟲菊粉中，和三四倍石灰後，始供用。

其四　病菌之害

菌類（Pilze; fungi）以胞子繁殖，蔓延至易植物之染病以死者，既夥且速，防止之法，除切離，焚燬罹病枝葉，及善撫樹木，增進抗力外，類用殺菌劑（fungicide）以殺滅之。殺菌劑之最普通者，爲保羅特液（Boeaux mixture），銅石鹼液（copper soap），石灰硫黃合劑（lime sulphur mixture）石灰淡氣（lime nitrogen），及生石灰，草木灰等。今擇要述其製法如次：

一　保羅特液　用硝酸銅十二兩，生石灰十兩乃至十二兩，水二斗乃至四斗。（水二斗者，謂之二斗式；三斗者，謂之三斗式。餘類推）。製液時，先備大小木桶三個。今設製造二斗式液時，置硫酸銅十二兩，於容量一斗之小桶中，並注熱湯四升，溶解之，復納冷水八升，使成一斗液。別桶中置與硫酸銅同量之生石灰，注湯待其粉碎，旋復注冷水，俾成一斗；且用囊（麻布棉布並可）濾過之。待兩液溶解終了，同時注二斗容桶中，攪拌之。所成綠色液，卽所求之保羅特液也。製成逾四五時間後，漸沉澱而失黏力效力亦微，故務於新鮮時，取用之。植物之難附着者，合劑中宜用肥皂混合之。（二斗式者，需肥皂二兩）。

二　銅石鹼液　是劑係硫酸銅液中混石鹼製成者。視保羅特液，富黏力，價亦低廉。法用硫酸銅六錢，置桶中，注熱湯溶解之，加水後，全量爲二升。石鹼量，爲硫酸銅之三或四倍，注湯四五升，置鍋移火熱之，俾充分溶解，旋復注湯三四升，全量約爲八升液。徐注硫酸銅液中，充分攪拌之，是劑以成。

茲舉主要庭樹之病害如次：

柳杉赤枯病，　樅癌腫病，　樅天狗巢病，　松心材赤變腐蝕病，　松木癭病，　松葉振病，　松類根蕈病，　桑根朽病，　山茶餅病，　槲類葉腫病，　櫨實白粉病，　樟苗白絹病，　樟黑斑病，　泡桐萎縮病，　竹虉病，　苦竹水枯病，　竹雲紋病。

附錄 參考書目

書籍之部

一 國文

人名	朝代	書名
范成大	宋	桂海花木誌
佚名		魏王花木誌
周敍	宋	洛陽花木誌
曹溶	清	倦圃蒔植記
周文華	明	汝南圃史
王文慶	唐	園庭花木疏

李德裕	唐	平原山居草木記
李誠	宋	木經
俞宗本	元	種樹書
屠隆	明	盆院品
吳其濬	清	植物名實圖考
王象晉	明	羣芳譜
清聖祖	清	廣羣芳譜
陳嶸		中國樹木誌略（未刊本）
計成	明	奪天工一名園冶
樊宗師	唐	絳守居園池記注
高宗	清	圓明園圖詠
李格非	宋	洛陽名園記

周密	宋	吳興園林記
杜温直		戸山圖記
鄧牧	宋	洞霄圖誌
道恂（釋）	明	師子林記勝

二　日文

三好學	日文植物景觀
三好學	植物生態美觀
志賀重昂	日本風景論
小島烏水	日本山水論
本多靜六	大日本老樹名木誌
新島善直村山釀造	森林美學
田村剛	實用主義ノ庭園

田村剛　家庭ニ必要ナ庭園ノ知識
田村剛　造園概論
田村剛　庭園鑑賞法
田村剛　文化生活ト庭園
上原敬二　庭園學概論
上原敬二　造園學汎論
上原敬二　住宅ト庭園ノ設計
上原敬二　樹木根迴運搬並移植法
上原敬二　都市計畫ト公園
上原敬二　芝生ト芝庭
上原靜子　家庭園藝ト庭園設計
龍居松之助　日本名園記

日本庭園叢書　園方書

日本庭園叢書　庭園祕書

日本庭園叢書　作庭記

日本庭園叢書　夢窗流治庭

野門守人　庭園樹木手入法

齋藤勝雄　庭木整姿法

佐佐木祐太郎　花卉園藝

永井古竹　最近花卉園藝

大屋靈城　庭園ノ設計ト施工

三　英文

G. Jekyll: Wood and Garden.

Sorotaroff: Shade Trees in Town and City.

K. Schwarz: Forest Trees and Forest Scenery.

John Miur: Our National Parks.

M. Ward: Trees.

Blakeslee & Javis: Trees in Winter.

Mawson: The Art and Craft of Garden Making.

Hubbard & Kimball: Landscape Design.

W. S. Rogers: Garden Planting.

Gertrude Jekyll & Lawrence Weaver: Garden for Small Country Houses.

Wilhelm Miller: What England Can Teach Us about Gardening.

J. J. Levison: Studies of Trees.

G. S. Boulger: Familiar Trees.

Webster, A. D.: Coniferous Trees for Profit and Ornament.

Weathers, J.: Beautiful Flowering Trees and Shrubs for British and Irish Garden.

Wright, & W. Daliimone: Pictorial Practical Tree and Shrub Culture.

Rock, J. F.: Ornamental Tree of Hawaii.

Hulme, F. E.: Familiar Wild Flowering.

四　德文

Gradman: Heimatschutz und Landschaftspflege.

K. Guenther: Der Naturschutz.

Carl Hampel: Deutsche Gartenkunst.

Meyer u. Ries: Die Gartenkunst.

Garl Hampel: Hundert kleine Garten.

Paul Schultze: Kurturarbeiten, Garten.

Jäger, II. Gartenkunst u. Gärten sonst u. jetzt.

Lange u. Stahn: Die Gartengesialtung der Neuzeit.

Carl Hampel: 150 Kleine Garten.

E. Hardt: Deutsche Hausgarten.

五 法文

Bellair et Belair: Parcs et Jardins.

E'douard Andr'e: L'art des Jardins.

庭園雜誌之部

Garden (English)

Garden Magazine (American)

Gardener (England)

Gardener's Chronicle (English)

Gardening (American)

Gardening Illustrated (English)

Amateur Gardening (English)

Obst und Gartenbau-Zeitung (Schweizerische)

American Society of Landscape Architecture.

庭園（日文）

王雲五主編

萬有文庫

第一集一千種

觀賞樹木

陳植著

發行兼印刷者 商務印書館 上海寶山路

發行所 商務印書館 上海及各埠

中華民國十九年十月初版

The Complete Library

Edited by

Y. W. WONG

ORNAMENTAL TREE

By

CHÊN CHIH

THE COMMERCIAL PRESS, LTD.

Shanghai, China

1930

B八一三分

行道樹

李寅恭 編著

正中書局

教育部審定

國立編譯館主編

高級農業職業學校

行道樹

李寅恭編著

正中書局印行

編輯要旨

一 本書遵照教育部修正高級農業職業學校森林科教學科目及每週教學時數表內所規定之行道樹課程編輯，足供一學期每週講授兩小時之需。

一 本書內容理論與應用並重，舉凡關於行道樹之環境及其性狀、分布、栽培、管理等，靡不包羅，俾學者於實施時有所準繩。

一 本書對於行道樹有密切關係之紀念樹、公墳樹、攀牆植物及草地敷設等，亦各列專章討論之，學者於此得有行道樹整個之觀念。

一 本書對中國樹種之適於行道樹者，敍述特詳，並將重要樹種圖附於書末，以資識別。

一 本書說明行道樹之栽培管理等有關於技術及設計者，均分別附圖，俾易瞭解。

一 本書所引用英文術語名詞等，均於括號內附註原文，並於書末附錄英漢名詞對照表，以便查考。

一 本書所有附圖，悉由施自耘君描繪，特此誌謝。

編者附誌

序

國立中央大學森林學系主任李寅恭教授，近應教育部之徵求，著有「行道樹」一書，以充一般農業學校教材之用；該書內容計分十三章約四萬言，附圖二十餘幅，舉凡行道樹與環境之關係以及樹種之特性、分佈暨栽培、管理等事，靡不詳載無遺；洵爲從事林業或栽植行道樹者所必讀之書也。先生致力於林業界已垂三十年矣，匪特對於林業之貢獻宏富，且於國學之造詣湛深，故書中所引證之典籍淵博，所記述之性狀詳明，尤可爲近人撰述科學文字者之楷模。茲略誌數語，附於篇首，非敢謂序，聊以應 先生之囑云爾。

民國三十二年癸未冬月江寧耿以禮

目次

引 言

行道樹之栽植，雖屬林學者餘事，然一語及民衆衛生城郊風景，關係非淺。巴黎若無八萬六千列樹，法之市容不被著稱；華盛頓若非紛現蔭樹通衢，其宏都新府，亦未由表示偉大領袖聯邦。又自美紐介綏(New Jersey)州之有蔭樹管理委員會，風行所至，遠邇景從。他邦亦靡不注意，此樹藝學(arboriculture)所以演進爲學科也。

我國行道樹之見諸史籍，幾越三千餘年，效用限於一時，推行嫌其未普，例如詩小雅云：「荏染柔木，君子樹之，往來行人，心焉數之。」周禮：「野廬氏掌達國路於四畿，比國郊及野之道路，宿息井樹。」又「夏官司險設國之五溝五途而樹之林，以爲阻固。」國語：「單襄公述周制以告王曰，列樹以表道，列鄙食以守路。」呂氏春秋：「子產相鄭，桃李垂於街而莫之敢援。」漢書賈山傳曰：「秦爲馳道於天下，東窮燕齊，南極吳楚，江湖之上，瀕海之觀畢至，道廣五十步，三丈而樹，厚築其外，隱以金椎，樹以青松。」又「三輔黃圖元始四年，爲博士舍三十區爲市，列槐數百行爲隧，無牆屋，諸生朔望會，且各持其郡所出貨物，及經傳書記笙磬樂器，相與買賣，雍容揖讓，議論槐下。」其他類是者不可勝舉。後世如唐國史補：「貞元中度支欲砍取兩京道中槐樹造車，更栽小樹，先符牒渭南縣尉張造。造批復其牒云：「近奉文牒，令伐官槐，若欲造車，豈無良木。恭維此樹，其來久遠，東西列植，南北成行，輝映秦中，光臨關外，不惟用資行者，抑亦會蔭學徒，拔本塞源，雖有一時之利，深根固蒂，須存百代之規，況神堯入關，先駐此樹，玄宗幸嶽，見立豐碑，山川宛然，原野未改。且召伯所憩，當自保全，先皇舊遊，甯宜剪伐，思人愛樹，詩有薄言，運斧操斤，情有未忍，付司具狀牒上度支使，仍具奏聞。」遂罷，造尋入臺。宋史辛仲甫傳：「乾德五年入拜右補闕，出知光州，六年移知彭州，先是州少種樹，暑無所休，仲甫課民栽柳蔭行路，郡人德之，名爲補闕柳。」謝朓詩云：「桃李成蹊徑，桑榆蔭道周。」錢起詩云：「日斜官樹聞蟬滿，雨過關城見月斜。」韋莊詩云：「滿街楊柳綠絲煙，畫出清明二月天。」陳陶泉州刺桐花詩云：「猗猗小豔夾通衢，晴日薰風笑越姝，又是紅芳移不得，刺桐屏障滿中都。」韓愈詩云：「夾道疏槐老出根。」此外見於唐宋人詩者尚夥，不能一一備述。總之，論世界庭園及行道樹，吾國可稱鼻祖，特知其旨趣而鮮加研究耳。

曩者吾國市景布置，每偏於太密，砌石雕欄，花壇繁複，求之面積廣袤，背景淡遠者，絕不可得。姑蘇維揚之名園，予獲遊覽殆遍，西子湖邊諸姓之莊，北平津滬之公私園等，亦鮮不蹈陳陳相因之覆轍。行道樹之樹種在中國備拾即是，不難選擇，第配合不以其道，位置距離又少共守之成規，用是支離乖舛，鮮呈得心應手之妙用。且也樹種之選用，並當顧慮其各各之適應性，及栽植上必具之條件，使無負責之管理人，則保護嫌其不足。曠觀社會中之居住部落與夫工業繁盛區，在各地方尤感不潔，兒童死亡率特大，缺乏樹木以調劑空氣，亦爲重要原因。

古語曰：「衣食足而知禮節，倉廩實而知榮辱，」玩味斯語，似目下家國困窮，猶非提倡居處逸樂之時，不過地方必備如行道樹普通公園等，需費有限，而於市民裨益匪淺，若人人曉其重要性，愛美之觀感起，則一倡衆效，駸駸漸成風氣，相戒不毀傷，行道樹之基已立，進而按時剪截，與夫防除病蟲害，則此項問題，自不難臻盡善盡美之境。

行道樹栽培，自以取本產樹爲最宜，不然者，外來樹種有藉試驗始能測定，泰西樹藝家嘗云：植樹指南，在確知其能於此氣候土壤中旺長，或爲先民文獻中所記述者。否則曠時糜費，而結果失敗。又謂街衢樹對氣溫地質基礎與土層厚度等，胥爲生存之所依倚。法之庭園學者云：巴黎土壤至劣，而道旁植樹能存長無恙，則又證明劣土植樹，亦非絕對不能成功也。

第一章　行道樹之效用

樹之庇蔭道路，防止路面之枯燥而保持清潔，解行旅跋涉之煩悶，爲雪地交通之南針，況其四時風景不同，又予人類以適應時序之快感。新建築不論若何宏敞，雕工粉飾自精神學者觀之，恆未足使人居之泰然，爲其缺少自然也。歐美多山區域，到處儼若樹海，若至數千以達若干萬戶口之城市，高樓大廈，遙望之，無不埋藏於青林綠樹中。其關於衛生也，植物吸收空氣中碳酸氣而放出動物營生所需之氧氣，動植物互相補闕，人類生命遂賴以綿延。其關於減退暑熱也，招引清風皓月，所有砌石回光簷日返照之炎威，悉爲夏木濃蔭所煞，重以樹冠蒸發，水氣噓散，無在不起調和氣候之作用。其關於增益美景也，春則花鳥迎人，夏則枝葉青葱，秋則樹色斑爛，冬則結實纍纍，俱堪入畫，尤充滿田家樂趣。其關於戰時生活也，空襲肆虐，藉萬綠叢中爲防空設備。聞之德國備戰，將所有軍工廠盡移入林區工作，借以掩護，殆善於作計者也。

問題

一、行道樹有何效用?

二、申述行道樹與人類衛生之關係。

第二章　市行道樹

栽植列樹，動繫觀瞻，既當精選樹種，尤應布置得宜。必也擇取直徑二寸大小之樹，苗木太小，則風摧雪壓，或童稚撼動，易被毀壞。樹冠葉大，乃具姿勢。植點不可太近牆壁，亦不宜恰當窗牖，以免阻過視線。距離問題，必具遠見，使若干年後感覺方便。樹種在每一列道不宜夾雜其他樹種，方昭一律，而助美觀。設計施行，遵諸準繩，不得任意踰越。

一、列樹應具之性質　既全街爲同種之樹，則遠瞻近眺，儼有軍隊行伍肅然不紊之概，且株距宜求勻等，並於充分長成枝葉不至重疊，而空氣日光自由流暢，枝姿葉容以閒以暇，而疏密中庸，滿貯生意，固不必雨後春前，始現清鮮雄偉之氣象也。茲就市行道樹應具條件列下：

（一）適應環境而易於栽植生長之樹種：

1 對地方氣候土質等均能適應者。

2 對病蟲害煙害塵埃風雪等之抵抗力強者。

3 驢馬及他畜囓食之害少者。

4 修截後傷口容易癒合者。

5 雖屬大苗易栽不須多帶根土而成活安全者。

(二)適合民衆衛生而與人以快感之樹種:

1 夏得庇蔭孔道,冬可透射日光之落葉闊葉類樹。

2 無惡臭及針刺者。

3 花果枝葉不沾汚道路,不滑溜步履,不招惹蠅蚋者。

4 花及枝葉不放強烈之香氣者。

5 不作枯立殘影予人以不快之感者。

(三)姿勢富風致而與背景調和之樹種:

1 樹冠球形或半球形、短圓錐形,配置均勻者。

2 樹幹圓柱狀、挺直、根不盤錯,且幹皮優美者。

3 夏季葉呈深綠或青翠者。

4 榦下方不生旁枝，根部無萌芽者。

5 壽命悠久者。

(四)葉大而厚，同時脫落，梢枝耐修剪，可隨意調整之樹種。

二、樹選 吾國地跨寒溫暖熱等地帶，故行道樹種準諸區域性爲轉移，分述如下：

(一)我國北部用樹 銀杏、南京白楊、銀白楊、垂柳、澤胡桃、楓楊、七葉樹、樺木、白楡、刺槐、中槐、槫、泡桐、梣、文冠果、篠懸木等。

(二)我國中部用樹 木蘭、鵝掌楸、欒、槫、槐、柳、菩提樹、梧桐、楓、梣、青樸、枳椇、苦楝、黃金樹、楓香、椅桐、山櫻、楓楊、旱蓮、青檀、杜仲等。

(三)我國南部用樹 鵝掌楸、梓、無患子、櫸、糙葉樹、大葉合歡、重陽木、旱蓮、楠、銀杏、樟、刺桐等。

以上所舉，不過示例，酌加增益，是在各人之所嗜好，但以合於美觀爲標準耳。

三、市區栽樹須知 窄街樹選，除樹冠直上如白楊、龍柏等少旁枝之不占地外，輒應獎栽常春藤或其他攀牆植物與木槿，其作用與街樹同。

普通市行道樹，優點有三：(一)暑天俾行旅憩息；(二)遮蔽風雨，抑制塵埃；(三)使市井帶山林化。從上述推論，行道樹之頂枝密接者，如水青杠、見風乾、篠懸木等皆爲佳種，惟大樹移植匪易，必注意栽時技術。次如白榆、楓、欒亦給人以遊目騁懷之意趣。

市場交通塵囂十丈，若樹種之抗煙抗塵力弱者，越時葉面氣孔鮮不爲飛灰所窒塞，如刺槐、梧桐、樗……等抵抗力強，勝過一般樹頭稀疏者。又樹風致上條件已備，或因布置不當，輒易隨之減色，例如垂柳何等蕭灑，長堤水邊，佐以畫橋，恍入煙波垂釣之境，惟移置於通衢大道及市廣場中，則其美不彰。

樹之帶果如栗、核桃、梨……等之經濟植物，不當與風致樹類雜用，因不生互相和諧之觀感，譬之梨樹陰性，見諸廣場或草地，翻覺味口不適。彼鄉村道路用掛果樹，或猶不嫌其背謬也。

樹之佳種難育，而易採辦者每爲快長性與非堅強之質，病害也，蟲傷也，或形態屈曲者，其生命耐久良不可期。街樹之上品，在生長率中庸而壽命悠長，美國加州之喬柯二種，一般人稱世界爺(Sequoia sps.) 森然有參天之勢，我國銀杏、楠、樟，亦極可愛護。

易受病蟲害侵入之樹木率爲弱質，彼野生樹什八可免。至樹之生活力健強，所以轉爲羸弱者，率從(一)移植手術不善，(二)土劣或環境不適，(三)土壤中水分不足。一般街巷空氣欠流通，土味酸化，比屋煙生，家畜雜處，除老樹根深蒂固少被影響外，新植者抵抗力每致脆弱。

市行道樹之愛護，不妨採訥杉伯氏(Lazenby)之主張如下：

1 採用幼樹，勿過四至六年生者，樹大雖望之悅目，但株小者長足邁進，有時能超越之。固然樹大搬移耗費，猶不悉如人所期，欲期速效反有欲速不達之弊。

2 勿密植，因株距近則空氣阻，室內湫溼，居戶有因之增加病症者。

3 列樹直行無論矣，但遇有隙地，可酌栽叢樹，或作弧形栽植，亦較爲美觀。

4 栽陰性樹，則附近花壇不免被其覆罩，故近樹處亦宜取陰性小植物栽植。

5 栽樹以早春爲安全，秋栽亦可，工作同勿草。

6 注意利用好土，應設法取給。死水最於植物有妨害。

7 植穴勿作碗形僅敷安置根部，當放大掘之面積一如樹冠而比原長地加深寸許，壅土堅築之。

8 栽時如見病害，可施修剪，樹冠枝葉太多亦可修剪，所以保守頂部根部之平衡也。

9 近根處須加置溼草樹葉等防乾燥，因土乾足以影響生存，而過剩水分，患亦相等，例如刺槐、枳椇，遭水輒死。

10市樹不可用作驢馬繩索繫柱，又與脚踏車農具接觸，亦易留傷疤，最好涛以木製保護架，以避免傷害。

11樹之近側若能增添常綠樹爲叢生，則冬月免受風撼。

12樹卽不合風景用而甚健旺者，亦差勝優種之不健全者。

13樹愈精選，來日享受愈長，不可草率從事。

14門前植樹應舉室分擔其勞，例若父掘土，子牽繩，母扶樹，女覆土，勞力均等，而後愛護心同，卽傳之累代，而紀念於以弗衰。

問題

一、試述市行道樹應具之條件。

二、狹窄街道以何樹種爲最上選？

三、原爲健強樹種，植後轉爲羸弱者，是何理由？

四、訥杉伯氏愛護市行道樹之主張若何？

第三章　公路行道樹

吾國近稔，力謀發展交通事業，不期強寇侵入，毀我路基何限，曩者內地感行路難及不講衛生，路無列樹，亦缺憾之一，今各省市縣對此利益多有知之者，惜少積極倡導，努力推行。

一、選樹前之條件　公路栽樹條件，視前略同，惟管理之責公路局應負之。選樹前之當注意者如下：

(一)多取當地產樹。
(二)多採闊葉類樹（接近熱帶地方可酌用常綠樹種。）
(三)快長，幹高聳，樹冠不過度擴張者。
(四)幹耐修剪，人畜傷害之容易癒合者。
(五)大苗移植生活較易者。

(六)樹形美觀引人欣賞者。
(七)無豔花甘果招致殘害者。
(八)深根抗風力強者。
(九)蕃殖容易育苗手續簡單者。
(十)病蟲害少被傳染者。

二、樹選　國產樹之可爲公路用者頗夥,且就地理上分布者略舉如下:

(一)黃河流域　白楊類、槐、榆、楸、柳類、菩提樹、楓楊、泡桐、樺木、樗、銀杏、合歡、五腳樹、五角楓。

(二)長江流域　篠懸木、楸、楓楊、白楊、苦楝、欒、槐、刺槐、菩提樹、梧桐、鵝掌楸、榆、櫸、梓、黃金樹、重陽木、烏桕、胡桃。

(三)珠江流域　重陽木、樟、大葉合歡、大葉桉、鳳凰木、旱蓮、烏桕、欖仁樹、泡桐、七葉樹。

其有一般公路澆水不便而土地瘠薄者,須選用合歡、樺木、刺槐、臭椿等樹;反之卑溼地方,則可採柳、白楊、胡桃、楓楊、赤楊、白榆、泡桐、桉樹……等樹爲宜。

三、公路樹之栽培法:

(一)苗木之準備　公路所用之苗木，不可仰給外來，應闢苗圃自育，不得已時，採辦自鄰邑公營或私營之養樹園。高矮大小，防其不勻。自育者必經二三次移植，根部始得充分發達。插木必選生長力旺盛者始速育成，若插榦則取柳或白楊之二寸直徑長丈二尺者，斜削其端入土至少二尺，成活亦易，各堤岸植樹常用之，但插榦者須就溼潤肥沃之土地方可。

苗有時不能卽栽，須擇地假植，必就陰溼避風所爲之。苗木外運必注意安全設備，例如根部須妥爲包裝，免風吹日曬，又苗木產生地與栽植地風土情形，不可太懸殊。

(二)栽樹時季　一般落葉樹宜在冬末春初樹液未流動前栽之，惟春季不及栽者可用秋植，因我國植樹季節，長江流域以不過清明爲度，珠江流域則可提早，大概自晚秋以迄早春均可。至黃河流域，冬寒開凍較遲，栽樹須至三四月間，且有以雨量關係，可遲至五六月間者；總之在雨季將臨栽植爲安全。

(三)栽樹之位置　公路栽樹應注意整齊，除高矮種類已能中選外，株距之位置應有畫一規定。公路栽樹，通常沿公路邊線，其株間距離則視路面之寬度而定，可自一丈八尺至三丈，普通寬路比狹路栽植可略從密，但必防止過度濃蔭，有礙附近作物之生長，及障蔽車輛來往之視線。又對電話電報線必須注意，使樹於電線電桿衝突最少處植之。公路行間距離，當然亦視路幅之寬度而定，路幅寬度如在二丈以上，可用左右對植（如第一圖，）如在二丈以下恐樹冠有密接之虞，則可左右交互錯植（如第二圖，）路面兩旁若有排水溝存在，則可植於溝外之路邊（如第三圖。）

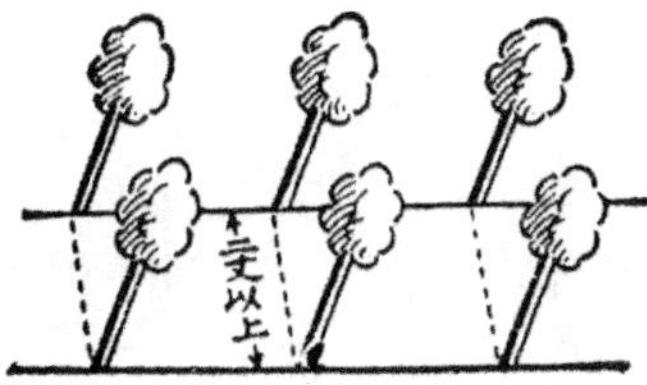

第一圖

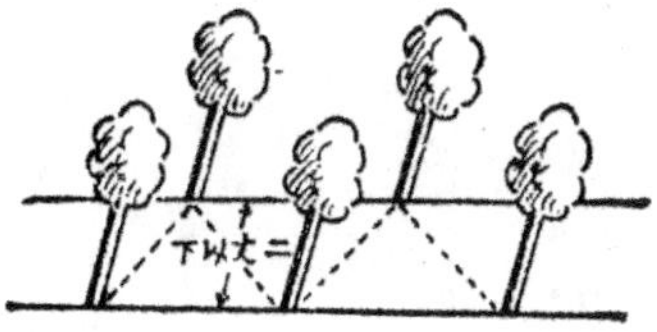

第二圖

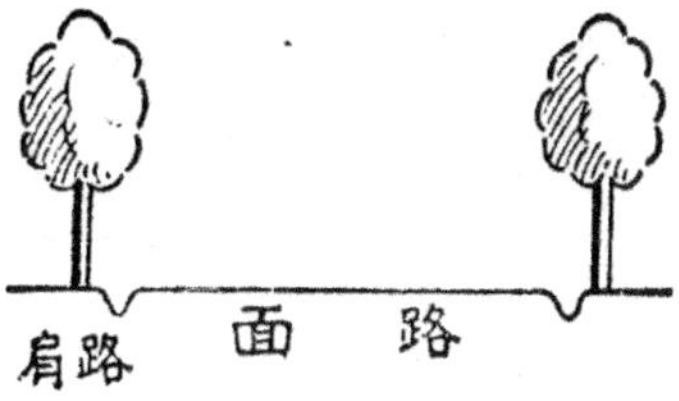

第三圖

公路如通過切土之處，宜植於排水溝外之傾斜面上（如第四圖，）如公路係繞過山腹之處傍山方面，樹應植於排水溝外（如第五圖甲，）傍谷方面，應植於路面之小緣（如第五圖乙，）或距路面二三尺之處（如第五圖丙，）在積土修築之道路，可植於路之面側低於路面約一尺半之處（如第六圖）。

第四圖

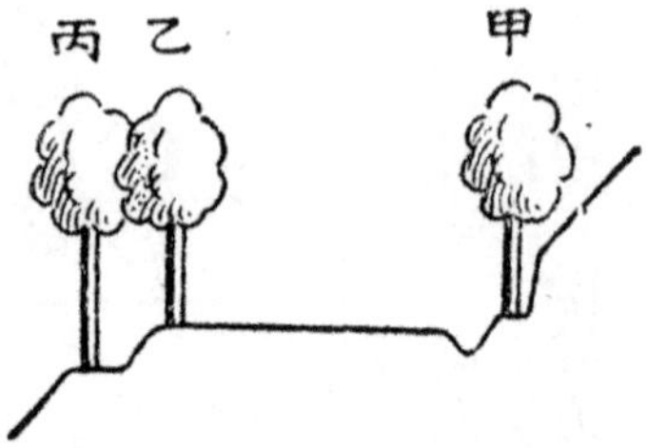

第五圖

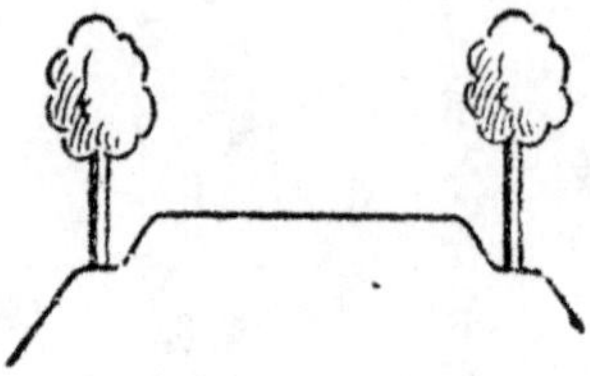

第六圖

有時兩路相交或轉彎處或與鐵道相交處，植樹最應注意使車夫之視線不爲樹幹所遮蔽，以免發生危險，故爲愼重起見，凡在路與路相交處一百五十尺以內，不當植樹。以上所述係就一般情形而論。實施栽植時，其行間株間距離之分配，仍須就當地情形斟酌決定，務以不妨礙交通不遮斷往來車輛視線爲原則。

（四）植樹之方法　植樹宜在陰天，先檢查樹根，如有受傷或過長之根，可用修枝剪剪去，則切口不致腐爛而易癒合，且可發生新鬚根。又樹枝生長太密或分枝太低者，並須修剪。植前最好行打漿手續，如遇天氣乾燥或已過植樹時節，此項手續尤不可少。所謂打漿者，卽用桶貯水加入細碎黃土，調成泥漿，將苗根插入，然後栽植。

實地工作應以二人行之，一人先將坑旁細肥之土酌塡坑底，一人持着已經打漿之苗木放入坑內，注意不可使根交叉或蜷曲，塡土至坑深一半餘之頃，將苗莖略爲上提，俾根部向下理直，然後覆土緊踏，作盆狀便澆水，並使樹根能受較多之雨水。

(五)支柱之配置　苗木初栽最怕風撼，同時宜設置支柱，公路上以用簡單式者爲宜，選用長約七尺至八尺五寸之木柱，或皮篙亦可，長度須視用樹大小而定，靠近樹榦於栽時一同插入坑內，入地約深二尺，用棕繩或麻索綁紮一起，紮時須用死結以免鬆落，如被紮處裹以棕皮，防勒傷樹皮尤佳（如第七圖）。

第七圖

第八圖

牌坊式支柱（如第八圖），通常係用於較大或常綠樹類，其設置之法用長約六尺之木柱二根，分插於樹之兩旁，左右相距約二尺，打入地約一尺五至二尺，另外取長約二尺五寸橫木一根，用鉛絲或釘固定在左右木柱之上端，橫木固定後，中間則依照單柱式綁紮法，將橫木與樹榦紮在一起。

（六）按時剪定　公路樹因欲培成完整及合式樹冠，所以有時須佐以剪截，剪截季節，除恐切口凍裂宜避嚴寒時期外，大概自秋季至早春樹液未發動前，皆可舉行，不僅於樹木生理適宜，且樹葉凋落，枝條顯露，修剪施工較爲容易（有時樹定植後生長過旺，根部水分供應不及，將現枯萎，對於過密枝條，宜加修剪者，係屬例外。）修剪施工時，先架修剪梯於樹旁，以便攀登，從樹之上端開始漸及下方，對於一般小枝條用修剪刀即可，如剪除大枝，當先從枝條下方離榦七八寸處，鋸斷其小半，再從枝之上方與榦木平接處加鋸，則大枝折落，可不損及榦木，以後再將殘存部分用刀削淨。

再整姿宜在樹木幼時施行，則切口較小，癒合容易。修剪時切口當平接榦木，並須修光。又傷口易傳染病蟲等害，事後必加塗治，普通小枝切口，僅可塗樹膠等防水劑，如切口徑在一寸以上，須塗煤溚或木溚或假漆或濃墨汁，如傷口甚大時，當於塗樹膠後加塗木溚一層以防腐，逾年繼續塗刷一次，至切口完全癒合乃止。

公路行道樹，當責成接近鄉保甲長等保護，每年春植期前經公路局人視察，凡受人爲或自然界危害而枯死之株，應卽查記，用同樣樹補植，以保持全路完整。

問題

一、選擇公路行道樹種，應注意之事項若何？

二、高亢地區及卑溼地區之公路行道樹，各以何樹種爲宜？

三、公路植樹之位置，株間及行間之距離，以何爲標準？

四、公路樹行道樹之剪定與整枝應注意之事項若何？

第四章　鄉村行道樹

村路樹之栽植，約有左列之便利可言者：如（一）土地因接近居民，什九平坦，土層深厚，帶相當之肥澤；（二）農人栽樹絕少不得法而枯死者；（三）農家每以育苗爲副業，可以應手而得；（四）村氓自栽，愛護特別有效，兼能誥誡路人，相約勿加傷害，而童稚更無敢摧毀者。故村道樹栽植工作，實改造社會之基礎也。

一、鄉村行道樹之意義　鄉野栽樹之觀念，應視都邑不同，何也？都邑街樹全在粉飾市容，配合風景而已；鄉野栽樹，除點綴生趣，猶多少帶農營副產之意。故果樹不妨兼收並蓄，且鄉野空氣少含煤煙塵滓，如金錢松、圓柏等不妨稍稍採用，梅、李、桃、杏、蘋果、山樝、棠梨、山茶……等，樹冠雖欠高聳，但佐以人事修整，非不可臻亭亭列樹之外觀，悉在樹藝者之別具匠心耳。

吾國村野人家向鮮秩序，牛欄豬舍，紛置雜陳，既少理性的生活之標準，復少公共利益之經營，住宅有待改良，環境罕可人意，若從行道樹起，實踐新生活之條款，則地方風俗，變遷隨之。最是窮鄉僻壤，人民每乏衛生觀感，家室之內，蠅蚋麕集，病痛交加，居處湫隘，幾無生人之趣，涉足村路，見綠樹成蔭，能使心曠神怡，由此或如鳥類出幽谷，遷喬木，非計之得耶。

二、鄉村行道樹之樹種　金錢松、圓柏、冬青、銀杏、七葉樹、楸、楓、樗、泡桐、梧桐、榆、刺槐、梓、黃金樹、水青杠、見風乾、鬱金香、玉蘭、棠梨、山茶、油桐、巴豆、山茱萸、紫薇、白蠟樹、烏桕、李、海棠、杏、碧桃、紅梅、欖仁樹、胡桃、棕櫚等，均適用。惟上述各樹，不無畏煤煙者，如金錢松、圓柏、水青杠、見風乾……等，但鄉野空氣清潔，所含碳酸只占萬分之四，爲不妨害用之，但見其清新可掬耳。

三、他國村路所用樹種　吾人在他國旅行所見，錄之以資對照如下：

（一）白榆（Ulmus americana）

（二）砂糖槭（Acer saccharinum）

（三）菩提樹（Tilia glabra）

（四）篠懸木（Platanus orientalis）

（五）黃金樹（Catalpa speciosa）

(六)橡（Quercus coccinea）

(七)橡另一種（Q. palustris）

(八)鵝掌楸（Liriodendron tulipifera）

(九)玉蘭（Magnolia acuminata）

(十)七葉樹（Aesculus hippocastanum）

以上係美國普通村道樹所常見者。

另有亨利（Henry）及埃耳威斯（Elwes）二氏著英國樹木誌（The Trees of Great Britain and Ireland）書中，其所主張村道樹，摘錄如下：

(一)櫻（Prunus pseudo-cerasus）華產，生於山地，高達二三丈，花及葉同時發出，花梗平滑無毛，開淡紅花，果實初呈綠色，漸漸轉紅，味甘，花時美麗，惟易生毛蟲，是其缺點。

(二)胡桃（Juglans sp.）此樹在我國發見十餘種，南美有三種，墨西哥亦有三種，需要溼潤土壤，所謂普通胡桃，吾國到處可以栽培。胡桃樹J. nigra、黑胡桃產加拿大，喜肥沃沖積層盆地，德法栽培甚多，同為軍用要木，蘇聯且有二十二處林區大宗植之。從各國試驗報告觀之，凡淺土沙土或溼黏土皆非所宜，不耐修剪。

（三）苦楝（Melia japonica）不但木材不差，花果俱合觀賞之用，西人介紹到倫敦巴黎為行道樹。惟其缺點在幼時易罹霜害。

（四）榆（Ulmus sp.）世界共約二十種，今指本產白榆（U. pumila），高達五丈，國人向用其木材做車輛，皮層內可取得白粉，含黏液養分，鄉氓資為食料，今青海西藏依然守此風俗不衰，英人一九一〇年將此樹介紹入英。

（五）朴（Celtis sp.）此樹普生於長江流域，直至四川，所在多見，西人栽培有七種，對於華產青朴（C. Davidiana）尤珍愛之。

（六）皂角樹（Gymnocladus chinensis）喜鹼性土壤，高達四至五丈，據云我國今不多覯，是由濫伐不加繁殖故也。英植物學者於鄂省境內尋得此樹標本，旋於皖贛浙閩蜀等省亦見之，同不出一〇〇〇至二〇〇〇尺高原，而亨利（A. Henry）博士尤主張大宗栽培於英倫愛爾蘭二島，因鑒於天時相合，不至失敗。且此樹屬經濟植物，木材堅韌，可作杵木。又庖人之解牛案甚少他木可替代，至為風景樹猶其小焉者耳。按美產亦有一種皂角樹（G. canadensis），普稱康德陔咖啡樹

(Kentucky coffee tree)，在原產地高達十尺，喜肥沃沖積層土壤及濱河堤岸或小邱陵，此樹慣生根蘖，老株被伐，則遠近有根蘖發現，美之更新林多倚此搆成，又此樹優點在絕少病蟲害之寄生。

（七）梧桐（Sterculia platanifolia）吾國原產，分布特廣，葉面大，榦青，足供賞玩用，四川尤夥，此樹皮多纖維，一如苘麻（Abutilon avicennae）之莖皮，可供製袋布及繩索之用。

問題

一、栽植鄉村行道樹與市行道樹之意義有何不同？

二、試述鄉村行道樹最適宜之樹種。

第五章　行道樹與環境

一、訥杉伯(Lazenby)氏根據各項土宜建議樹種如次：

（一）乾燥及瘠薄地樹選當用刺槐（Robinia pseudo-acacia）、桑（Morus sp.）、皂角樹(Gymnocladus dioicus)、楓(Acer negundo)、樗(Ailanthus glandulosa)、側柏(Thuja plicata)、挪威雲杉(Picea excelsa)，歐美普用為防風林並樹於宅邊籬畔，因其低枝直與地接，善禦風雪。蘇島松（Pinus silvestris），撼風之具深根性者。

（二）肥潤土地當用白榆（Ulmus americana）、篠懸木（Platanus orientalis）、沙糖槭(Acer barbatum)、菩提樹(Tilia americana)、鵝掌楸（Liriodendron tulipifera）、橡（Quercus coccinea）、白樺(Betula populifolia)，奧產松(Pinus laricio)為歐產松(Corsican pine)之變種，分布至廣。

(三)土壤之含水過剩者當用柳(Salix sp.)、丹楓(Acer rubrum 美國人稱其爲嗜澤樹種 lover of swamps)、榿木(Alnus sp.)、樺木(Betula nigra)、落羽松(Taxodium dislichum)、落葉松(Larix europaea)、鐵杉(Tsuga canadensis)。

(四)一般市場中街道栽樹不易成活者，當用挪威楓(Acer platanoides)、篠懸木、銀杏、樗、白楊(Populus deltordea)等。

(五)爲求速效而覓快長性者，當用白楊、梓屬或刺槐、樗、篠懸木……等。

(六)爲取花盛予人以快感者，當用七葉樹(Aesculus hippocastanum)、美產玉蘭(Magnolia sp.)、刺槐、梓屬、泡桐(Paulownia sp.)、鵝掌楸、山茱萸(Cornus florida)、山楂(Crataegus sp.)、櫰槐(Cladrastis lutea)等。

(七)爲入秋樹葉變紅招人欣賞者，當用紫楓、山茱萸、楓香(Liquidambar formasana)、薩沙富拉斯(Sassafras sp.)等。

二、沙洛特樂夫(Willam Solotaroff)氏之行道樹主張摭述於後：

(一)挪威楓(Acer platanoides)，此樹之自然分布，係從挪威至瑞士，頗具蟲害之抵抗性，惟見木蠹蛾與蚜蟲而已。如配置按三十八尺距離，四五月花盛發時，果實帶翅，至美觀。

(二)歐產楓 (Acer pseudo-platanus)，有木蠹蟲害，西人許爲廁諸行道樹之列，究屬次要。

(三)沙糖槭優點爲形態矗立，至有規則，五月花開，豔絕人世，惟性怯煙塵，遭乾旱時不免蟲害隨起，如綿介殼蟲常寄生。

(四)丹楓木質不逮挪威楓與沙糖槭，但快長又可禦風，世人謂此樹樹冠緊密，不甚高聳，適於窄街之用。長夏莖紅而葉着淡綠，搖曳風前，秋月則霜葉腥紅，掩映城郭，當其生長於低原或沿隄，大有垂柳逸趣。另有一種 A. negundo（楓之一種）亦佳。

(五)白楓 (A. saccharinum)因係快長，用之者多，翅果視他種楓爲大，木脆易折，引入病害，而蟲害亦多，爲其缺點。

(六)白楊(Populus deltordes)有直上沖天之勢，不過用爲列樹，亦可稍截頂枝以矯正之，然後形成豐盛式樹冠，歲須一度剪截，不使錯亂耳。

(七)義大利白楊(P. italica)慣用於窄街，枝不橫伸，鮮占隙地。聞荷蘭低原有藉以營沼澤林者，木材用作製造火柴，不僅爲點綴風景之需。

（八）橡，人每疑其不合行道樹之選，詎知實際上不次於楓。木堅強少被蟲害，其於華盛頓五里長路之栽 Pin oak（櫟之一種）者，人過之輒嘖嘖稱道不置。

三、紐約之園林監督伏克司（W. F. Fox）氏所著行道樹（Tree Planting on Streets and Highways）一書，內載各樹長量比較，栽時盡取直徑三寸者，二十年後計其直徑長率如下：

樹別		直徑（寸）
英文名	中文名	
White maple	白楓	21
Elm	榆	19
Plane tree	篠懸木	18
Tulip tree	玉蘭	18
Basswood	菩提樹	17
Catalpa sp.	梓之一種	16
Acer sp.	楓之一種	16
Ailanthus sp.	樗之一種	16
Cacumber tree	玉蘭之一種	16
Chestnut tree	家栗樹	14
Locust tree	刺槐	14
Hard maple	楓之一種	13
Horse chestnut	七葉樹	13
Honey locust	美產槐	13
Red oak	櫟之一種	13
Pin oak	櫟之一種	13
Scarlet oak	赤葉櫟	13
White ash	白蠟樹	12
White oak	白櫟	11
Hackberry	朴	10

就上表觀之，Hard maple, Red oak, Pin oak, Scarlet oak 等長量並少參差。所有橡類於移植苗床在第一第二年時，長量超越有限，過此，則特別快長，為 Hard maple 所不及。伏克司氏且云 Pin oak 不似白橡葉經冬始凋，脫葉前轉深紅色。至於 Red oak 在華盛頓鮮能逃遁行人之目，為橡類唯一晚凋之樹種。赤葉櫟(Scarlet oak)除同為絕好蔭樹，尤駕上述二樹而過之。

白櫟 (White oak) 有「森林之王」之稱，因其壽命超出一切橡之上，但以街樹論，生長率不若上述三種，落葉滿堦，不被歡迎。其他則有 Q. bicolor（嗜溼一種櫟）與 Q. prinus（櫟之一種）二種在北美道左亦所常見。

菩提樹(Tilia americana)葉輕綠而花氣芬芳，一望知為蔭樹，易招蟲害。惟此樹慣植於小街巷。美國另有二種：一為 T. argenntea；一為 T. dasystyla，風致猶駕於前者之上。

白榆(Ulmus americana)具姿勢，亦強有力，既助美紐英倫(New England)市容，尤見於紐海芬 (New Heaven) 地方栽植特多，並因此得名曰榆城 (elm city)。彼歐產一種曰 U. campestris，樹冠瘦小，比較弗如，蟲害亦多。

七葉樹 (Aesculus hippocostanum) 花開日豔麗奪目，有人指為南歐原產，久之成為全歐之愛樹，例如近倫敦之柏須公園(Bushey Park)兩旁，各排植五行，花盛開時，新聞紙輒為宣傳，遠近士女爭赴觀賞，巴黎亦極多，據云在一萬七千株以上。一七四六年始入美，與 Buckeye（七葉樹屬）同屬，但 Buckeye 葉五裂，而此為七裂，樹體亦見雄偉。

篠懸木(Platanus orientalis)，可與白楓及白楊(Caroline poplar)同快長，而其缺點無之。在另一種 P. occidentalis 在歐稱 Sycamore 者，特性亦同，其外層皮之所以脫落者，由於榦部歲長率之迫壓使然。前者一種，曾見蟲害為 tussock moth(食葉蛾之一種)及 the fall web-moth（食葉蛾之一種），後者一種有病害見葉面黑斑病(Rhytioma sp.)。

鵝掌楸(Liriodendron tulipifera)，係一莊嚴燦爛之喬木，花大鮮豔，適用於闊路，但夏月每發現蟲瘿(spot gall)，移植不易活，秋季尤不可舉行。

白蠟樹(Fraxinus americana)，在美稱為易長，複葉頗着飄逸之致。

朴(Celtis occidatalis)，比榆愈加魁梧，樹冠較緊密，低處不見枝柯歧出，少擇氣候，土壤如得肥潤，即偏於乾燥亦無妨礙，病蟲害少，寄生有時榦帶小木瘤，川人稱之為沙棠木。

銀杏(Gingko biloba)，西人贊為路樹翹楚，能免除一切危害，美之京都，多用此樹。

蘇合香（Liquidambar styraciflua），用以栽潤邊尤宜，如土壤中少水分則長育不佳。

黃金樹（Catalpa speciosa），視其他同屬樹種爲佳，直榦速長，比較爲適合街樹之用，嗜排水良好之沃壤，葉大花白木材堅硬，非北美 Hardy catalpa（黃金樹之別稱）可比也。

樗（Ailanthus glandulosa）不需好土，尤能抗旱，淺街陋巷，聳然特出，氣象老勁，實撼風佳選，祇雄花發有強烈氣味，憎愛悉在人耳。

刺槐（Robinia pseudo-acacia）及另一種美產槐（Gladitsia triacanthas），皆美國人所引用爲蔭樹者也。華盛頓多用後者，巴黎亦多見，罕見木蠹蟲害，我國所見率屬前者。

四、英法庭園家栽樹對於樹之土宜，樓房距離之配合問題，津津樂道，茲摭舉次第論之：

（一）土宜問題爲徹底了解地況，須就底土測驗，因土性每每數丈外即不盡同，且街樹所經過有陰溝、水管、煤氣管等，無在不與樹根相毗連，最好啓穴應爲四至五尺深度，檢察其底土，以輕鬆砂壤爲上，因粘土滲水透氣綦難，偶爾缺雨則堅不可破，太多砂土又易洩水，理想之土壤爲砂土占百分之七十，粘土二十，地被物十，其中肥料以在乾狀言之，氮素一—二%，磷酸一—二%，鉀一—二%，石灰四—六%，果能具此成分，底土易於滲透水分，斯眞適應多數樹之健長矣。吾人當注意新儲肥料及人工肥料，全不可用，不得已時則取堆肥之預備一年者，與土互攙，以準諸換土適當之量。按栽樹換土之妙用，多寡悉須合於比例。易言之，當列樹之排栽也，從四至六尺之闊度內，應使有好土存在，深度至少三尺，但事實上頗鮮施行此標準者，不過華盛頓行道樹，不避煩費，每每掘深三尺闊三尺半長八尺，遷易好土以助樹之養育，至少五至六年中根已發展豐裕，萬一仍現不良之形態，例如生長踳踽或先期葉凋之表現，則改良栽培或增加肥料，別研其適應之方。有時底土之水不適行者，影響樹之長育，因水滯於下，土壤之空氣隨阻，未可以不注意也。

換土前必徹底辨識其爲好土抑爲壞土，或部分好土而部分則否，非充分了解，則一切準備與手續易致淆亂。今假定辨明其爲好土，而又屬廣大面積，則掘出之土立當復其原所，因經查察其確能透通水與空氣，克完成萬物化生之理。不然者，則換土不容猶豫，或用一部分好土以調劑之，依然雜以一部分原有者，亦或全部不適用而待盡易新土，總之，必使之適量而後可。

(二)樹之位置編列，有關一成不易之理，未便草草從事，可分數部論之：

1 道間之長條隙地，普通街衢不須留街間隙地，祗是廣場大道始有之。按此項隙地寬則十尺左右，至窄亦必四尺，可以置樹，但非預籌栽植列樹地點不可。有人於此只鋪草場或組貼地花壇亦可。

2路之寬度問題：修時對於寬度規定，視車馬往來運輸事業之多寡以爲衡。設少上述之需要，則不必過於放大，耗損財力，一因保路費用不貲，二因路之闊而無當塵量加重，亦屬有害。惟中具道間隙地者，既增沿途風景，且無形中影響氣溼，有調和氣候之功效。

有路身與鋪道不合比例者，爲不規則之行道寬度，譬之英倫昆布蘭（Cumberland）地方之卡來兒公園（Carlisle Park）左近，路身寬度六十尺，實際占地四十尺，其兩邊之側道各十尺，而房舍則逼近側道，行道樹勢不得不放寬栽植於道旁溝渠。因不如此，則樹冠旁枝皆將與壁抵觸，此式行道樹分明是計畫不善，彼樹之植入道旁溝渠，一將阻礙路上雨水流通，一將破壞公路之清潔，經營行道樹者宜避之。

3路之支派問題：康莊大路從而分支小徑，毫無拘定規則，但視途之寬度，屋之高度及與栽植線之配合勻稱而已。論居住區之路，普通寬度爲五十尺者，即平勻計之左右鋪道各占十尺，而路身則及三十尺爲宜。鋪道上以四尺用爲栽植線，四尺爲人行用，二尺爲草皮地，如圖九。

其寬度為六十尺者被稱為城市路之理想寬度，如圖十。但亦得改為行車道三十尺，兩邊鋪道包括栽植線各為十五尺，未為不可。

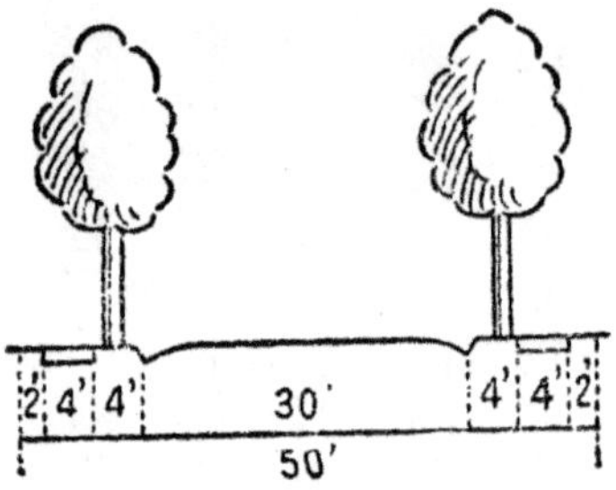

第九圖

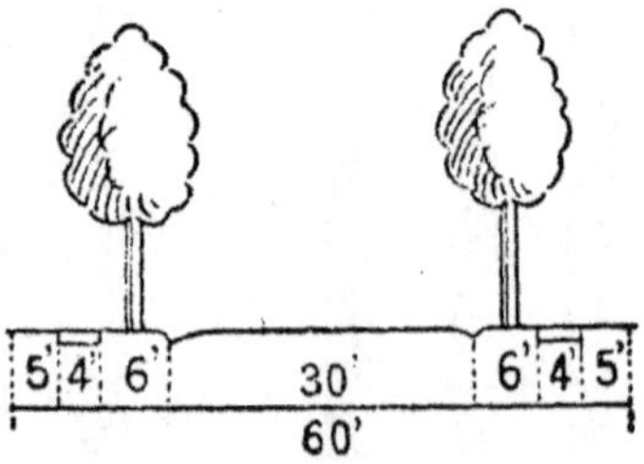

第十圖

寬度至八十尺者，亦屬居住區之良好路式，詳見圖十一。在如此情形之下，行車道應為四十尺，及兩邊鋪道各二十尺，應包八尺栽植線及長條草場八尺，八行用另四尺則置諸行路與籬壁間。此其大路也。

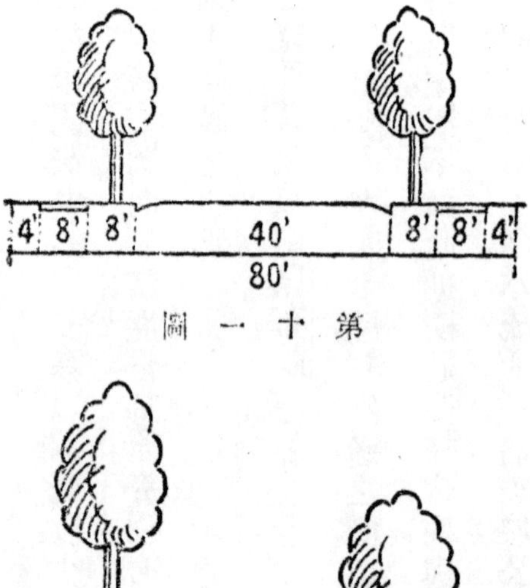

第十一圖

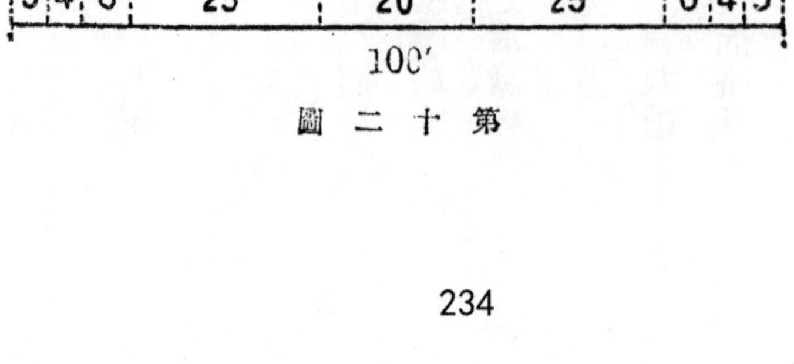

第十二圖

彼寬度百尺者亦居住區之路式，此式中分爲二行列樹間或以一行栽植隙地，見圖十二。有人主張於此隙地只營矮小花卉或草場，但栽樹未能多過於一行，全視主事者之旨趣如何以爲抉擇耳。

至若繁華市街寬度有從百餘尺至百五十尺者，則百二十尺以至百五十尺，同可栽四行列樹，二行沿街邊，二行排栽於道間隙地，如美華盛頓及賓夕法尼亞(Pennsylvania)州皆多見，見圖十三。

(三)建築高低影響栽樹問題：在居住區之房舍，如能得餘地，不妨多多向後置之，如是壁腳之與行道樹行列線，應隔二十尺或超過之，所以利樹之生長也。否則不論建築物之若何高度，倘逼近樹根，不惟枝榦相抵，亦且被暑日烘炙，輾轉就枯。按法人對於此節有一定之限制，例如建築物之高出三十五尺，必其街道寬度及於六十六尺，抑或建築物之高爲六十五尺，則街道寬度必達百二十尺，始合比例，見圖十四與十五。

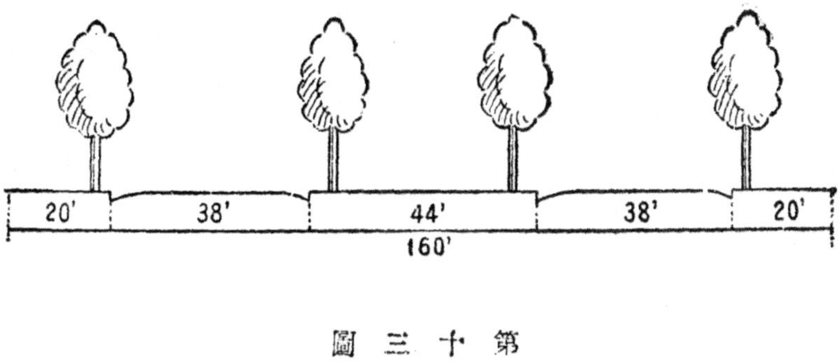

第十三圖

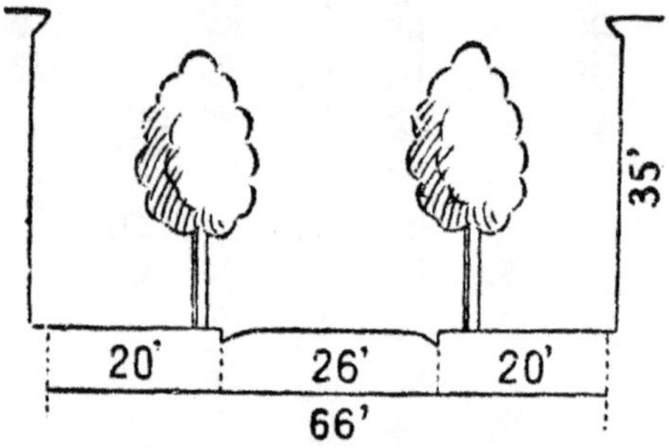

第十四圖

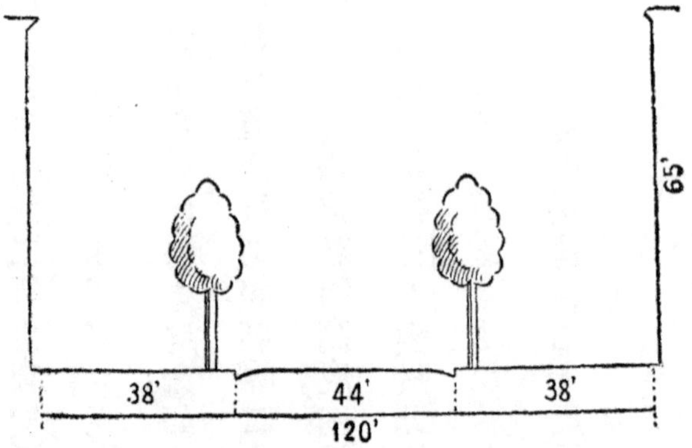

第十五圖

其在窄街可以變通不必盡植雙行列樹。聞之設計者云，窄街亦不妨有高建築物，但以樹木能茂長斯已耳，如是者於街心植以單行，無不方便。例如圖十六。

列樹與建築物之距離，在巴黎特別重視。大概樹之距離，最好從遠視之，須略及屋宇高度之半方可。又街衢之寬度不滿二十尺或鋪道之不及十三尺者，殆少可強行布置街樹，因恐不得充分之陽光與空氣也。

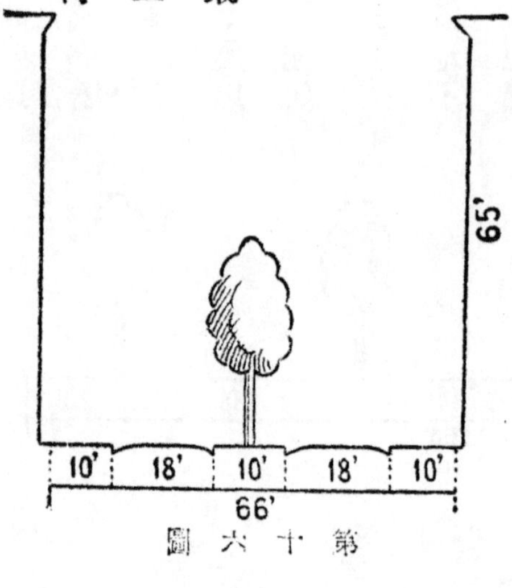

第十六圖

間有善作樹選者，採用小喬木之種類，用之於窄街兩邊，壓以高聳之建築物而生長結果猶獲差強人意者。如圖十七。

列樹與側道之配置，不當使太近砌石，設如根鬚多且長，則宜加修剪，以免伸張及遠，一般工程家每每用三和土築側道，掘下一尺八九寸深，如遇老樹根即宜截斷，使樹木側面雙方免受其害，故已有街樹時，用岩石鋪側道，較為安妥。

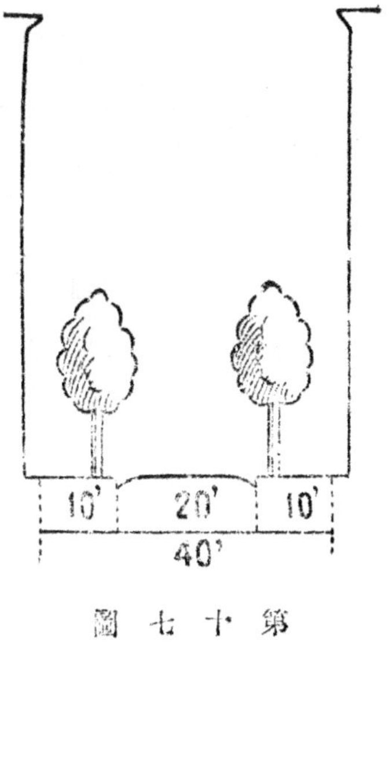

第十七圖

樹間距離普通從三十五至四十尺，但樹種之不同，即未可一例處置，如美國榆應規定為五十尺，沙糖槭、紅槲、橡、篠懸木應各定四十五尺。歐產楓、丹楓應定為三十尺。菩提樹、橡可用三十八尺，歐產菩提樹與七葉樹則定為三十五尺，公孫樹、梓屬、朴可定三十尺，樗及白楊則定為二十八尺。

栽植應以街市全體關係為主眼，以決定樹間距離，若任私人栽植，每每僅顧其個人房舍前之美觀，其他部分輒委棄不理，或樹選株距家自為政，結果皆蹈不整齊之觀，所謂株距與左右對峙，乃少配致上參差，雖普通路旁率有路燈、起水機、煤氣及自來水管等，易生阻礙，但栽植務求畫一，少生錯誤，而應植之樹，必得遠開上述諸端至少八尺為宜。

樹之配置有宜於相對亦有宜於交互者，以常例論，自是栽樹準諸規則收不偏不倚之效，而以蜿蜒為不雅觀，特事實上有不盡然者。西人經驗以為比較窄狹之路，樹之位置宜從交互式或鋸齒式，可免除並列之易生防礙，且遇二路相穿過處，愈顯拐角太多之弊，甚不取也。

語及栽樹之有四隅者，此種主張亦較其他殊異。例如擬放置路燈、郵筒、火警傳達器……等於一隅，既無當於行旅觀瞻，復減少樹根營養來源之面積，不得已於路之交叉點用每二十至二十五尺之距離栽植之，以形成八株分布四隅之栽法，見圖十八。

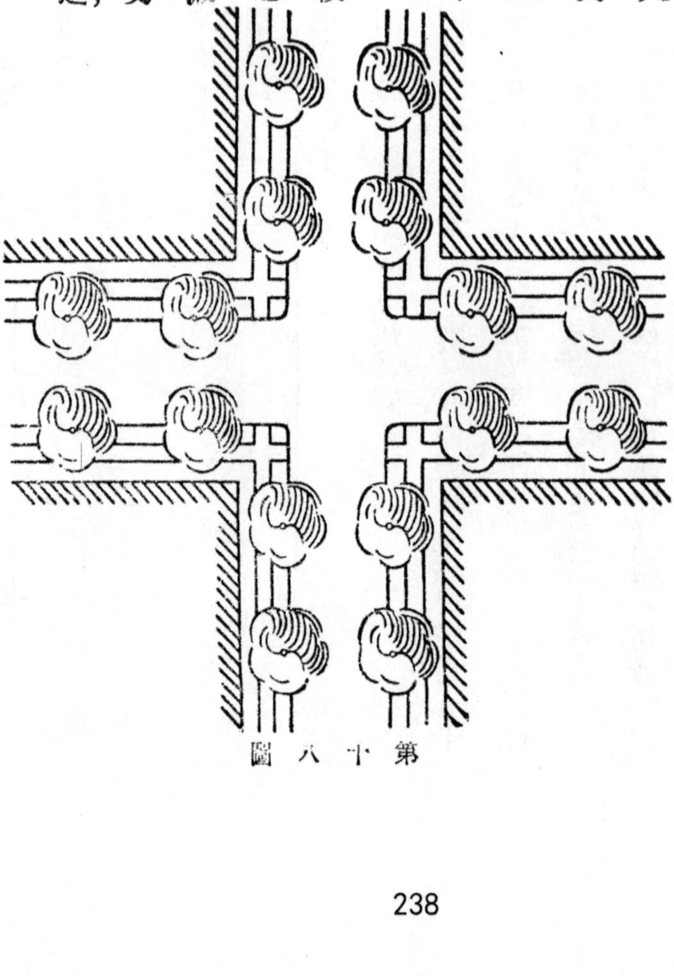

第十八圖

行道與房舍之遠近亦有不可不注意者，一般人準備門前栽樹祇於邊石與步行側道之間求之，有時樹木太近建築，暫時未加之意，不數年後陰蔭鮮及於路中，此不獲稱適當之配置法，故善布置者不外守側道與幹道均分樹蔭，同時樹冠不緊逼屋檐為最妥善之辦法，一般步行者，庶於雨天少被泥水之濺衣履，而自行車通行亦不感炎暑之苦矣。

彼雙列行樹之當注意者，世人有沿邊石排植一行為第一行列樹，更於步行處及近宅牆脚線，別排植一行為第二行列樹，此但宜於小樹初植期耳；結果與上述之太近建築者妨礙相等，第一行占地較佳，分明發育加快，而第二行則不足以追趕之，最後率非移出不可。巴黎路政有一定規訂辦法如下表。

公路之寬度（英尺）	路之中心寬度（英尺）	邊路之寬度（英尺）	列樹之行數	距離之從屋脚（英尺）	距離之從路之中心（英尺）
八六——九二	四〇	二三——二六	二	一八——二一	五
一〇〇——一一三	四六	二六——三三	二	二一——二八	五
一三〇——一三五	四〇——四三	四〇——四一	四	一六·五——一八	五
一三五	四六	四三	四	二一	五

關於行道樹之不論寬窄，邊路每一行列不得用二種樹，除爲臨時設計，例如安慶菱湖橋一路，夾道栽柳與桃相間，屬於鄉村行道樹之類，彼提倡者之用意殆欲藉大柳椿爲過渡，作桃之代替品，待桃株之高長已足，則汰柳而存桃。總之，一項樹種只合用於一項道路，實爲其常例也。

一般地方之爲四行列樹者，其向內二行率取樹之姿勢略較矮小，向外二行樹較爲魁碩，亦見配置相稱。至於其他當注意者，則爲各個樹種之特殊性，如生長程度，花葉顏色，都取不同，乃爲美觀。

問題

一、試舉訥杉伯氏所建議各行道樹之優點。

二、試述沙洛特樂夫氏所舉各行道樹之特性。

三、栽植行道樹必須注意換土者，何故？

四、行道樹排列位置及樹間距離之標準若何？

五、行道樹逼近牆壁及砌石，各有何弊？

第六章　紀念植樹

紀念樹者，係就所當感想之事情栽植之，卽凡表明一種特別意思以爲警惕之標的，及昭示來茲以養成全民共守之習慣者，亦屬於此，稽之古籍已多成例。周禮：「地官司徒，設其社稷之壝而樹之田主，」（樹立木以爲表記。）論語：「夏后氏以松，殷人以柏，周人以栗，」周官秋官：「朝士面三槐，三公位焉，左九棘，孤卿大夫位焉，右九棘，公侯伯子男位焉。」（槐取懷民，棘取赤心。）又封人所栽植封疆之樹，卽今境界樹是也。人民則於庭除屋角，栽植綠蔭樹，以遺留於子孫，而其後裔則又重其先世之手澤，保持於永久，故詩小雅云：「維桑與梓，必恭敬止。」又召伯巡行鄉邑，斷獄甘棠下，後人因思其德政而愛護甘棠，相戒勿剪勿伐，以留紀念，此召南「蔽芾甘棠」之詩所由作也。古人於墓塋上亦多樹木，周禮春官：「冢人以爵等爲丘封之度，與其樹數。」春秋緯云：「天子墳高三仞，樹以松，諸侯半之，樹以柏，大夫八尺，樹以欒，士四尺，樹以槐，庶人無墳，樹以楊柳。」至於歷代苑囿，名勝古迹植樹以益風景者，更僕難終，如漢之苑囿不過爲皇室之大庭園，故多栽植風景樹，見西京等賦，以爲恆例。

唐宋以後，名山每有彿寺，僧人愛樹，存留不少。天目匡廬諸山，迄今猶存遺迹，至於蘇隄白隄，同不外高人韻士，一時嗜美觀念見諸事迹，輾轉傳說，以至於今，而當年其本人不過手植樹三五株而已。又嘗聞昔祁紹南氏資送其女，費至千金，人怪其厚，祁曰吾不過費十金耳，人益怪問故，曰於女生之十年，山中人包種杉秧萬株，株費一釐，女年十六七而嫁，杉木大小每株價值一錢，則嫁資裕如矣。凡此皆前代紀念樹之類，如搜集史料，何可勝數。

紀念植樹，世界各國率具此美俗，例如老人誕辰、名人百年生日、或逝世日，植樹以示永矢弗忘，戰士獲功，文人在學術上博得榮譽，以至凡民結婚產生子女等，可藉植樹以誌慶者，不爲創舉。嘗諸美國人崇拜華盛頓，有所謂紀念地，昔在林肯地方栽楡一株，今則巍然宏大矣。亦有栽叢樹於紐約之格蘭特 (Grant) 氏大將墓上，爲其百年生日之紀念，亦是用楡，設若擴大其面積，輒更名紀念林。法國人於革命成功後，對陣亡烈士及無名兵士之墓，大栽橡樹，有時植滿五英畝於某一公園內，稱紀念公園。美國人於印的埃那(Indiana)地方，亦有同樣行動。又在密歇根(Michigan)州之夏羅德

(Charlotte)市公園栽白松七百株、胡桃百株、楓榆一千株及赤橡若干株，各爲叢樹，中間立一圓石塔，深刻士兵殉國之姓名，以表感誌弗諼之意。至於聞人紀念樹或林，則所在多有。最是一九一八年歐洲大戰後，美國人倡紀念其國陣亡兵士運動，從總統國務卿起悉有動人演說以提倡之，一時許多團體，如林學會社等，至美之小學兒童各各領栽樹木至若干里，以爲某將某兵紀念，卽名紀念道路(memorial avenue)，工會、商會、農會、婦女協會亦發起此種紀念植樹於全國之公路。吾國此次抗戰後，亦當仿行，未可不深切誌之。在昔只僧侶喜栽植，如廬山黃龍潭前之娑羅樹，他處類是者尚夥，一般人重墓上植樹，北省用松柏，南方用石楠、棠梨、白楊、圓柏等，鮮及他樹，尤如泰西人之好植樹以特留遺愛，有若英劍橋大學內有詩人密爾登(Mildon)氏手植之桑，相傳爲數百年物，凡參觀者無不對之崇敬而生嚮往之心，皆多意義。我國近年植樹運動，未著實效，如對於一切紀念植樹多多提倡，例若凡民一男子生則責令此家種樹三百，一女子生種樹二百，演爲風俗，顧不善哉。

問題

一、栽植紀念樹之意義若何?

二、吾國應如何提倡栽植紀念樹?

第七章　公坟植樹

我國亂葬之俗，妨礙農林用地，荒塚累累，亦太無當於觀瞻，而不合衛生，猶其小焉者也。近年採用西俗，凡人口稠密之都市，漸有關地營造公坟者，不過辦法欠善，占地大小不均，葬法參差太甚耳。嘗之富有之家與夫貴族，一人購十穴或八穴地，少者亦一人落葬而占地三二人者，布置旣各自爲政，又太存階級之舊制，其何能收整齊畫一之效，如泰西公坟之界址分明，釐然不紊乎，余因之有感矣。誠以公坟之合理化，必當一準平民之精神，不使待遇有軒輊，如貴族、烈士墓之舖張赫奕，而每一葬地率有尺度，取價不得高抬，以昭示平等。吾國一般社會俗重厚葬，亟應革除也。

公坟之普通營造法，不取太多縻費，有似簡易式之公園或娛樂場，用樹不求價値珍貴者，草地整潔，野花雜卉，點綴幽雅，路不可太寬，碑石不可高低懸殊太過，面積之大小，全以城市人口疏密爲正比例，一所不足，則當另增，亦或須闢三五所者，悉照人口狀況爲標準，擇地不必盡屬平坦，就山或丘陵爲之尤稱合用。應傍山林，應避沼塘，應遠民居，應出城市，其宜採用之樹種，一部分可根據古俗，多擇松柏常青者，一部分取蔭樹及雜色煊染者，茲介紹樹種如次：

一、馬尾松 (Pinus massoniana) 松柏科，分布至廣，取辦至易，特大者移植較難耳。古人葬地多爲松楸，以資後人憑弔且鬱閉後足撼風雨，而氣概常保持森森然者，殆莫此樹若也。

二、圓柏 (Juniperus chinensis)，又曰檜柏，松柏科，喜低溼庇蔭之地，泰安孔廟有古柏，蘇州之鄧尉漢大將軍馮異祠有圓柏四株，蜿蜒虬曲，傳爲大觀，南京中央大學內六朝松，北平公園之參天古木皆此樹也。如能多多繁殖，盡成良材；惟種子恆經一年而始發芽，長率中庸。

三、瓔珞柏 (Cupressus funebris)，松柏科，產地吾國中部，由浙江、江西經湖北而至四川雲貴諸省，黔之鎮遠縣所產爲尤有名，木材可供造船用，此樹在西南如側柏之在東北，到處栽爲蔭木，四川益州諸葛孔明廟有柏樹林，係數百年物，杜甫詩有「錦官城外柏森森」之句，胥指此也。

四、側柏 (Thuja orentalis)，松柏科，分布遍吾國南北，曲阜孔林之神道兩側，卽爲巨大之圓柏與側柏，周圍三五尺不等，謂係清代康熙頒詔所栽，泰山道上亦見此樹疏立，徐州有段書雲氏之人工林，惟四川川東，野生者少見，此樹植公坆或庭園中，其低下旁枝不可剪傷，始帶自然形態之美。

五、喜馬拉雅杉(Cedrus deodara)，又名雪松，松柏科，吾國各地人對之極珍視，故價格至高，南京公私苗圃因利大競培育之生長亦佳。國父陵墓前有數株，蒼翠欲滴，三牌樓校門口中央大學農學院之樹木園，有三二株，迥異凡卉。

六、雲杉 (Picea sp.) 松柏科，世界共五十餘種，吾國發現二十餘種，山西稱青杆，滿洲稱魚鱗松，峨山所產則曰麥吊杉。喜雨澤豐饒之地方，能耐寒冷，樹雖淺根，但姿勢直聳，屬陰性樹，木材有名，為製紙及人造絲之特需原料。

七、鐵杉(Tsuga chinensis)，松柏科，全球殆有十種，我國產川滇者得二種，另一種為雲南鐵杉(T. yunnanensis)，性喜溼潤肥沃地，需要溫度較雲杉冷杉為高，建築好材。

八、柳杉(Cryptomeria japonica)，松柏科，廬山僧稱寶樹，西天目山尚留存有原生林，姿勢魁偉，生長亦不甚遲鈍，此樹多生枝節，非極端陽性，喜溼氣，故生於山之北向，尤見葱濃。

九、羅漢松 (Podocarpus macrophylla)，紫杉科，原產雲南，在安慶生長不差，常綠喬木，直幹可達四五丈，直徑一二尺，皮灰白色，有薄鱗片剝落，枝短而橫展，密生葉，內部不具樹脂道，花雌雄異株，種子為長卵形或球形，帶粉綠色，五月開花，十月種熟，木質緻密，多油脂，能耐水溼。

一〇、紅豆杉（Taxus chinensis）亦名紫杉，紫杉科，常綠喬木，產我國中部各省，惟多在暖帶區域，如浙之甯波、蘭谿、溫州，皖之黃山，鄂之宜昌，川之巫山、峨眉及北碚之縉雲山……等處見之，縉雲寺有高長達四五丈者，木材爲世界木市所珍貴。

一一、石楠（Photinia serrulata）薔薇科，產吾國中部及南部，爲常綠小喬木，枝條橫展如傘蓋，嫩葉有爲紅色者，長江一帶採用爲公墓、私墓陰樹者多，近來各處建設公園，亦多事栽植，別饒異致。

一二、山枇花（Gordonia sinensis）一名大頭茶、山茶，山茶科，川產常綠喬木，花葉俱大，高達四丈，葉革質橢圓形，葉脈平貼，背面黃色，花白色，簇生枝端爲總狀，花梗長，瓣五片，果蒴果。

一三、紅豆樹（Ormosia semicastrata）一名相思子，豆科喬木，慢長性，葉奇數羽狀複葉，圓錐花叢，著生於上部葉脈間，種子可作念佛珠，木材邊材與心材亦白各占其半。

一四、龍爪槐（Sophora japonica）豆科，關於龍爪槐者完全由人工接枝而成，取其形態四垂，隨風舞蕩，庭園佳種，以之點綴公坟亦宜。

一五、刺楸（Acanthopanax ricinifolium）五加科，產地長江流域，雲貴均有之，南京附近多見，他處較少，性喜肥沃而忌低溼地，木材亦堅緻。

一六、雞爪楓（Acer palmatum），槭樹科，原產江西廬山、浙江天目山一帶，今多栽為園林樹，在南京野生棲霞及清涼諸山麓多見，種子發芽從兩個月至三個月，故每每秋播，迨早春始見苗生。

一七、三角楓（Acer henry），槭樹科，喬木，產湖北河南浙江安徽江蘇一帶，葉三裂，穗狀花序，側生翅果累累，花期四月，果熟期九月，秋著紅葉，風致可愛。

一八、白楊(Populus tremula)楊柳科，原產北歐斯堪的那維亞(Scandinavia)及俄德法等國皆有，英美因其木材最合做火柴及此樹之姿勢佳，競相採用為風景樹，紛紛大宗繁殖。此樹有變種三，我國內地有一至二種，非他種白楊所可同日語也。

一九、木犀（Osmanthus fragrans），俗名桂樹，木犀科，常綠小喬木，葉橢圓形，革質，全緣，背面有網脈，葉柄長六分，花白色，香氣撲鼻，具細弱花梗，分布我國南方溫暖各地，重慶華巖寺洞前有二株，高逾五丈，直徑三尺，各地多有大樹，木質鬆脆。

此外各地土產蔭樹，不妨隨意添用，尤宜採灌木之多花者，亦或叢竹，俾得招引鳴禽，實足補以前公私坟塋地之缺點，願有內政或市政職權者加之意焉。

問題

一、試述提倡公坟之意義。
二、營造公坟注意之事項若何?
三、試列舉適於公坟栽植之樹種。

第八章 攀牆植物

此爲窄街不能栽樹者代以攀牆植物，其效用與栽樹同。泰西窮人社會之居住部落，率亦以種攀牆植物爲唯一之救濟法，茲選吾國產之適用於爬牆者十種，適用於搭架纏柱者十種，以資採擇。分述如下：

一、爬牆虎（Evonymus radicans）衞矛科，伏地匍匐或攀緣，可達二三丈，小枝圓筒形，有細疣形突起，葉卵形以至橢圓形，前端尖或短而漸尖，緣邊鋸齒，表面濃綠有較淡葉脈，花及果生於上方粗壯枝上，果實常爲蒼白或淡紅，我國產，日本朝鮮亦有之。

二、常春藤（Hedera helix），五加科，不惟我國多見，世人亦最珍視，以其能抗煤煙，例如在倫敦空氣不潔中，樓高六七丈，且得攀引而上，新葉發時，嫩綠宜人。西人旅寓吾國，牆脚喜栽此項植物，開昆明人家壁上多見此常春藤，生長茂密，青翠可愛，繁殖至易。

三、地錦一名爬山虎（Quinaria tricuspidata），葡萄科，多年生草本，莖有卷鬚，生吸盤，攀緣於樹木或牆壁上，葉互生卵形，花瓣五片，花後結漿果，球形，黑色，大如豆粒，至秋呈紅色，頗美麗。

四、忍冬(Lonicera sempervirens)，忍冬科，常綠多年生，有纏繞莖，葉爲倒卵形，全邊，對生，花下之葉，左右相接，全接合而抱莖，莖在其中央，恰如貫穿此葉而過者，夏月枝梢開花，輪生數層，花冠有細長之筒部，色帶紅黃，頗美麗，中藏五雄蕊，一雌蕊。

五、金銀花（Lonicera japonica），忍冬科，常綠，纏繞植物，下部有木質，葉卵形，對生，凌冬不枯，初夏開花，花集生於葉脈，帶香氣，每花梗生二花，其苞大如葉狀，萼有短裂片，合瓣花冠脣形，分裂不整齊，左右相稱，帶紫白色，此花冠後變黃色，又有變紅色者，花後結實圓形，黑色如豆。

六、葡萄（Vitis vinifera），葡萄科，蔓生之落葉木質植物，莖有卷鬚，世之名林園家衛浡司透(O. D. Webster)氏稱許爲抵抗煤煙灰塵與炎暑之卓越植物。

七、薜茘（Ficus pumila），桑科，攀緣灌木，小枝有毛，葉橢圓形，大者長三寸，具有葉柄，前端及基部爲鈍形，表面平滑無毛，背面帶細毛，葉基出有三脈，隆起於葉背，其細脈構成數小凹眼，極顯著，種子形如芝蔴子，產吾國中部南部，其種子富有粘液，裝入布袋，揉洗以製涼粉，拌糖可食。

八、小薜荔(Ficus thunbergii)桑科，據稱爲爬牆佳品，南京有栽培者。

九、木蓮葛(Ficus foveolata)桑科，生於山地爲常綠蔓性之灌木，莖分歧，長達數尺，葉雖大小不一，而皆作橢圓形，質厚，全邊，葉端尖而細，夏月葉腋生花，花色與無花果天仙果等花相同，果實熟則呈黑色。

一〇、白邊爬行衞矛(Evonymus radicans var. Orgentes-margenata)衞矛科，卽玉邊爬牆虎。

以上各種蔓莖植物，特擇多少帶吸盤或氣根者，爬生壁上，有藉其自具器官，固着不捨，無須倚人事佐助之力，此項植物生長一年後，其宿根率歲歲復發，少待更新，至若下列各種，則或具卷鬚，或屬藤本，不能爬牆，但必用櫻繩牽引植柱，供其蔓延，或插籬資其緊縛，不時待人扶持與修截也。下列種類繁夥，不勝枚舉，茲特取常見者分述之。

一、淸風藤(Sabia japonica)，淸風藤科，纏繞灌木，嫩莖綠色，葉卵形，有尖端，革質滑澤，深綠色，於秋後脫落，葉柄留爲針狀，三月間花生於葉腋，花瓣五片，雄蕊與花瓣同數，果實球形。

二、紫藤(Kraunhia floribunda)豆科，落葉蔓生之落葉木質植物也。莖卷絡於他物上，葉互生奇數羽狀複葉，小葉常卵形，春末隨葉出，花軸下垂，開花蝶形，花冠紫色，長總狀花序，果實爲長莢有毛，亦有開白花者，曰白藤。

三、蝙蝠葛(Menispermum davuricum)防己科，多年生草本，纏繞其他物上，葉楯形有長柄，上面平滑，下面微生毛，有三至七角或分裂數片，基脚略呈心臟形，夏日雌雄花交雜而生，圓錐花叢呈淡黃色。

四、南蛇藤(Celastrus articulata)衞矛科，又名蔓性落霜紅，落葉灌木，有蔓性，葉互生，橢圓形，有鋸齒，五月間葉腋抽出花軸，分歧數枝，綴以小花，單性黃綠色，雌雄異株，雄花有不完全之雌蕊，雌花亦然，果實爲蒴果，熟則三裂。

五、凌霄(Tecoma grandiflora)紫葳科，蔓生，木本，莖有小氣根，攀引他物，葉爲奇數羽狀複葉，對生，小葉卵形而尖，有鋸齒，夏秋之際，梢頭抽出花軸，著以數花，萼五裂，合瓣，花冠形大，黃赤色，稍不整齊，子房二室，室內含有胚珠數粒，此植物供觀賞之用。

六、美國凌霄(Campsis radicans)此種花頗豔麗，我國京滬人家庭園中，頗有介紹栽培者，洵蔓莖植物之佳品。

七、牽牛子(Pharbitis hederacea)旋花科，草本，一年生植物，葉心臟形，常有三裂，互生，夏月葉腋生花，花大花冠爲漏斗狀，其色雜陳，有紅白藍紫諸色，花期可及三個月，不惟能纏繞竹木，卽電線鉛絲所及，無在不可牽引。花旣豔色，日中而閉，果實球形，三室，各室含兩種子，有毒質，葉上有時發見病害，軸早枯萎。

八、蔦蘿（Quamoclit vulgaris）旋花科，一年生蔓草，卷絡於他物之上，葉互生，羽狀，細裂片如絲狀，葉腋抽出花軸，綴以二三小花，花筒狀，紅色，緣邊五裂，雄蕊五枚，著生於花冠之筒部，雌蕊一枚，子房四室，每室含一胚珠，雌雄蕊俱突出於花外，此植物供觀賞之用。

九、蔓性衛矛(Evonymus patens）衛矛科，半常綠或常綠灌木，枝廣展，攀援於樹上，葉廣橢圓形，前端尖，基部楔形，邊緣爲鈍鋸，稍爲革質，有不明瞭側脈，葉柄長二分，花綠白色，聚繖花序，而具有細長花梗，果實球形，花期八至九月，果熟十一月，南京多見。

一〇、蛇葡萄（Ampelopsis heterophylla）葡萄科，多年生蔓草，莖有卷鬚，藉以纏絡於他物之上，葉掌狀分裂，葉柄長，互生，夏日開花，花梗數回分歧叉狀，花小，有五瓣，綠黃色，雄蕊與花瓣同數，雌蕊一枚，果實爲漿果，球形，熟則紅白紫碧等色相混，有濃色之斑點，不可食。

問題

一、攀牆植物之特性若何?

二、攀牆植物栽植於何種環境,最爲適宜?

三、試舉國產之適爲攀牆植物之種類?

第九章　草地敷設

吾國古俗，春日於郊原踏靑，泰西人則於庭園種花，剪截如茵，爲兒童坐臥之褥氈，所以娛目騁懷則一也。中人之家，淺草平舖，作游嬉場，固屬必要，然貧民部落尤不可以不備，因地卑室小，人口紛繁，兒童亦夥，從生活與衞生觀之，其需要迥超於一切社會也。草地設置不取太費事，亦無須用異國草種，避卻奢靡之嗜，易以普徧化爲合。吾人子弟課餘，應治家事，草地上區區工作，不須傭僕爲之，但得管理有方，周歲發育匀稱，野趣盎然，布置得當，遂與人以自然印象。

一、草之種類　論歐美供草地用之種子，動輒二三十種，彼有養樹園或種苗店供給，附贈栽培草地之印刷品，條分縷析。彼之草地，主要草種，率不出蘆草（Agrostis species），此類除紅頂草一種外，均適宜生長於酸性土壤，大抵喜潮溼，耐旱性，色深綠。長期生長且潑辣，葉稍長即刈剪，誠理想中之草地也。玆參考任嗣誠女士所主張者述之如次。

（一）關於蘆草之種類：

1 殖民草（Agrostis copillaris）此草種類繁多，有褐頂，新西蘭之羅島（Rhode I.）種，其特點不雜牧草成長緊密，出地不深，北方栽種頗宜，蔓生潑辣，喜酸性土壤。

2 絲絨草（A. canina）此項純粹草子不易得，且價極昂，用爲家宅草皮者，普通僅自德國草子中得之。此項草常雜於他種草皮中，呈暗綠色，有圓團形稠厚之絲絨組織，可一一掘起，另行栽植之。

3 德國草（A. stanifera var. ieties）係一種羅島草之混合種，亦合家宅草皮之用。通常產德國南部，內含羅島種百分之四十至六十，絲絨草百分之十至二十，紅頂草百分之十至三十，爬根種百分之十五至三十。

4 爬根草（A. balustris）種類甚多，用匍匐枝繁殖頗速，茂盛時如綠氈舖地，至爲美麗。

以上四種均在春季散播，夏末長成，秋季色始暢茂。

（二）關於青草，均喜鹼性土壤，發芽遲緩，需用苗床育苗，如土質合宜，六月成長，雜草爲敵，注意拔除之。此類葉端成鋌狀而摺疊於芽內者，其特點分述於後：

1金托青草(Poa pratensis)優良草種，適生於排水佳良及含鹼性土壤之地，發芽遲緩，周年葉始長滿，特別畏熱，宜於背陽之地。

2加拿大青草(P. compressa)葉深綠色，與金托青草顯著之區別爲有扁圓之莖及根莖，適於劣質粘土或板土。

3禽草(P. trivealis)葉黃綠色，矮而匍匐，似爬根草，喜陰溼地。

4牧草(P. nemoralis) 葉深綠色，低性扁平，非匍匐草，喜乾燥，常與他種混合栽植。

以上四種，均美國人家常用之種類。然外國草種難覓，不若採取下列本國產有之普通草種：1狗牙根亦名行儀芝 (Cynodon dactylon)吾國到處皆有；2早熟禾 (Poa annua)禾本科之蕃繁屬，分布亦至廣；3馬唐，亦稱蟋蟀草 (Digitaria sanguinea)；4蟋蟀草(Elensine indica) 等，任擇其一，栽培爲單純式草地，最是上品。於此數項草種擇採二三種混合用之，亦佳。此外如豆科之苜蓿、紫雲英……等，亦均可與草種拌用，造成草地，但因應用不廣，姑略而不論。

二、草地之設置　住宅之隙地，欲舖設草皮，應先將此地區畫路線及形式，插木樁，牽繩索，然後按線灑粉，從事整地，因新植草皮對於土壤至關重要，通常深耕一尺至二尺，將其中碎石雜屑經篩一過，有凹處先行取土補塡之，有過剩水分必設法排除，如原爲沃土，則表土僅需相當之深度，如土質過劣，則繼以久儲之廐肥便可，如欲試以人工肥料，則須在下草種前數月，加骨粉二十磅於每一千立方尺之面積，如下爲泥炭，則取出研爲齏粉，特別合用，不需再用肥料，卽將所研成齏粉之土與表土六寸內者相混合，然後用齒耙鬆土，將面耙平，撒播種子，或移栽草株。

其關於播種者，每畝約用草種二斗三升，面積之不足一畝者，則凡三百平方尺，用種子一升一合，播種必擇晴天無風之日，一手把持種子箱，一手握種子一掬，彎曲身體，移動拇指，輕輕勻撒於地面，然後輕耙土面約半寸，使土覆蓋種子，再用木板或石磙之類壓平土面，使其堅平而後已。

至於移植用苗如須自育，必須設苗床以育苗，通常多用爬根類草，因其生許多匍匐莖而匍匐於地，莖有多數之節，每節上可生新株，按節而剪取之，以四寸之行距，栽植苗床，依時灌水及除草，則漸長而發無數之匍匐枝，舖滿苗床，呈嫩青之毛氈。凡春季所育之苗，秋季卽可移栽於地，秋季所育，翌春卽可移植也。苗床中一平方尺之草苗，可栽成十方尺之草地，欲移植時，先鏟取苗草，除去根上之泥，置于板上，用刀割切成塊，長約一寸，闊約半寸，以備栽植，栽時以草塊勻撒地面，用耙撥成行，再撒以細勻之沃土，以固草根，更用石磙輕輕磙壓，然後以噴壺灌水，其後隔日或一週灌水一次，已足。

設草苗得自野外道旁或山野間之平地，則以鏟鏟成方塊運回，每塊連接放置，以磙壓之，使之平實，然後灌水，則數週後，即成美麗之草皮矣。

上述兩種設置草地法，各有利弊。單就費用言，播種似較鋪栽爲經濟，但播種所需用種子，有需自家採集者，而移栽較播種迅速，且栽後亦較易管理。

三、草地之管理　草地既植，仍需時加管理，方能保持永久之美觀，故磙壓芟刈澆水三者，爲管理上之要事，其手續如次：

(一)芟刈磙壓　秋播當年不須芟刈，如春播或夏播，苗長三寸必須芟刈，初次只宜用鐮刀，不宜壓根，芟下碎草，留作蓋泥。以後旬日一刈，並加磙壓，因第一季草根不固，刈時並防機上雜物，將草皮帶起，故剪時最好常留二寸，如熱天剪刈可以留低，但仍須不時磙壓。新草皮因磙壓而著根愈堅，無磙壓時，使用有柄之重木樸打亦可。磙壓草地，爲終年不可少之工作，春季尤需要，因此時草根發芽，萌出鬆土，故面層至需磙壓。又地土凍結，至春日冰融，土壤浮鬆，皆須壓實。芟刈草皮之主要目的，恐其成長結實；其次患其拔力致貶草色。剪草機如爲磙機，往往近根剪刈，易使草皮拔力過甚，尤以早春最不相宜，因陽光直射，易令土壤乾燥，當草長甚盛，必須剪刈，甚或每週一次。迨長至數寸，則用剪草機近根刈之，惟亦需留高二寸，以供觀賞。凡住宅、球場、花壇邊、走道邊等草皮，尤須常刈，庶乎整潔。

（二）去雜草　蔓草雜於草皮中，不獨有碍全部美觀，且有奪取良草肥料之弊，故必連根拔去，使全草皮成爲純一草種，則整齊畫一。吾人習見之雜草如（1）蒲公英、獨根性植物，刈除之法，用硫化鐵溶液撒布，不至有傷草根，於五月初以一磅硫化鐵溶解於四升半水中，盛以瓦缽或木盆，每間隔三四月撒布一次，故一市畝用量約三十斤，自然除根；（2）車前草，生於粘土地草皮，繁殖甚盛，拔除較蒲公英爲易，於早春未開花前行之。如根深不易除淨者，則用硫化鐵稍許，置於其上，使之腐蝕，但此法恐傷及附近草根，可用一二滴汽油撒布，至爲有效；（3）酸模，蔓生草皮，爲害亦甚，此等草喜生排水不良之地。除去之法，於冬日撒布石灰，每千平方尺撒用三升半，最好於地下安設排水管，可免生長。其他如山楂草，爬根地上，剪草機不能刈除，每年自結種子，以供次年發生，若不拔淨，則六月發芽，八月盛長，雜入草皮中，成褐色斑點，極損美觀，秋深時生長尤爲稠密，消耗土中水分養料，爲草皮之害。剪除之法，可用尖鍬連根挖之，或候其開花前，將剪草機低壓剪除，防其散布種子，或以千磅重之壓機壓除之，亦頗見效。

（三）灌水　夏月久晴，草地枯旱，須時時灑水，使其不枯萎而維持風景。當播種或舖栽未久時期，灌溉同當輕輕灑水，及草皮已長勻整之後，當易大量灌溉。前者所以促其根在表面互穿成塊，後者欲引導下入較深土層，否則不足以耐旱也。

（四）施肥　此在草地設置之前數月，整地時，注意其爲荒地貧瘠，當以腐熟之廄肥或綠肥拌入土壤，抑或數年後發現地力告竭，則以草皮剷起一塊一塊平放堆積，復行整地，添用肥料，如在秋冬，可施久儲堆肥，或以已腐之煙草莖葉碎屑入土，可防止蟲害。至於春季，則可用骨粉或草木灰等，撒於土中，以其富含磷質及鉀肥也。

（五）蟲害防除　蟻類，造穴草根，卒至草根枯死。驅除之法，用液體二硫化碳一二湯匙，傾注其穴，任其自然蒸發，同時以溼布一方或土塊一塊，蓋於穴口，即可除淨，但須注意着火爆發。金龜子幼蟲食草根，當整地時翻土，縱雞啄食，或用石油乳劑撒布。再有蚯蚓，可用石灰水潑澆其穴，而勤掃除其排洩出之堆泥。

四、草地上栽樹　草地栽樹，如係廣大面積之草皮，則選植魁梧式之蔭樹，以爲通景上之骨格，否則以住宅爲中心，環以草地，而點綴雜樹於前後，如十九圖。草地以空曠爲不背於通景，房舍中隐牖以不遮隔視線爲宜，樹木不可逼近牆壁，小花雜卉與花壇等應就園角爲之。房舍之前部栽樹，應取落葉類樹之有姿勢者，可收攬遠近風景，其在房舍之後部，宜選常綠喬木或屬於松杉科者，倚以爲屏幛，並不嫌陰沉與鬱閉也。如前後推遠，更多隙地，則面通衢者應有列樹，或爲垣籬，

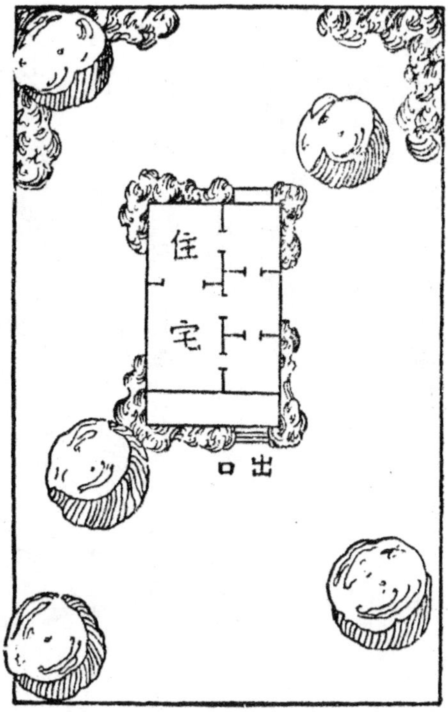

第十九圖

悉在各人之自由布置，而求合於自然風景斯已耳。

問題

一、試舉適於敷設草地之草種。

二、試述敷設草地用播種法與植苗法之得失。

三、管理草地應注意之事項若何？

第十章　移栽大樹

一、準備移樹與掘溝　大樹移栽，須一二年前施其預備工作，即掘溝之謂也。從根至開掘處之距離，全視樹冠及中榦大小以爲衡。其在溝內之根土一邊，最好不使散裂，卒之成爲一球，掘線內之直徑從盈尺以至數尺，深度則從一尺至三尺，或超過。移樹期到，連土搬運，不過環境切根之預備工作，非一年所能完成，例如下圖。

第一次掘ACE三部分，而留BDF三部分於下年開掘，此一法

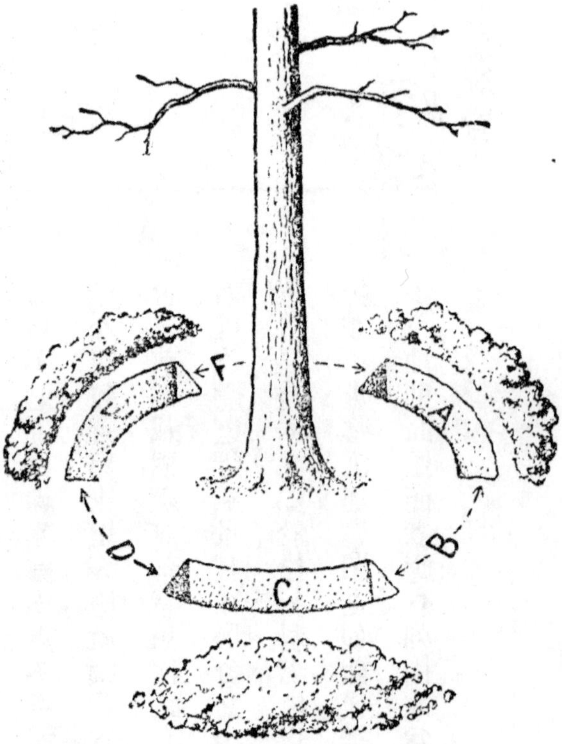

第二十圖

也。又如緩進法，易爲第一年只掘AD，第二年掘BE，而留CF至三年掘，如是者更較有益。對於各段溝既掘之後，則當以掘出之土拌肥料或全換細壤，所以促進栽處多生新鬚根，此時猶不得遽做移樹工作，必於末次掘滿一年時，然後舉行移樹，庶使根少受傷。掘根不論大根細支，必用快刃利剪，凡屬闊葉樹在落葉後移栽，原不拘拘於帶土，但仍以能帶根土最好，至於針葉類樹更不待言矣。

二、搬運大樹之用車　自然一切普通樹，不值費工費錢者可免移植，凡大樹移場，必爲罕見之裝飾珍品。今假定欲移植之樹其年齡爲三十，榦部之胸高處周徑三尺，帶根土爲球，全部載重近二噸，而近根帶土直徑逾四尺，用法國式運樹機，起樹上車，當然於此最擔重量爲槓桿及架輪，頗有部分爲鐵製者，然後放置安妥重索緊縶，則以數馬拖車而行，見二十一圖。大樹移栽須注意季節，否則恢復原狀之期將增長也。又移

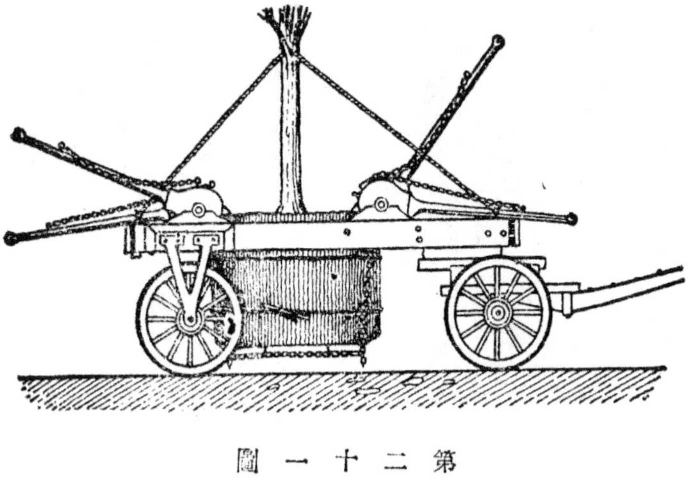

第二十一圖

樹之爲針葉樹或闊葉類，大有區別。其爲闊葉者宜在十月或次年三月，因風力擾動比較有限，又溫低樹體內水液之流行停止，搬置最宜，否則阻礙生長，將使一二年後猶在存活莫卜之數。其爲針葉者，即遲至四月尚可勉強從事。總而言之，當葉芽未萌發及滿儲樹葉與養分時，悉能移植，或十月至次年四月，不拘何時皆可。

三、絞起風倒樹之用器　關於風倒樹，其根土帶溼而一部分隨之散裂，及枝根露出者往往有之，此項機器可絞起使之直立，置諸託盤，並不偏倚，如在風倒時間不久即獲移置，亦或少被大風搖撼，樹體已得復初。此時施以審慎的修截頂枝，則樹之壽命仍可綿延，生機不致斷絕，俾水氣吸入與蒸發之保守平衡，待下屆春月，芽葉漸生，則告無虞矣。

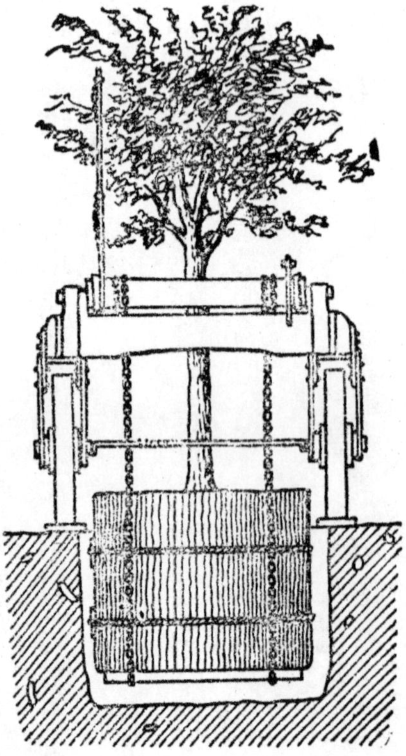

第二十二圖

此項絞樹機，亦係法國式，見二十二圖，參考英林學家力斯敗特（Nisbet）氏之林學著原著卷一（The Forester Vol. I.）但向購之廠地址不詳。

四、移樹須知　對於落葉闊葉、常綠闊葉及針葉常綠三類樹之移栽，以著者個人經驗，似以常綠闊葉類較難，針葉常綠樹次之，落葉闊葉類又次之。所謂常綠闊葉者，例如有加利樹之灰楊柳一種，予在川移栽，存活至鮮，或須次年從根部復發，柑橘、女貞則不如是。所謂針葉常綠者，例如馬尾松大樹之移栽，什七不易存活，扁柏帶土雖勉可存活，然移後輒易罹皮甲蟲之侵襲，久之枯死，黑松則不如是。至落葉闊葉者，於葉落後冬移較善。要而言之，本產樹種易過於外來樹種，鬚根茂者易過於獨根性樹。又晴燥空氣不及陰溼節令，移後頂枝宜略加修截，一防風之撼動，一減樹體之蒸發。

當掘根時，忌太多力量用於槓杆移動，結果則重傷根部，尤其從叢木中移樹，根部每每穿插於鄰株間不易拔取，宜擇較小者移之。若為針葉常綠，則大帶根土斷不可少，有時防根土鬆散，緊纏麻布，亦所需要。根被掘最好即送移栽地點入土，以時間密接為佳，否則樹根受傷。再松杉科樹即使時間甚短，而根部之流脂硬化隨之，此處遂失效用。至如闊葉類樹如楓如榆，雖可支持由數小時以達半日一日，而元氣亦不免喪失，故根土外更加置潮溼蘚苔或類似之物為宜。大樹移後必加扶柱，即所以鞏固其立地。見二十三圖。

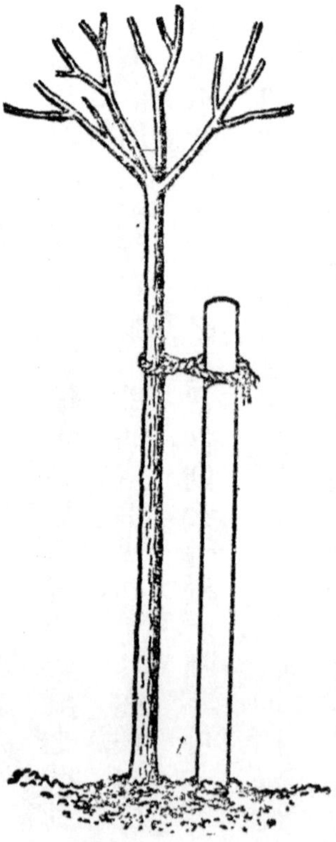

第二十三圖

問題

一、移植大樹，事先應作如何準備？
二、試述移植大樹最適宜之季節。
三、大樹被風吹倒應如何扶植之？
四、移樹應注意之事項若何？

第十一章　修枝要訣

自來修枝在兩項樹木較爲必要，一爲經濟樹木，混農林之經營者，倚以產出良材，提高售價，一即風景樹木。後者最好歲一舉行，俾枝榦與枝部平行發展，促進榮昌。

修枝(pruning)與整姿(trimming)不同，因前者順其自然姿勢，略與剪截以達於勻稱安閒之致，後者約束或控制其局格，以符於建築設計之形態。按最初修枝，係爲植樹時刈其殘破之頂尖根梢，譬如麻櫟枝榦多過楓榆，欲其生長矗立，則非經歷一再修枝不可，且有時欲其葉面之蒸發量減小，修枝以後，蓄力以加強根部，亦有時低枝削去，而樹之頂部密度由是大增，亦自然之趨勢也。

樹木先感土性及環境（大部分指光）不適，易現敗頂之弱徵，亦即與其他危害內侵之機會，此爲自然的需要整理。其在健康之株，間有枝榦枯萎者，亦有剪定之必要。彼剪枝合法者，不惟可以延壽，次春新枝且怒發於被剪處，呈返老還童之象，切不可草率將事，砍痕惡劣，死榦椏杈，處處曝露野蠻之跡，引爲眼痛。

按樹木生理上組織，凡一旁枝之未削平及塗治處，水氣輒易滲入潰爛以直達於心材，如二十四圖。

修枝不外（一）削口取斜勢，俾雨水無自停滯。（二）傷口塗以煤溚中空處則擦除罄盡，滿貯三合土封口。（三）如截大枝刀鋸必快利，尤必先切斷下面然後徐徐截其對面以免裂及外皮。（四）遇死枝必超出枯死之痕二三寸截去，否則繼續枯死，終致一死結穿入木材心部。如二十五圖。

傷口之大者，須數年始見新生長層完全泯迹，亦有樹類於修枝時滲出樹液，不易硬化者，例如槭榆楓楮之屬，液流較勝，宜擦淨後，始加塗治，復應一年一次重加塗治防腐劑，

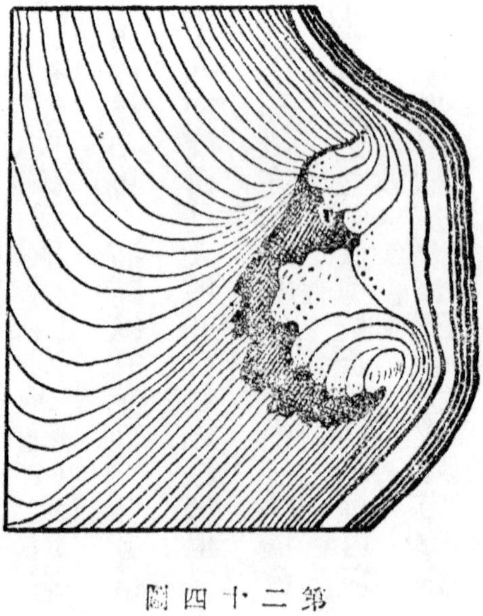

第二十四圖

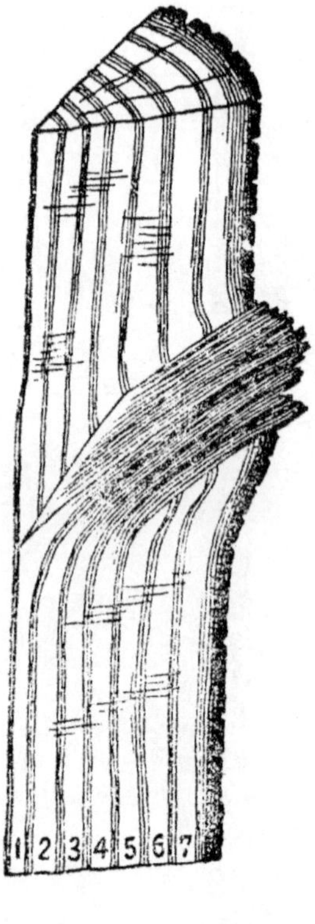

第二十五圖

修枝之得法者，俾收圓滿結果。如二十六，二十七圖。

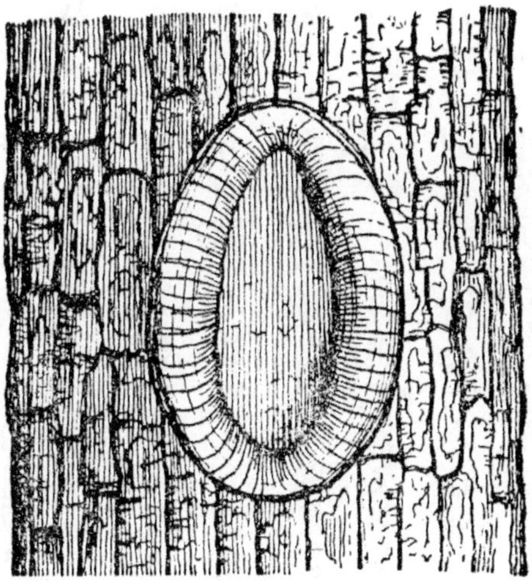

第二十六圖

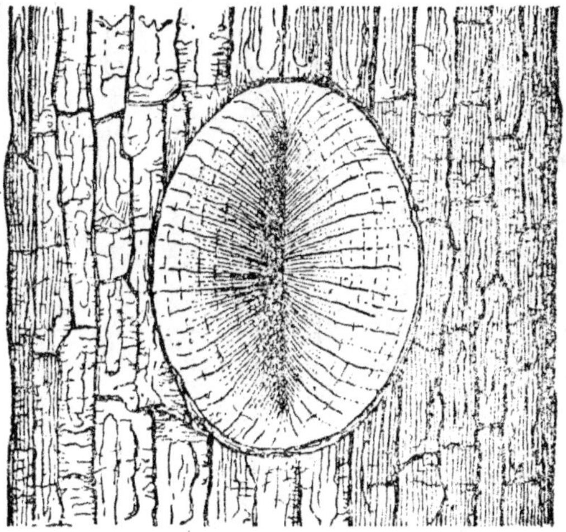

第二十七圖

普通幼樹傷口，恢復原狀，勝過老樹，健康者勝過病樹，楓楊之回復健康特快，似過於一切樹類。

假樹之液流較多者，宜於枝葉豐盛之季，舉行修枝，回復健康爲易。至若樹之餘部已被蟲菌侵害，或爲中榦空洞者，應於剜除清淨後，用洋灰塡塞，或以地瀝青一成，木屑三成，混合以代之，彌滿傷口，勿使雨水侵入則可保持久遠。修枝時節，一年中最好於五六月間行之。因長育以是時爲旺，生新亦快，不過林園家習慣，往往執行於交冬工閒之時，亦無不可。修枝在林業不須用許多工夫，因良好林相，樹冠密接，旁枝低榦，漸有自萎的趨勢，以代人事。

公園風景樹與行道樹之修枝不同，必分別施其手技，吾國人習慣，不令一切樹之低枝存在，大失天然姿態，殊屬非是。公園中風景樹旣重姿勢，使闊葉及針葉雜見，濃淡相間，色相自然，株距不取規則，枝態重其紛披，故一切樹低下之枝榦，切不可多刈，甚至任其存在以及於地平。譬之圓柏扁柏……等，尤當保持低下之榦，乃合天然圖畫。街衢中樹性質不同，求其行列莊嚴，不落偏倚之弊。世界列邦之點綴都會，早具成規，亦繫文明外觀。但聞其六七十年前，立法嚴厲，英之街樹被損一株，科罰英幣八鎊，今則養成愛惜公物之心理，雖童稚亦羞爲之。又據傳說英倫首市於若干年前，市政當局一次整治公園及街樹，曾於繼續的二冬剪截死枝病榦，達四百貨車，施此修剪工作，悉付諸林園學家之指導，因是項工作，若任無經驗與技術者亂修，事太危險。

修枝用具包括鈎、剪、鋸等，大略種類如二十八圖。

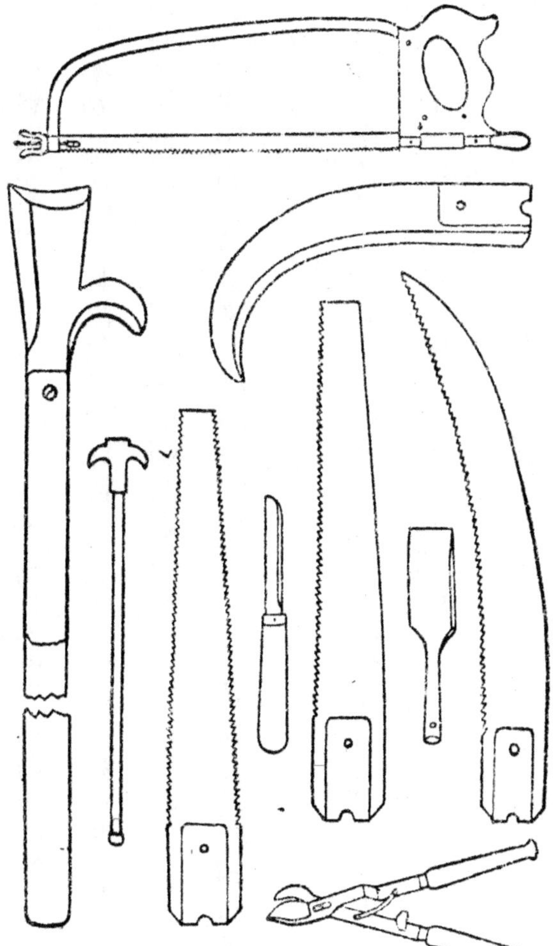

第二十八圖

在移植未久之樹，若遇亢旱，頂葉易現枯萎，此時一次修枝後，不妨至再至三以營救之，直至託根鞏固，足可自給乃已。

樹之所以需每年視察者，不必拘拘有俟於大宗工作，或三二株上只須一二處修截，或因枝頭多椏杈，或爲樹冠太密之種種現象，悉當整理之。吾人尤當明瞭於修枝之原則，在導引各部對中榦以合比例之配置，不必多變更其天然姿勢。

被修之樹，如認爲回復健康之費力，可以一法輔助之，即加肥法於樹之葉落時輕破其根盤土面，使之鬆起，加壅堆肥，攙以好壤土，約五六寸，如是，雖由百至二百年老樹樹冠已見枯萎者，或猶得復興之現象。

塗傷口之材料，所以取用煤潞者，因不透水與有惡臭，可以治菌防蟲，塗時宜用刷子重抹，俾得深入木質。冬時不妨將煤潞略加溫化，可以保持一二年有效。此外如甲酚（creosote）效與煤潞同。又有用一兩硫化鉀，加三加侖水，調爲溶液刷擦之。另有一法，即購有名的治菌劑波爾多液（Bordeaun mixture）亦佳。關於治蟲者則可用石油乳劑（用一品脫乳劑與六加侖水成爲溶液）灑布，皆輔助醫樹之法也。

要之，修枝不惟增益風景，尤爲有合於經濟之工作，因一株疏忽影響於數十年後之損失，西諺：「一勞之功，足濟其九，」取以相例，關係之大亦可知已。

問　題

一、修枝之目的何在?
二、修截大枝之傷口應如何處理?
三、風景樹與行道樹之修枝有何不同?

第十二章 行道樹種各論

一、銀杏(Ginkgo biloba)華產，一名公孫樹，四川之大金河一帶尤夥，其變種有五種，略述如下：

(一)Var. variegata　葉帶斑點及條紋，作灰綠色。

(二)Var. macrophylla laciniata　葉面較大於普通公孫樹葉，其寬度由八寸起或超過，每葉分爲三至五裂片，又從而再有分裂趨勢。

(三)Var. pendula　枝榦作下垂搖擺式。

(四)Var. triloba　葉亦作裂片，與其他變種不易分辨。

(五)Var. fastiginta　一切枝條作圓柱狀，並帶向上趨勢。

據云在日本公孫樹之老株榦部，有發育一種突出垂直塊瘤曰乳頭(nipples)。予過江浦湯泉鎮某古道院，爲昔秦少游讀書處，院內有公孫樹直徑達六至七尺者，亦帶乳頭甚多，今仍完好。

此樹間在日本寺院公私園多見，朝鮮則祇在寺院之側，吾國各地亦然，入歐先被介紹到維也納京之植物園，係在一七三〇年，入英於一七五四年，入美於一七八四年，用種子繁殖最宜，樹大者移植費工，需要深土肥沃之壤，少存過剩之水，能抵抗一切病蟲害煤煙等，如用插條繁殖法，須經歷二年時期，根始發得完足。

先是人疑其爲松柏科，久之乃特設銀杏科，因其與蘇鐵類(Cycads)及羊齒類(Ferns)等植物頗接近連繫，公孫樹果實頗似蘇鐵種子，且其花粉管之極端處，被人尋出動子 two ciliated antherozooids，此項動子卻亦於羊齒植物體發見，完全相同，公孫樹本係裸子植物，其胚珠不包藏於子房者，果實外包果肉含有丁酸，果仁可以消食解酒，此樹之木質或超過楓樹之木材，我國用作雕刻，日本用以做棋盤棋子砧板及漆器模型等，稱其果實曰銀果。

二、南京白楊(Populus simonii)楊柳科，亦曰小葉白楊，不僅南京所產，分布至廣，如河北河南甘肅四川東九省等地皆見之，在四川岷江流域海拔高至七千尺亦常有，插條存活百分率不佳，榦高聳，葉枝不着毛茸，皮孔明顯，葉芽斜立，長二分餘，稍帶粘液，花芽長至四分餘，鱗片三至五，葉形爲圓倒卵形，基部狹長，小枝條每每寄生蟲瘿，惟無大妨礙。

三、銀白楊(Populus alba)產地由北歐經西比利亞至東九省朝鮮北部均有之，性宜寒冷之地，普通多栽爲行道樹及籬垣，在南京試栽，有蟲害生長不佳。插條成活率尙不差，此樹高可及六七丈，葉幼時卽有白絨毛，後漸脫落而呈綠色，帶光澤，惟裏面及葉柄仍有毛密生，爲白色，故名。

四、垂柳（Salix babylonica）楊柳科，卽水柳之一品種，中國到處有之。性喜澤，亦能

楊柳

第二十九圖

長於乾燥處，枝長垂落地，多生於庭園中，木材可爲壁板箱匣之製作，近年揚州亦有以爲火柴桿原料者，小枝細垂，葉互生，線狀披針形，兩端尖削，邊緣具有腺狀之小齒。長二至五寸，闊二至五分，葉背爲綠灰白色，兩面均平滑，托葉略爲卵形或披針形，葉柄短，花雌雄異株，四月花先開，葉後吐放，木材邊白而心帶褐色，材質柔軟。

五、澤胡桃（Pterocarya rhoifolia）胡桃科，產山東膠州灣，多生河邊，或谿間溼潤之地，如在向陽溫暖之處，則易受蟲害，江浙皖贛諸省亦時見之，其與楓楊（P. stenoptera）不同之識別點，在於楓楊大葉柄有翼，而澤胡桃則無，樹皮暗灰褐色，老則變爲深縱裂，葉每二三枚叢生於枝端，長約八九寸，有整齊之細鋸齒，前端銳尖。葉端稍爲歪形，頂端之小葉有長至四寸闊一寸者。左右之小葉較小，裏面之葉脈上及脈腋有毛。花雌雄同株，四五月花開放。果實十月成熟，乾果有二個同大之翅，熟時則自果軸脫落。

六、楓楊（Pterocarya stenoptera）又曰柜柳或元寶樹，胡桃科。上海街樹多用此，吾國各省處處有之，樹高達六丈，葉互生，羽狀複葉，全形略似澤胡桃而小。大葉柄有翼，小葉十六至二十，橢圓形，邊緣有細鋸齒，四月開黃綠色葇荑花，雄花垂老枝上，生於新枝頂端，果實八月成熟，果序爲長盈尺之穗狀，下垂，果大不過二分許，具有長四分之翼，爲燕之飛翔狀。

七、七葉樹（Aesculus chinensis）世界共有十二種，此特華產之一種，見華中至山西河北一帶，世人先列爲無患子科，今改爲七葉樹科，複葉帶柄從五至七，但每每爲七分，所以稱七葉樹也。其小枝粗大而帶三角形柄痕，葉芽內帶膠質，花開在葉放之後，花作球於樹之頂端，雌雄花並具，花托花片俱爲彎形，各作二至五分裂，果實肉多粒大，惟不具蛋白質，宜於溼潤鬆深之土，木材白色，質柔軟，保存期亦短。

七葉樹

第三十圖

八、樺 (Betula sp.) 樺木科，世界共有四十種，其產於中國者，有1白樺(B. japonica)，產地爲河北山西河南東九省，凡荒廢林地爲其他樹種不能生長者，或下溼與乾燥彼俱可適應，且能逐漸改良土質。2光皮樺(B. luminifera)，喬木，產川鄂山上，廣東北部亦有之。3紅樺(B. alba-sinensis)產陝西甘肅及河南，於湖北西北部及四川東北部之山地，尤爲茂盛。但不及白樺之普通，因皆爲快長性，故用作行道樹甚宜。

九、白榆(Ulmus pumila) 榆科，亦曰鑽天榆，但葉大，榦直，具快長性。原產我國西北部，美國人久經攜回用爲風景樹之上

白榆

花枝(1) 無花枝(2) 果實枝(3) 花(4)

第三十一圖

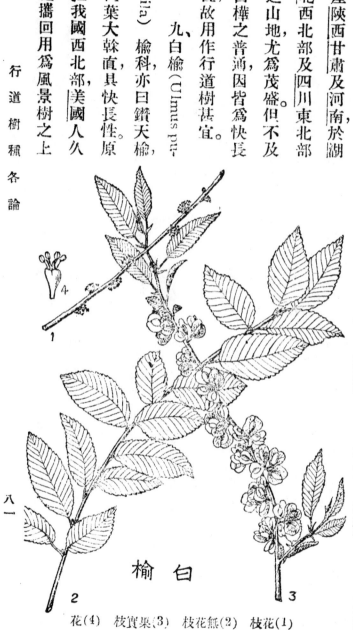

選，而堤旁路邊尤多栽植，最好石灰質及泥灰質之深厚土，此樹小枝密生，大枝扶疏蔭地面廣，故公園道路之間用之最宜。樹之姿態高聳莊嚴美觀，木材可製車頗爲人所重視，能生長於深谷或高山間，分布及於西藏。

一〇、槐（Sophora japonica）豆科，吾國全部皆有，古人卽提倡街樹，稱之爲宮槐。木材用途至廣，雖農舍人家亦知珍貴。因其花作染料，樹皮果莢作藥品，並少生病蟲害，英法義諸國久已採取爲行道樹種，同所重視。

槐喜溼潤肥沃之深土，生長速，樹幹端直，上部枝條密生，是絕好之風景樹。材質堅硬，心材褐色，邊材帶黃白色，爲上等建築用材，並可製造農具。

一一、刺槐(Robinia pseudoacacia)豆科，原產地限於北美阿帕拉幾山(Appalachian mountains）山脈一帶，因速長性，木質強度佳，今被推廣及於歐亞許多地方，且爲栽培植物，吾人幾忘其係外來樹種矣。惟淺根忌水，除粘溼土外，不論在稍帶酸性或鹹質之地，均可生長。最是此樹充行道樹用，當盛暑花發之日，附近空氣俱帶芬芳，行人爲之色怡。

一二、樗（Ailanthus altissima）或名臭椿，屬苦木科。原產河北山東一帶，煙台人飼育樗蠶，產絲極能耐久，但質硬不易染色。中國南部此樹少見，歐人於十八世紀即介紹試栽，美其名爲天樹(tree of heaven)，因其榦之低部絕少旁枝，且上枝粗大聳起，有直伸

臭椿

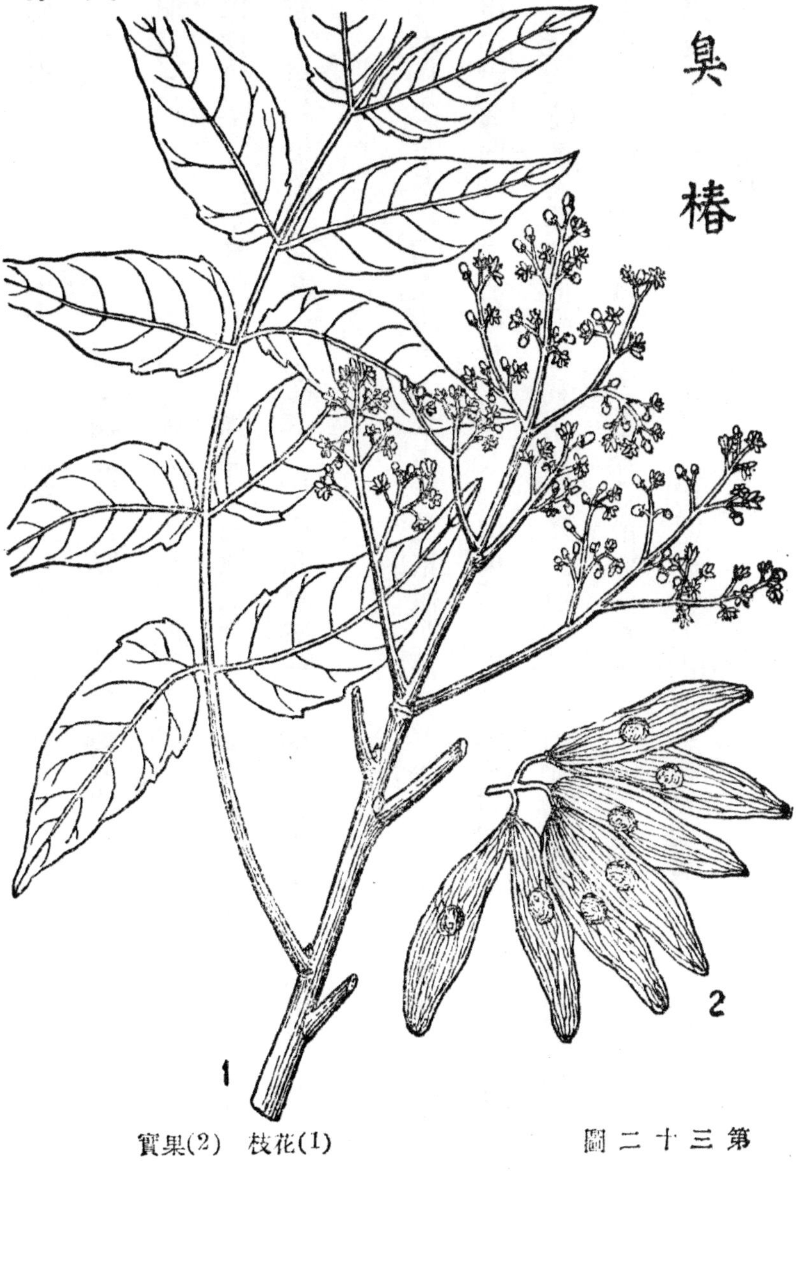

第三十二圖　(1)花枝　(2)果實

霄漢之勢。予旅居南京十餘年，邂逅大旱及水患，衆卉感氣候不調，枯萎而死者至夥，惟此樹巍然獨存，與構同具抵抗性，予曾特著論以表彰二樹之優異點，並信樗爲撼風之佳種也。

一三、泡桐(Paulownia sp.) 玄參科，泡桐屬，共九種，吾國則有其七。昔宋陳翥著桐譜云：「桐之材獨異於他木，採伐不時而不蛀蟲，漬溼所加而不腐敗，風吹日曝而不折裂，雨濺泥淤而不枯蘇，乾濡相兼而其質不變，楠梆雖類而其永不敵，其貴於羣類卓矣。」此樹之具有數多特性，從古已爲人所知。

泡桐在日本栽植頗多，其國人所著之木屐以及箱櫃門窗樂器等，必以桐製爲貴，需求遠過於所能供給，自甲午威海衛一次被佔後，該國商人知山東產桐豐富，以煙台爲市場，歲歲採購鉅大數量木材歸國。又歐戰時，青島爲其佔有，復利用膠濟鐵路運輸，甚至河北山西所產者併被收買。在民國八年，一年輸出者計達一千二百三十六萬斤，合價洋一百七十五萬元。據云樹高達一丈四五尺，直徑一尺之桐木論價三十元，今則良材漸少，輸出遞減。我國山東一帶民俗，風箱因近火易焦，製作必用桐材，今漸因價貴，此項原料不易得矣。

泡桐在我國之主要樹種，1 泡桐 (Paulownia forgesii)，產地北自遼寧，南至廣東，多係人工

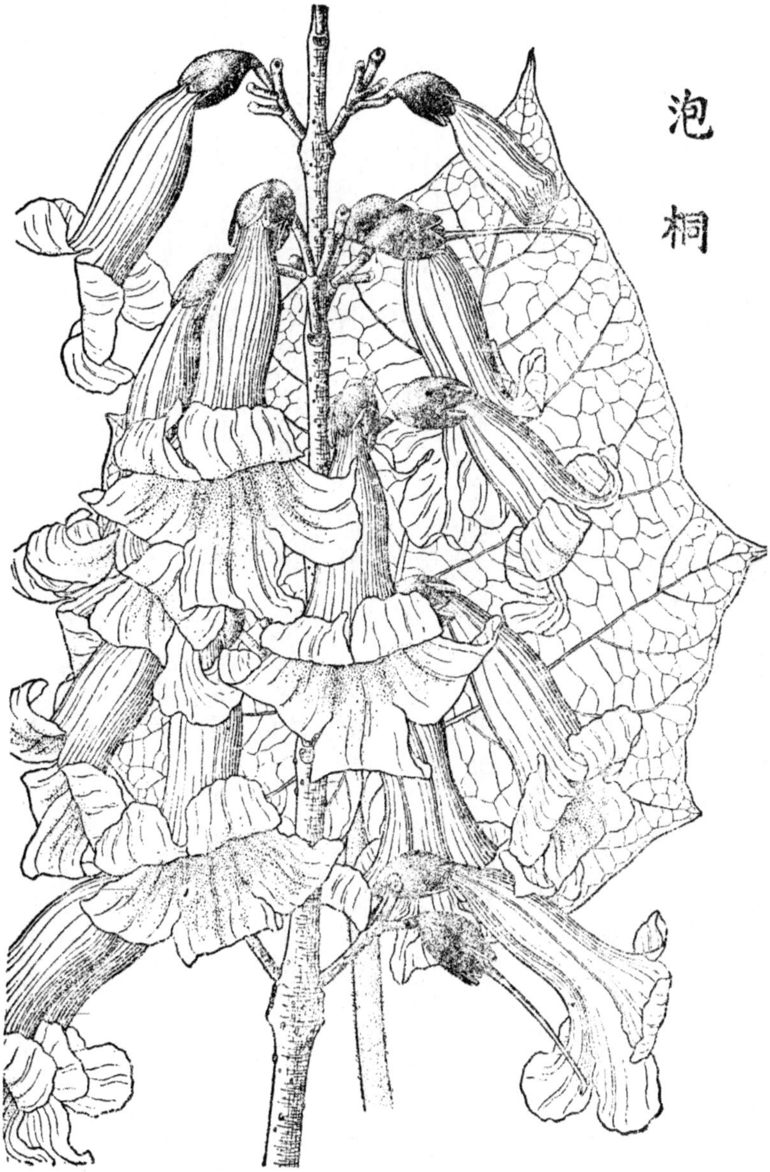

第三十三圖

栽培，性喜肥地，生長速，四月間先葉開花，花有紫色斑點。2 紫桐（P. duclouxii），產湖北雲南浙江等處，花紫色，木材較前種爲佳。3 白桐（*P. fortunei*），產四川及雲南蒙自一帶，花蒼紫色，乾燥後變成白色，另有一種泡桐（*P. tomentosa*）見四川湖北一帶，上述各種俱爲喬木，葉大蔭重，是絕好之風景樹，繁殖法可以切根，可以插條，用種子繁殖亦易。

一四、篠懸木（*Platanus orientalis*）篠懸木科，此樹不產中國，係自外洋移入者，據調查，陝西鄠縣鳩摩羅什廟旁得篠懸木古木一株，直徑一丈以上，果爾則此樹於不可考之年，已由陸道移入我國北部，其在江南一帶者，則似於近代始由海道移來，如天目山廬山上現有大樹若干株，或即最早輸入者。若大宗育苗與插木，當係二十餘年前，由前上海法工部局輸入，然後輾轉傳播到內地。民國十年，南京鼓樓公園用爲蔭木，今已分播於許多地方，考其原產，厥爲歐洲小亞細亞印度及喜馬拉雅一帶。性嗜沃土，能適應一切氣候及對煤煙具絕大抵抗力，此所以爲世所重視也。此樹屬陽性，生長迅速，且易栽培，能受剪截，被風搖撼時，榦易欹曲，故栽時宜立木柱以扶持之，在南京葉易罹斑點病，如火燒塊狀，昆蟲則見鐵礮蟲爲害。木理平滑，琢磨生光澤，可爲小細工用料。通常每歲一次行頭木作業，如楊柳然。尤爲插條原料，以資繁殖，插木宜搭蔭棚，則存活率大。

一五、梣（*Fraxinus pubinervis*）一名秦皮或白蠟樹。木犀科，生於溫帶之山腹或谿谷間之陰

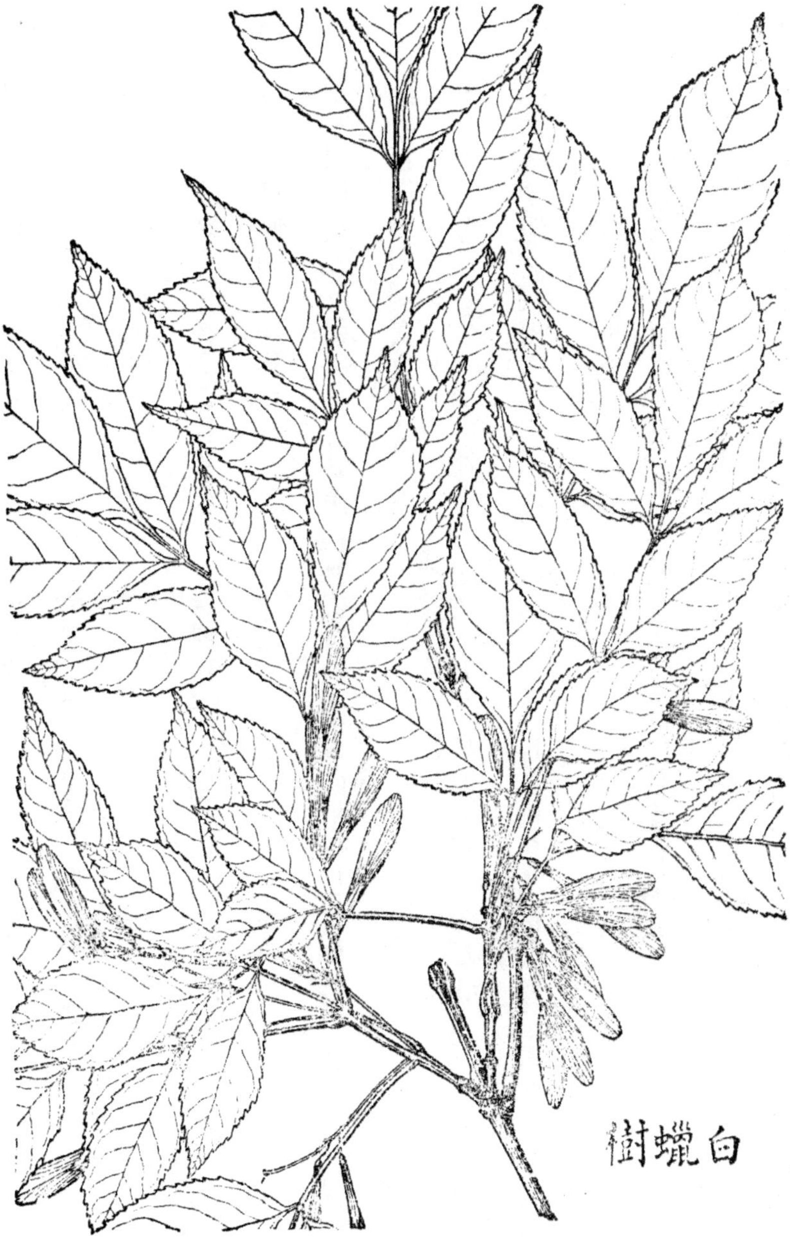

第三十四圖

溼肥沃地。樹幹直長，高可五丈，直徑二尺，生長迅速，枝粗大，樹冠擴張，葉對生，奇數羽狀複葉，綠蔭中庸，花於五月中旬與葉同時開放，翅果細長如箭羽，甚美觀，大抵此類植物對外界危害之抵抗力頗強，尤其側根穩固，能禦風，可用插條繁殖。

一六、文冠果(Xanthoceras sorbifolia)無患子科，原產山東遼寧河南河北等地，葉互生，奇數羽狀複葉，小葉無柄而狹，具粗狀直立之枝，平滑無毛，葉長四寸二至九分，小葉九至十七枚，狹橢圓形以至披針形，長九分至一寸五分，邊緣爲尖銳鋸齒，表面暗綠色，背面較淡，花具長梗，總狀花序，四月花開，七月果熟，實絕美之觀賞樹也。

一七、木蘭(Magnolia liliflora)亦曰玉蘭，木蘭科，原產長江流域，花美麗若牡丹，在各地培養已久，已爲極普通之觀賞樹，落葉小喬木，幹高二丈，皮爲灰白色，少開裂，葉橢圓形或倒卵形，長三寸一至六寸三分，闊一寸四至三寸五分，亦有偶至四寸四分者，葉柄長三分一至七分八釐，花開於五月，有三綠色之花萼，細而短，亦有花瓣，表面紫色，裏面白色，少香氣，繁殖分接木及分蘗二法。

一八、鬱金香(Liriodendron chinensis)又名鵝掌楸，馬褂木，木蘭科，生於吾國中溼潤而排水良好之地方，高可達五丈，樹幹直，皮褐色，枝條纖小，成銳角向外分歧，葉鮮綠色，蔭甚濃，樹冠密，姿態

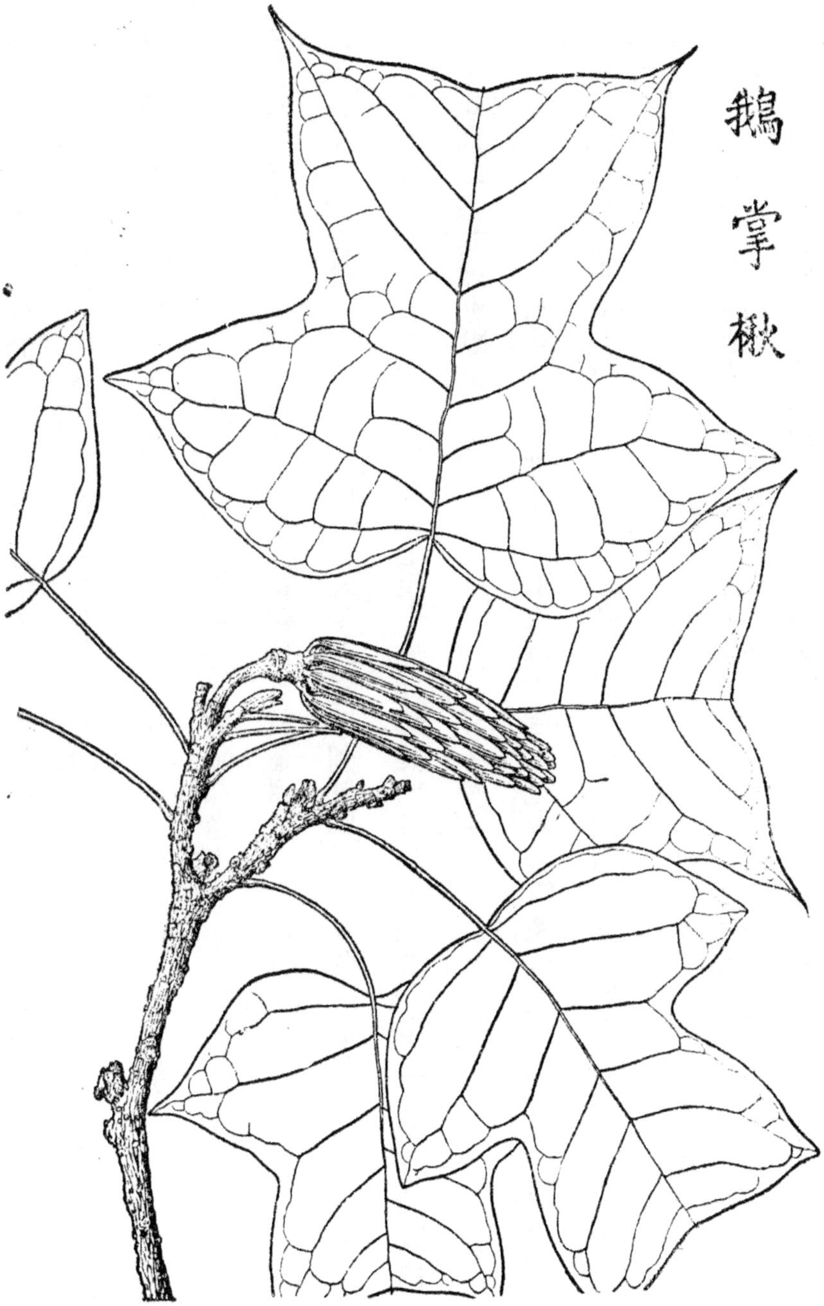

第三十五圖

雅麗，蟲菌之害絕少，幼時生長速，堪充行道樹之選，惟移植不易，未免缺憾耳。此樹在古時分布甚廣，地質專家屢屢發見於化石中，今則亞美二洲各存一種，美國產者爲 Liriodendron tulipifera，氣象宏大，花發燦爛，闊街之樹選也。因其根部纖嫩粗肥，移植不宜，秋季尤不可舉行。

一九、欒（Koelreuteria paniculata）無患子科，温帶落葉喬木，夏開黃花，秋結紅果，樹形整正，生長亦速，不失爲庭園樹之良選。嘗見其被栽於寺院，蓋僧人嘗欲取其種子爲念佛珠。原產吾國中部谿谷平原，尤喜日照之地，昔年被介紹入美，頗能抵禦乾旱及熱風。此樹葉互生，羽狀複葉，或有時一部分爲重出羽狀複葉，長一尺，小葉七至十五，卵形長或橢圓形，長九分至二寸四分，鈍鋸齒粗大而不規則，此悉其識別點也。

二〇、菩提樹（Tilia mandshurica）田蔴科，本產常見者有四種，皆喬木，此種北自東九省南至江西江蘇均產之。在南京清涼山，因殘伐之餘，不過數尺，至龍潭寶華山則有高大數丈之大樹，幼枝及冬芽有褐色之絨毛，葉爲卵形而圓，長二寸四至四寸五分，先端漸尖，基部作心臟形，邊緣鋸齒疏生而爲刺狀突出，有時全葉爲不明瞭分裂，而有短柔毛疏生，裏面帶灰白色絨毛，而脈腋並無簇毛，葉柄長九分至二寸七分，有絨毛，聚繖花序，有花七至十垂下，而有褐色絨毛，果實球形，漸近基部有

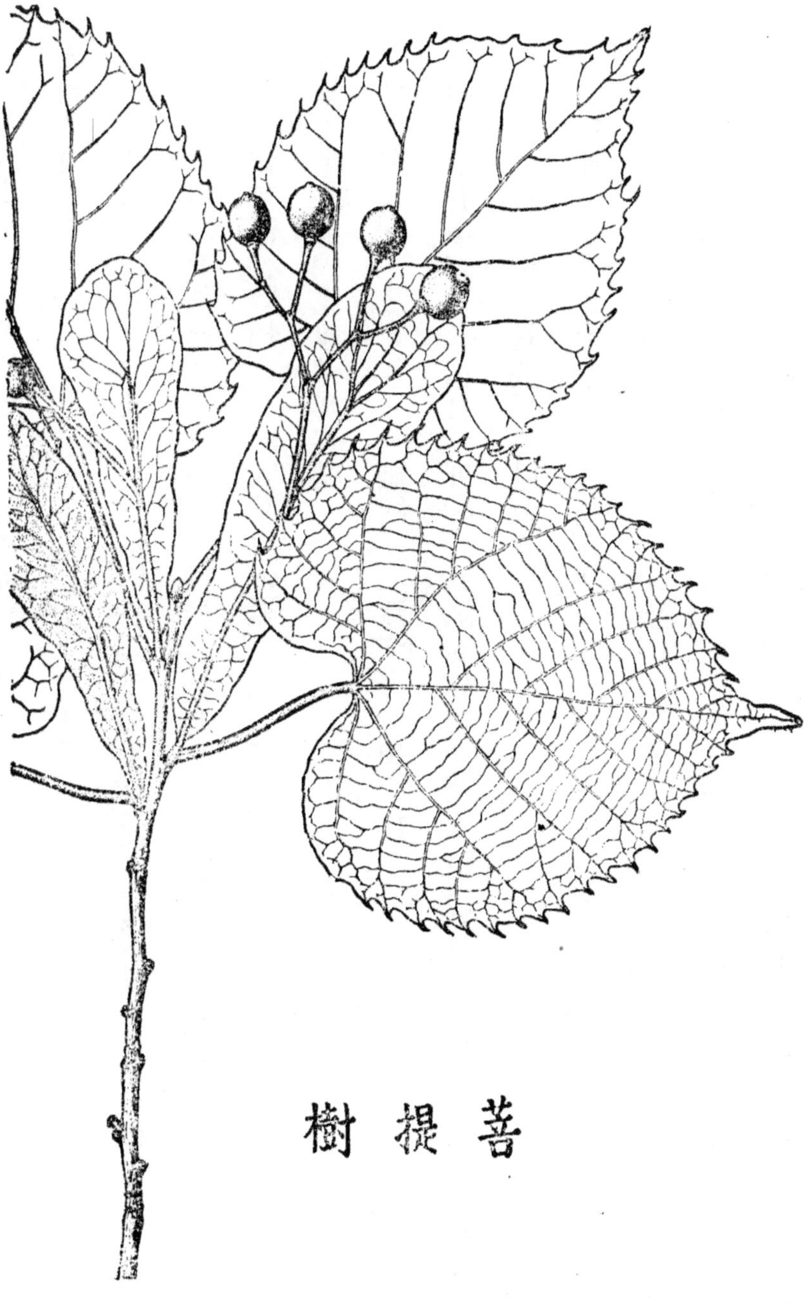

菩提樹

第三十六圖

五棱，英倫敦街樹之名菩提樹者，卽屬同而種不同者，美人亦重視此樹，稱之爲級木（basswood），世界約共有二十種云。

二一、梧桐（Firmiana simplex）梧桐科，落葉喬木，樹榦正直，生長甚速，皮青而紋細，葉大而多蔭，自古見於詩歌有鳳凰棲梧之說，備受推崇，可知宜於行道樹及庭除之用。土質以澤潤之粘質土爲佳，原產暖帶溫帶，栽植之亦適宜。葉生木虱（蝨葉之一種）幼蟲吸攝葉背，有葉液點滴於地，幼蟲分泌白臘絲如棉，成蟲帶翅善跳。

二二、楓（Acer palmatum）槭樹科，原產江西廬山，浙江天目山一帶；今多用爲園林樹，在南京之棲霞山前有楓葉林，入秋紅葉可愛，故京諺有秋遊棲霞之俗。落葉喬木，高可四丈，葉交互對生，掌狀七淺裂，五月開花，十月翅果成熟。

二三、朴（Celtis sinensis）榆科，川人呼沙棠木，爲吾國中南部普通樹種，通常多散生於平壤。材木可爲器具及砧俎等用，陰陽中庸性之樹種，鬱閉尚能持久，有維持地力之效。

二四、枳椇（Hovenia dulcis）亦稱拐棗，鼠李科，樹形端整，木材佳良，可爲美術細工用材。花梗肥大，經霜而甜。味可口，種子有解醉之特效。原產吾國本部各省，日本及喜馬拉雅一帶均產之。性喜

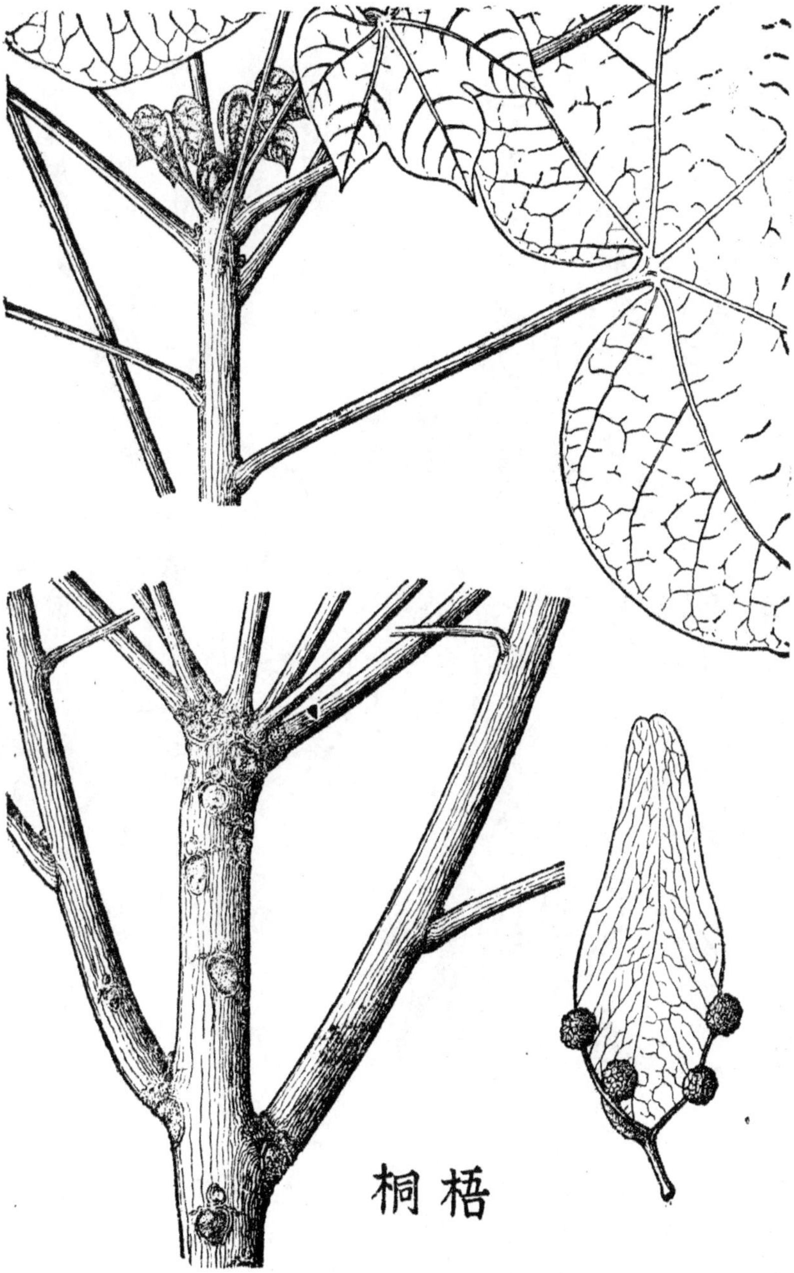

第三十七圖

肥潤之土，惟忌沿澤地，雖屬陽性樹種，但耐陰性強及易鬱閉，是天然行道樹之選，此樹在安慶長育尤加盛旺。

二五、苦楝

(Melia azedarach) 楝科，爲暖帶落葉喬木，散見於吾國南

苦楝

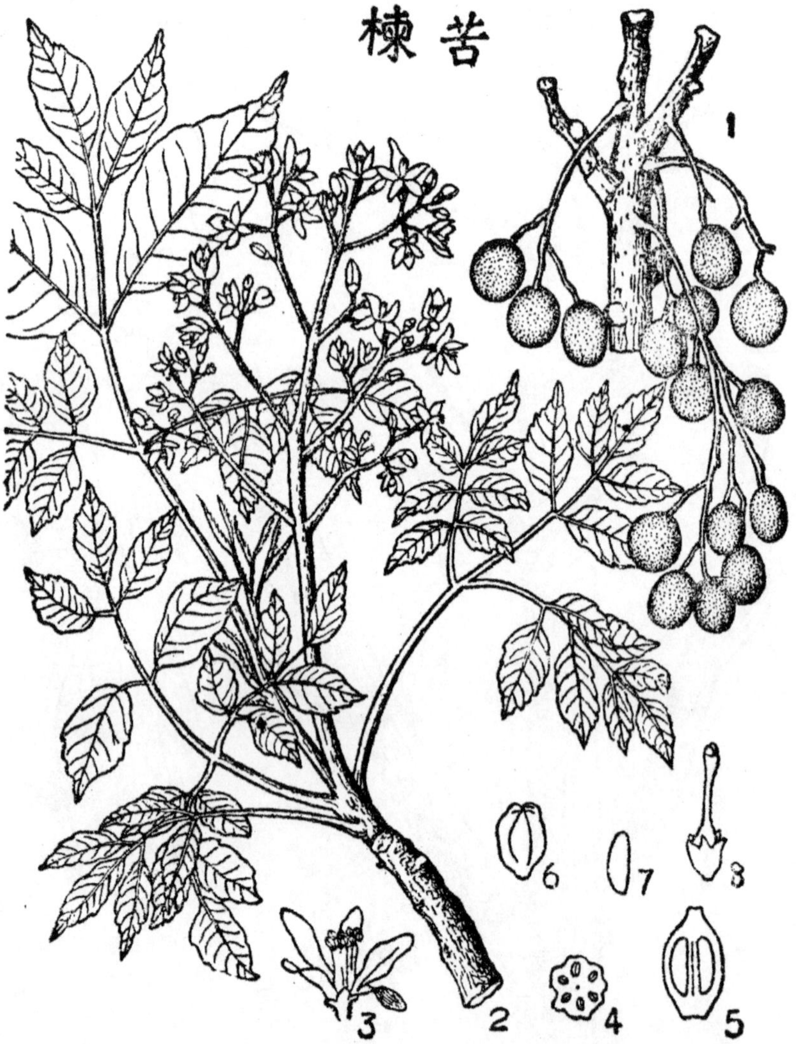

(1)果實枝 (2)花枝 (3)花 (4)種子之橫剖面 (5)子房之縱剖面 (6)種子 (7)種仁 (8)子房

第三十八圖

部及中部各省，性能耐潮風鹼土，極適於沿海一帶及黃河流域鹼地上之栽植，廣東各地有楝樹之天然林及人工林。凡山丘隄岸廢地等，靡不有是樹之分布，南京三牌樓，中大農學院栽爲行道樹，十年達一尺直徑，葱鬱可觀，木質供器具製造亦得價。此樹早歲卽入英法，英人用之爲行道樹，固珍視之，少見有病蟲害發生，如沿海岸之鹼質土性，用爲行道樹或廢地造平原林，其成功當如操左券。惟係陽性樹種，不耐庇蔭。

二六、黃金樹(Catalpa speciosa)，紫葳科，美產，入中國以其花葉雅致可愛，又係十分快長，故名。江浙皖諸省公私苗圃曾一時培育甚多。此樹耐蔭，至易鬱閉，下枝多枯死，故樹冠高聳，以之植道旁便於夾道中馳馬，因枝榦少向側方伸張，並不妨礙馬背上人之視線。美國人用之栽公路旁。細長蒴果如荳莢，懸垂枝上，葉大深綠，雨後其色尤娛人心目。惟在瘠薄乾燥地則生長不良，此種當然是風景樹，亦救濟木荒時之佳選。鐵道線植樹，或造林亦宜。

二七、楓香（Liquidambar formosana）金縷梅科，此樹在吾國南部中部各省甚普通，往往成純林，村落附近時見有老株存在，秋着紅葉，南人有栽爲墓道樹及庭園中者。西人言其木材不怕白蟻攻擊，喜溼潤肥沃之地，南京靈谷寺環境有喬林，與麻櫟剌楸混生亦宜，聞在臺灣多與櫸楡白

楓香

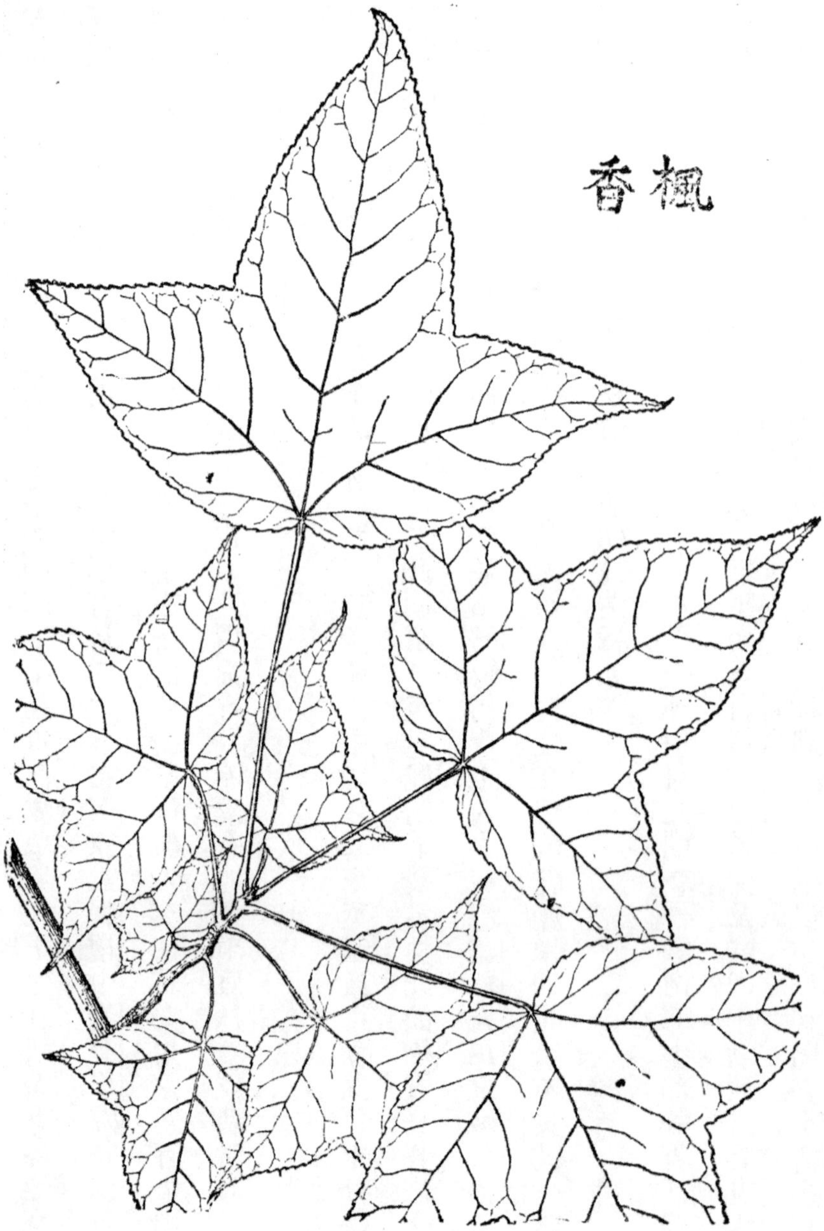

第三十九圖

楊爲天然混淆組合，浙皖內地農家宅旁多有單株大樹，種子曰路路通，球形有刺，每球有種子二三十粒，三月下旬開花，十月間果熟，果實開裂，分布至易，木材有試用爲枕木者。

二八、椅（Idesia polycarpa）椅科，吾國原產，散生於谿谷或平原，喜日照之地，椅桐梓漆爲古四大名木並稱。前在中國各省似甚普通，今則由濫伐而稀少。樹態端整，秋季落葉時，紅實纍纍下垂，如南天竹之實而稍大，極美麗而悅目，其識別點在樹皮灰白色，久而不裂，葉卵形或長橢圓狀，卵形前端漸尖，基部爲心臟形，長三寸六至七寸五分，邊緣有鈍鋸齒疏生，表面爲深綠色，裏面白色平滑，惟脈腋有簇毛，葉柄長一寸八至四寸五分，前端有二腺，花綠色有香氣，花梗細長，圓錐花叢長三寸至七寸五分，果實球形，紅色或紅褐色，徑二分一至二分四釐。落葉喬木，高可五丈，直徑二尺，枝條廣展，合爲圓形樹冠，除爲庭園樹外，其材淡紅褐色，而帶黃質，略似泡桐，輕軟易割，用爲小細工材及木屐等。

二九、山櫻（Prunus pseudo-cerasus）薔薇科，生於山地，落葉喬木，花葉同時發生，花梗平滑無毛，四月初花開，淡紅白色，果實由綠色漸變黃，成熟則色紅，味甘，木質堅細，歐人固指爲森林植物，亦用作鄉野行道樹，實風景樹之佳種也。

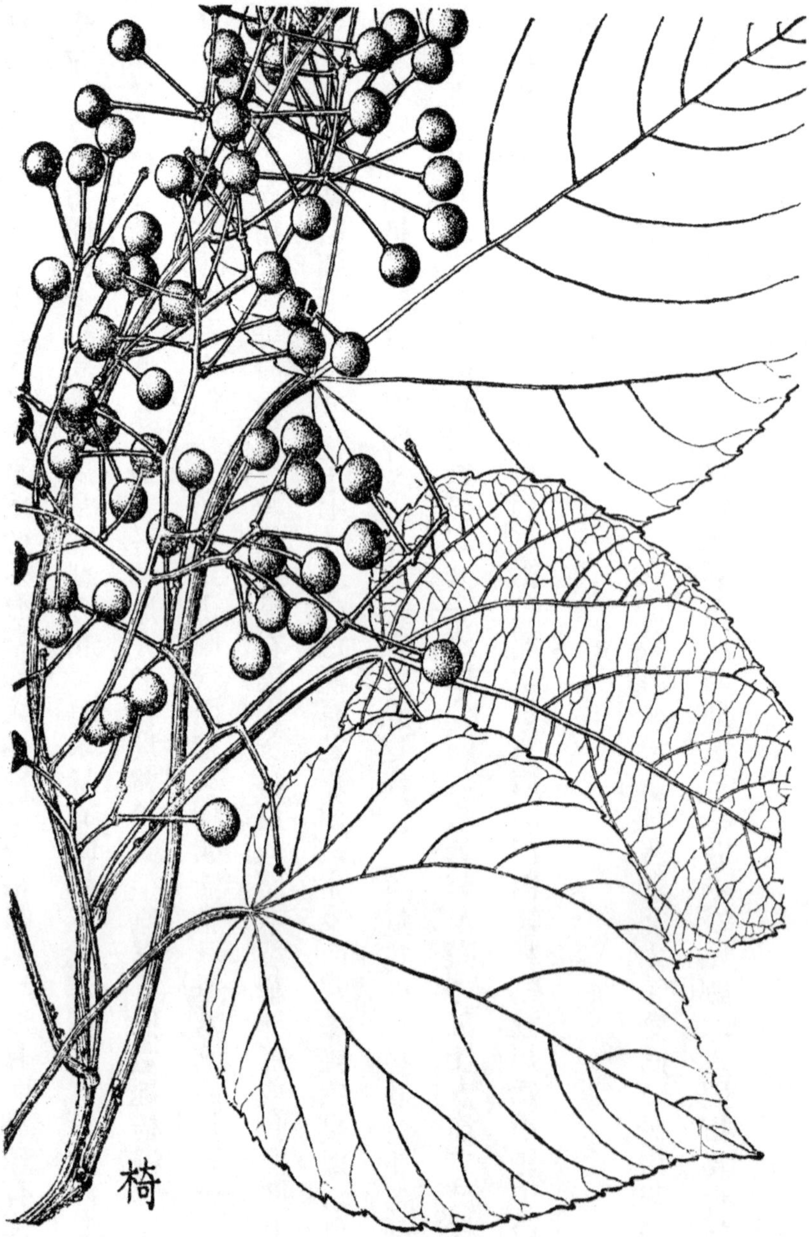

第四十圖

三〇、梓(Catalpa ovata) 紫葳科，華產，即長江以北陝西秦嶺山脈及河南伏牛山脈以南地域而至三峽附近一帶，今北自遼寧南至貴州皆有之，多栽於園邊宅旁，作爲蔭木，牧場用之亦有益。凡平原溼地均能生長，肥沃之壤發育尤良。結實最早，取種宜就壯年之株採之，榦高至一二丈分歧，故用爲行道樹最宜，材質輕軟易施工作，心材灰褐色，可爲傢具箱櫃車輛車盤等，古琴有用此材爲之者。古人宅旁喜與桑併植，以爲養生送死之具，故迄今猶以桑梓名故鄉也。按古時所謂梓實兼楸而言，後世植物分類學興，乃別爲兩種，同是快長，而後者之榦尤高大正直。木材雖不及江南之樟楠，然在空氣乾燥之華北，所產木材堅實耐久，已非其他樹木所能比美，至於談蔭樹者對梓尤不勝欣賞。

三一、青檀(Pteroceltis tatarinowii) 榆科，喬木，樹皮灰色，爲不規則之長片狀剝落，極爲顯著，葉爲螺旋狀排列，卵形，前端爲長尾狀，基部圓形，緣邊有單鋸齒，基部有主脈一對，與中肘齊出，雌花單生於新枝葉腋，花梗上有短毛散生，蕚爲四深裂，披針狀，綠色，有短柔毛，雌蕊三本，亦爲披針狀，果實有圓翅，基部具有長柄，產河北河南山東陝西甘肅安徽江蘇四川貴州等省，木材可製農具，全樹之姿勢佳。

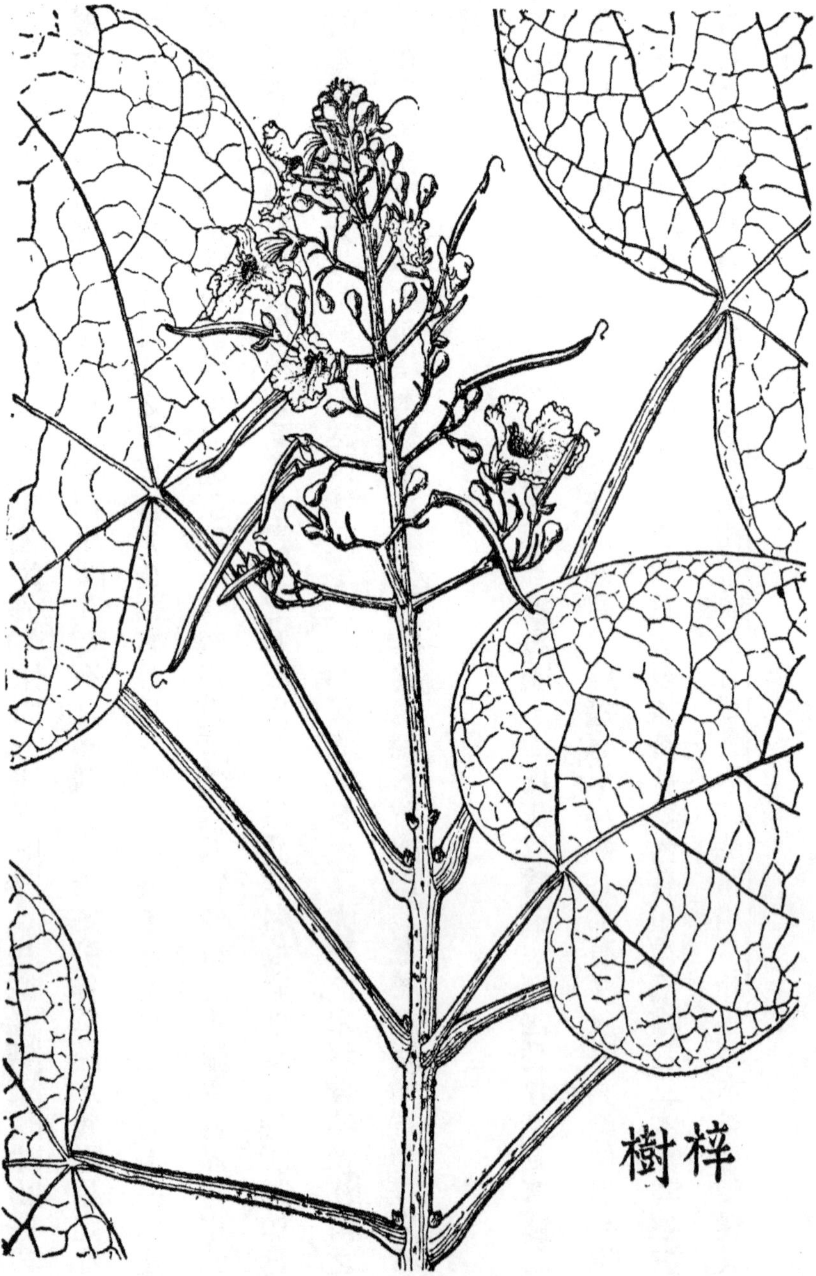

第四十一圖

三二、杜仲(Eucommia ulmoides) 杜仲科，喬木，葉長橢圓形，前端漸尖，基部楔狀，表面平滑，背面在脈上有毛，花與葉同時開放，或先於葉，雄雌花同出於一腋芽，子房一室，果實有翅，內有大形之胚芽，花期四月，果熟期九至十月，四川貴州多產之，湖北宜昌漢中興安俱多見，皮部及葉片均帶銀白色，有彈性之絲爲特別之識別點。

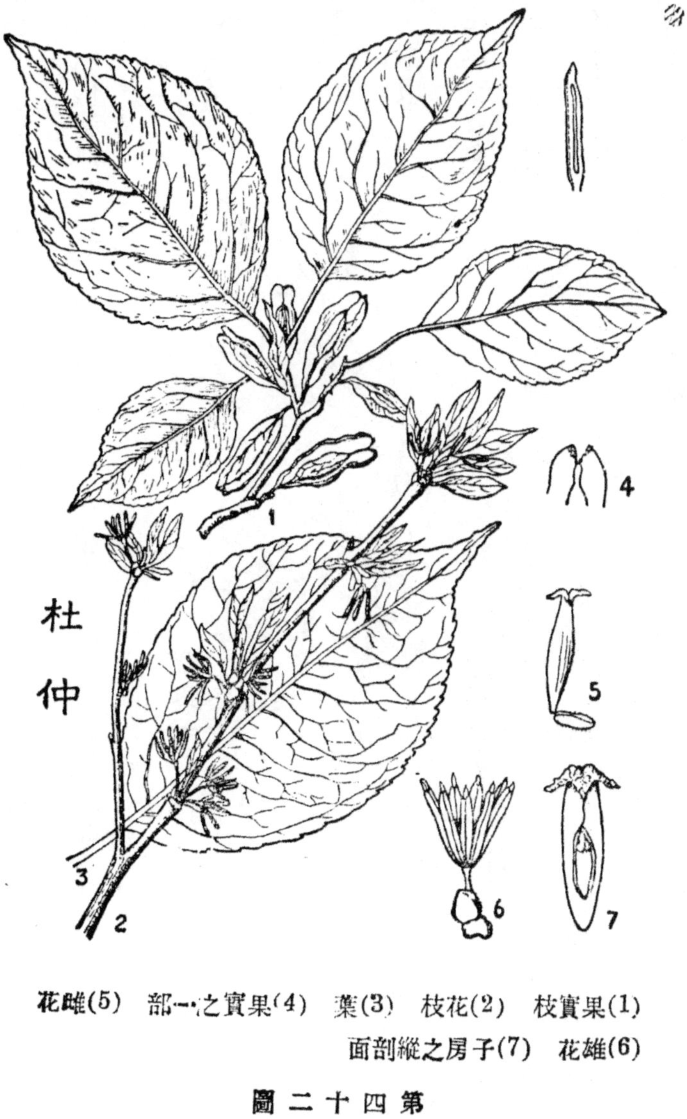

(1)果實枝　(2)花枝　(3)葉　(4)果實之一部　(5)雌花
(6)雄花　(7)子房之縱剖面

第四十二圖

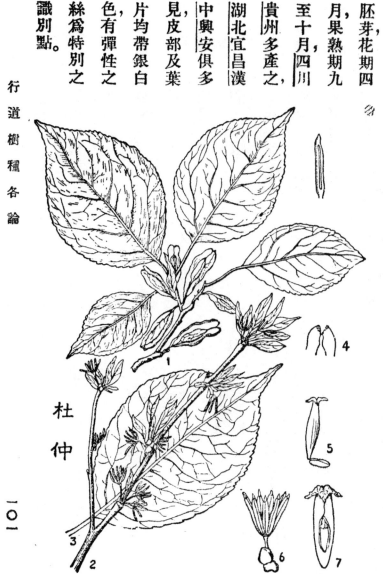

三三、無患子(Sapindus mukorossi) 無患子科，落葉喬木，有抗旱性，栽培於庭園間，高可達三丈，葉互生，偶數羽狀複葉，小葉長卵形，夏月開花，花小帶黃色，雄花八雄蕊，雌花子房三室，圓錐花序，果實略似球形，徑六七分，果皮堅硬，熟時黃茶色，果皮含有鹼質。近人取作除蟲藥劑有效，亦可煎之供洗濯之用，以代石鹼，種子又作佛珠，此樹能作闊路列樹用。因姿勢魁碩，北碚縉雲寺內有大樹二株，木材爲製器具之良材。

三四、檫木（Sas-

檫木

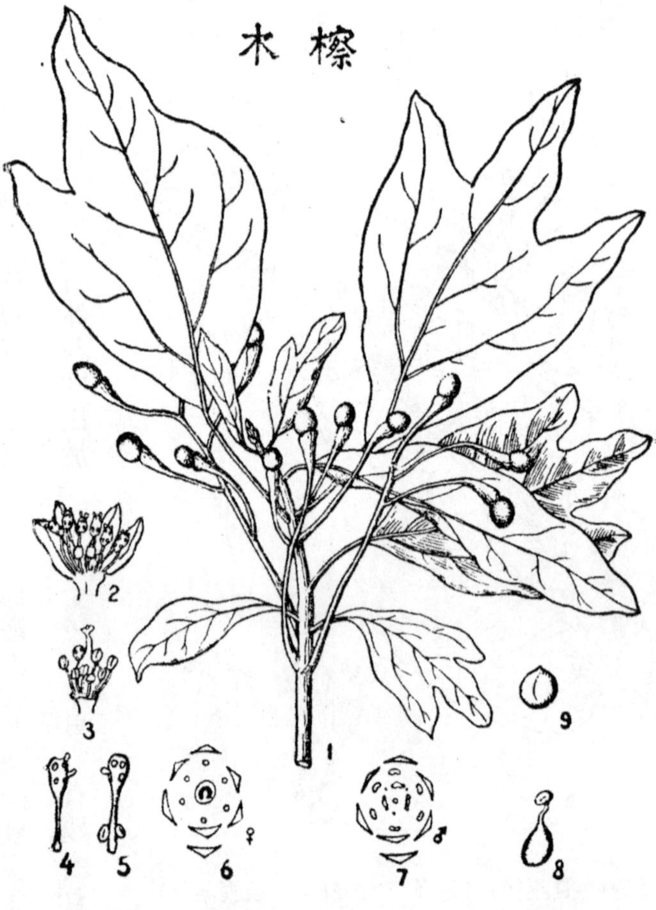

(1)果實枝　(2)雄花之縱剖面　(3)除去花被之兩性花
(4,5)雄花　(6,7)花之模式圖　(8)子房　(9)種子

第四十三圖

safras tzumu)樟科，產浙江江西湖北湖南四川一帶，多在空氣溼潤之山谷森林中，常與金錢松同產一處，性喜深肥而排水良好之砂質壤土，故天然生長者多在傾斜之山坡，是樹爲陰陽中庸之樹種，但葉大如掌，樹榦正直，而枝着生於榦頂，頗合風景樹之姿態，葉有三脈由基部齊出，又其葉片有三裂兩裂或完全不分裂者，三四月間先葉而開細碎之花，黃蕊滿樹，引人觸目。總狀花序，總梗長一寸二至二寸五分，八月實熟，形如樟果，藍黑色而帶有白蠟狀粉末，果柄紅色，是其識別之點。此樹木材黃白色，肌理緻密，條直含有香氣，耐久，能作大建築之梁柱，其材富有彈性，善緊縮，不致水分侵入釘孔，使鐵生銹，中國舢船製造，往往用此木，如爲傢俱箱櫥之屬，則能祛蛀蟲。根系深下，不侵奪表土肥分，落葉多，可增綠肥。榦端直而枝上生，不致遮蓋矮生植物，故浙人善栽於田畔園邊，利用隙地，以長成良材，實計之至善者。果實可榨油燃燈。

三五、糙葉樹(Aphananthe aspera)榆科，樸樹屬，亦曰樸樹，產吾國中部，落葉喬木，葉橢圓形或卵形，葉端尖，緣邊有鋸齒，托葉離生，春月與葉同時出花，花單性，呈淡綠色，雌雄同株，果實爲核果，圓形，蒼黑色，如豆大，有甘味。木材能做器具，葉面糙澀，陰乾之，用以磨擦金屬木材骨角等器，可以代木賊用。

三六、合歡木(Albizzia julibrissin)　亦名馬纓花，豆科，產地吾國本部各處，南自印度以至非洲熱帶均有之。生長速，性能耐沙質土及乾燥氣候，在黃河流域栽植尤宜，現時各省之行道樹多採用之，如北平前門、天津河北公園、南京鼓樓公園等排植道旁，綠蔭可愛。每値盛暑，開紅花如絨簇，極爲美觀。此樹小葉晝間開張，夜間或酷暑之際則相重合，故有夜合歡之名。落葉喬木，葉互生，偶數重出羽狀複葉，小葉無柄，呈刀劍狀，長約三分，闊一分，莢實十月成熟，長三寸，幅五六分，輕小易飛散，種子種皮強韌。此樹混生於沙地松林中，頗有改良土地之效，蓋其根部之根瘤菌能吸收空中之氮素以化成肥料也。

三七、重陽木(Bischofia japonica)大戟科，原產亞洲熱帶，中國南部諸省罕有，惟閩南及廣州一帶隨處野生，翠葉叢密，樹冠優美，堪爲庇蔭之用。昔上海法租界及南京鼓樓公園多有栽之者，此樹特性每從低處抽出歧榦，如做行道樹宜隨時截去歧榦，幼時在苗圃忌霜害，遇之輒將頂芽凍枯，善撫育者將枯頂部截去，用其復發之榦，移栽後樹冠如傘，洵屬難得之風景樹種。

三八、旱蓮(Camptotheca acuminata)　亦曰喜樹，珙桐科，產長江中游諸省，九江赴蓮花洞路旁見之，四川於峨眉山麓頗爲普通，成都重慶附近亦多有，好生於平原及水流處，農家每栽於田埂

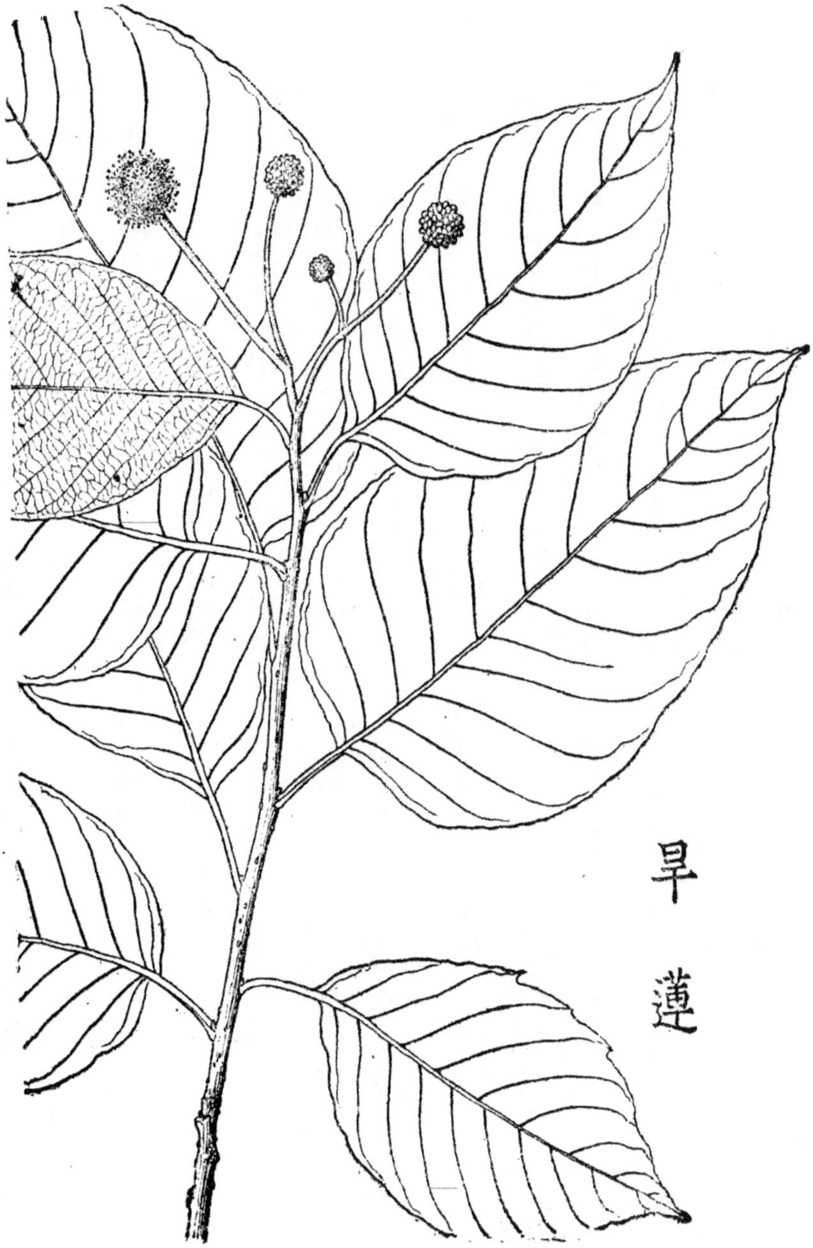

第四十四圖

上爲晾乾稻穗用，此樹可取者爲枝疎及生長快，樹姿端直雄偉，在本產闊葉樹中罕有其匹，雖木材鬆脆，若作爲觀賞樹種，則殊適宜。

三九、五脚樹(Acer truncatum)槭樹科，高達三丈，皮灰有皺裂，新枝綠色，前年生者赤黃色，光滑，葉爲掌狀五裂，片中三裂大小略等，有時再分爲三叉，各裂爲橢圓形，或狹錐形，先端尖銳，全葉基部爲截形，表背均爲綠色，花序繖房狀，頂生，總梗長二寸，果實四至九顆，兩翅長約一寸四分，花期五月，果熟期九月，產河南河北山西山東等省，爲華北最普遍野生樹種，喜陰坡肥潤土壤，生長最良。

四〇、五角楓(Acer pictum)亦名雞爪楓，槭樹科，喬木，樹皮初平滑，老則縱裂，一年生之枝鮮褐色，具有軟毛，葉痕爲細月形，枝梢有冬芽三枚，居中者較大而爲卵形，兩側較小而爲狹卵形，均爲濃紫紅色，多數鱗片包被，葉交互對生，圓狀腎臟形，基部作心臟形，五至七淺裂，各裂片爲卵狀三角形，前端尖，全緣，不具緣毛，繖房花序，出於枝梢，無毛，有多數之花，花雄性與兩性共存而同株，翅果平滑，長約三寸，翅長六至七分，花期四五月，果熟期九月，產東九省及山東。

四一、楠木(Machilus ichangensis)樟科，產廣東福建浙江四川諸省，葉互生，膜質，披針形，有支脈十二至十七雙，葉柄細小；長約四分七釐，花白色，九雄蕊長短不等，漿果球形，前端微突起，徑一分

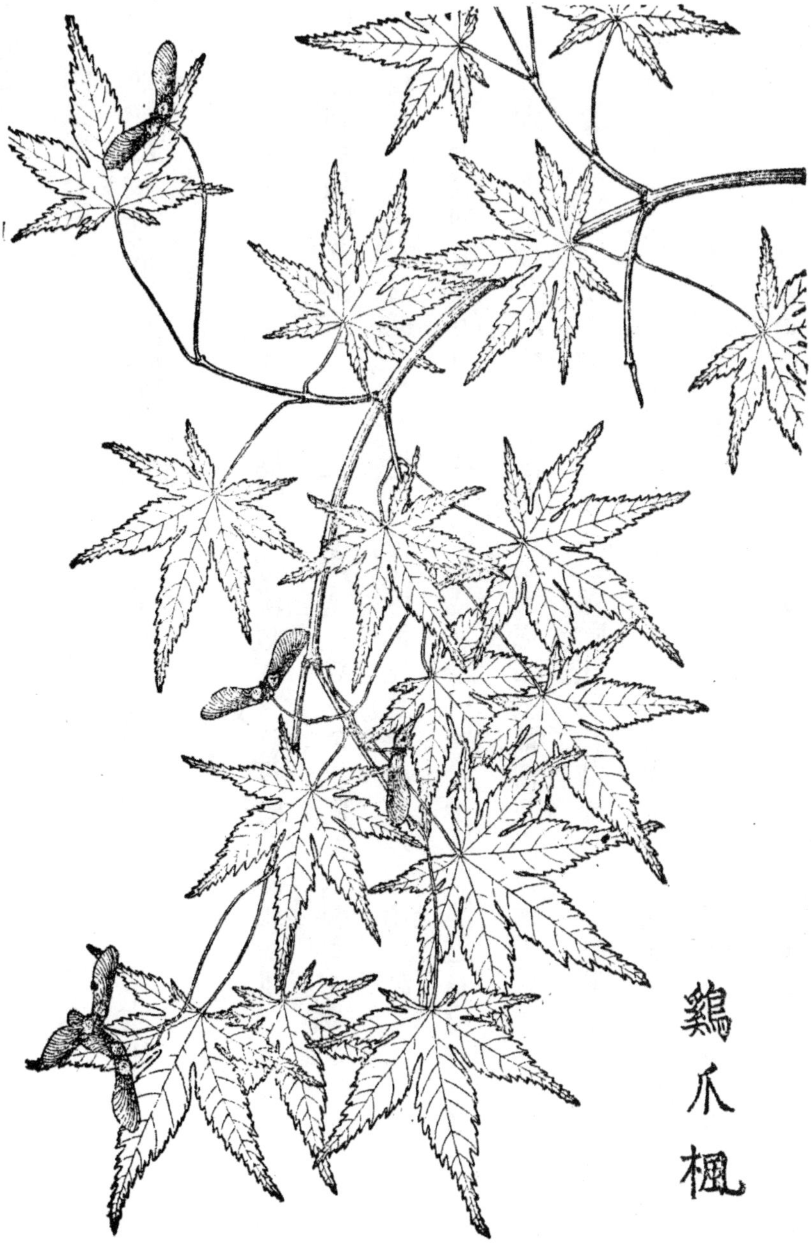

第四十五圖

九至二分二釐色黑而有光澤。

四二、楸（Catalpa bungei）稱木王，紫葳科，產地北自河北，南迄雲南貴州等省，尤以黃河流域爲普通。樹形較梓高大，南京燕子磯二台洞有達十丈者，徐州皇崇峪亦以古楸著名，喜沃壤，能耐帶鹼質地。

四三、欅（Zelkova sinica）楡科，產地温暖兩帶，江浙野生頗夥，湖北及陝西省亦有之，長江下流之冲積平原，常產端直之良材，近漸有用人工造林者。又欅生長良好之處，土中率含石灰質獨多，其生長有關於土宜甚顯著，且有得之則生，否則反是之。致其在自由受光之地，常發粗肥枝條而形成龐大之樹冠，則榦部不免矮短矣。欲得直長之榦，以植於少受夕照之窄山谷中爲佳。我國闊葉樹中能成大材者，推欅及樟，而木質佳，用途廣，尤以欅爲最，常見南京木鋪以「欅木傢具」號召顧客，可見一般人對欅之重視也。按著者在南京經驗，此樹初時慢長，迨直徑數寸，則生長轉速。

四四、烏桕（Sapium sebiferum）大戟科，產地從黃河南及長江流域，以四川貴州湖北湖南安徽河南浙江廣西等省特多。福建江西江蘇廣東次之，臺灣香港亦有產之者。論分布雖及日本印度南部，然油質實遜於華產，故烏桕爲我國經濟樹木，供人利用，有史可稽，已垂千年，齊民要術著有栽

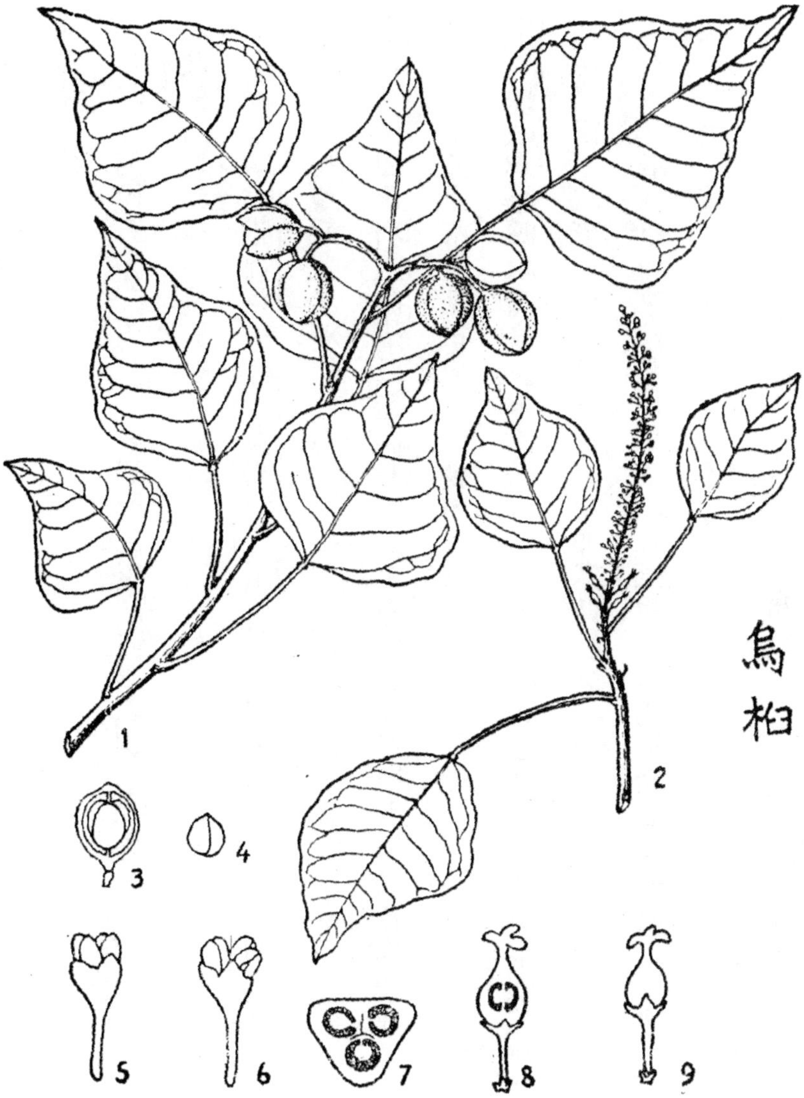

(1)果實枝　(2)花枝　(3)果之縱剖面　(4)種子　(5,6)雄花
(7)子房之橫剖面　(8)雌花之縱剖面　(9)雌花

第四十六圖

培利用之法，今此樹種子榨油每年輸出於歐美諸邦者，不下二千萬斤，其在國內銷額略等，實本產重要樹種之一。

四五、胡桃（Juglans regia）胡桃科，原產温帶，我國中部各省，如河北山西山東河南四省多產之，此外區域尚有被農家樂植以爲副業者，例如湖北四川雲南等處，出產亦有相當數量。考古籍胡桃原產似爲中亞細亞一帶，漢張騫出使西域，攜回秦中，逐漸繁衍，故胡桃之外，在昔復有「羌桃」之稱，今沿長城栽植尤廣，佳種頗多，至由伊朗西移入歐者，凡赤道北五十三度以下，如愛爾蘭之特孛林英格蘭比利時荷蘭以迄瑞典挪威等南境，均有栽植者，但品質均視我產爲劣，雖產自伊朗者亦不及華產之富。故歷年美國市場，對於華產胡桃甚爲歡迎，其由天津出口者，以河北省之永平昌平灤縣昌黎等四縣爲最佳。年值一百數十萬元，而在產區之婦孺倚敲殼工作爲生者，亦達萬人，至木材堅緻不改形，爲製槍杆飛機之用，亦爲此樹之特色。

歐美各國，近年來注重用果樹類栽鄉村行道樹，以助農民經濟，德國多用蘋果樹，美人多用胡桃樹，西美尤盛。

四六、樟（Cinnamomum camphora）樟科，產地爲暖帶及熱帶，我國粵桂浙贛湘川諸省產生較多，浙北則罕見，江西吉安以北亦少見，蓋氣溫不足使然也。

樟宜溼潤肥沃深厚之粘質土及不受寒風之地，其最適應者，爲南向之谷間。樟樹體含揮發性油，爲工業醫藥之原料，世界產樟除吾國外，首推日本，雖近年印度錫蘭，美之福祿尼達及義大利等處，力圖繁殖，含腦油量少，終難與華產比。近來德法瑞士有人造樟腦之發明，日人向吾國收買樟木及禁售樟樹種子於國外，吾國人均應深長思也。

香樟

第四十七圖

(1)花枝 (2)果實枝

四七、桉(Eucalyptus globulus)名灰楊柳，桃金孃科，桉在熱帶無慮四百餘種，已經植物學家

桉樹

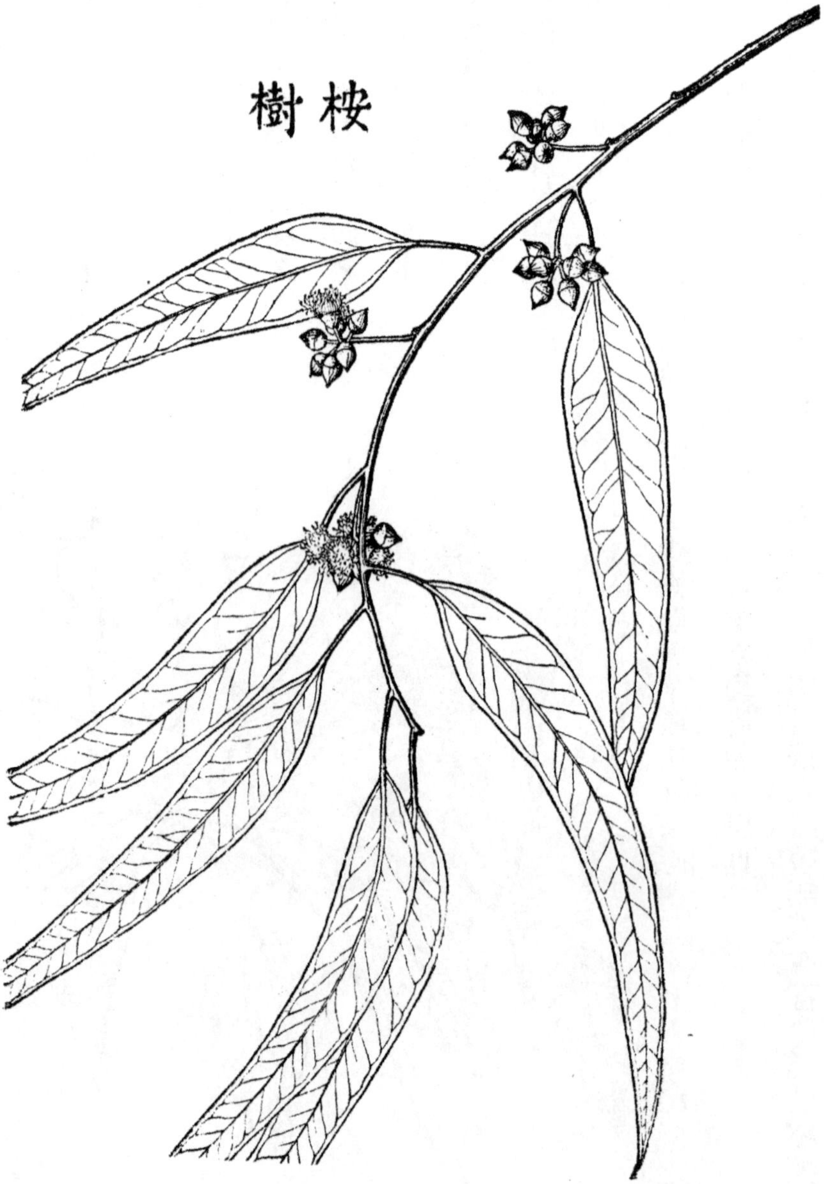

第四十八圖

審定有學名者凡百餘種，吾國桂川滇常見者祇此一種，其生長率及高長，據云在美之加州爲多數快長性樹所不及。此樹葉卵形全邊，每葉腋生一花，雄蕊之數多，木幹挺直，材質緻密堅韌，用途至廣，其效用亦大有差異。英人用之截小方塊鋪路，最耐久，此不過利用之一。按此樹原產澳洲，自英人一七八八年移植歐土，漸傳播至南歐諸國以及美洲，木材之佳，實駕桉樹及山胡桃而上之，爲各種土木建築之用。各國採用此樹作觀賞及防風林者亦夥，因栽植此樹，且有祛除瘧症之效。中央大學森林系化學室曾就渝產之葉試驗，得油百分之一・五，今開國中已成立小面積森林者，只香港之大浦山及從化縣之大嶺山。

四八、鳳凰木(Poinciana regia) 豆科，原產熱帶，印度、馬來等地方多培養之，吾國極南部亦多見，花大，直徑達三四寸，花瓣五片，爲杓子狀，呈緋色，有十雄蕊，萼多肉，外面淡綠色，內部眞赤色，五裂，花梗之長達二寸五分，爲熱帶花木中之最美者，果爲長莢，自樹梢下垂，洵行道樹之佳種也。

四九、橄欖樹 (Canarium album) 亦云欖仁樹，橄欖科，常綠喬木，原產於瓊崖（海南島）及閩粵川諸省，長根性樹種，適於盤巖之地，抗風極強，奇數羽狀複葉，小葉五至六對，長橢圓披針形，葉脈細密不顯，葉柄及小葉柄淡黃，總狀花序，核果卵形，長七八分，無柄，黃綠色，熟則淡黃，核果堅，有六稜，中有三室，各具細瘦之仁。別一種曰黑欖（C. pimela），形態微異，亦是喬木。

五〇、金錢松（Pseudolarix amabilis）松柏科，爲世界造園五名木之一，五名木者，我國之金錢松，北美之世界爺（Sequoia），智利之南洋杉（Araucaria）喜馬拉雅之雪松（Cedrus deodara）及日本之金松（Sciadopitys verticillata）。金錢松外形頗似落葉松，然其球果成熟時自行散落，而落葉松則固着於果軸上，故迥然有異。全世界僅有此一種。昔在江南分布頗廣，世界科學家旅行中國之筆記，鮮不稱道或攝照者，今野生者寥寥，卽種子亦不易採集，苟非從速保護，將卽有絕滅之虞。此樹初無新葉，鮮綠鎰妍，高齡皮脫，雅麗怡目，樹形爲圓錐形，枝葉較疏，陽光直透樹下，適於陰樹及灌木生長。

五一、冬青（Ilex pedunculosa）冬青科，生山地，種子在南京隔年始芽發，常綠喬木，葉互生，卵形，全邊而尖，其質厚而有光澤，夏月開花，花小，白黄色，單性，雌雄異株，其雌花較雄花疏而不密，雄花雄蕊四，與花冠片數同，互生，往往數花相攢簇，果實圓形，如赤小豆大，赤色，又其葉煎汁爲褐色之染料，一名凍青。李時珍曰，凍青亦女貞之別種，但以葉微團而子赤者爲凍青，葉長而子黑者爲女貞，此爲二樹之識別點。

五二、水青杠(Fagus longipetiolata)日人稱椈，或山毛櫸，英人稱 Beech，殼斗科，落葉喬木，北半球溫帶共產九種，中國西部發見三種，吾國產地從湖北西部湖南四川貴州至雲南一帶，此樹陰性，時與陽性櫟槲及其他落葉樹共生一處，樹冠龐大，枝葉暗密，能阻乾風炎日，且落葉量多，有增厚地力之大效。故林內如多此樹，則餘樹亦能生長良好，北歐諸國用其木材爲造船槍托器具柄鐵道枕木等用材，樹皮則可供魚網染料，果實有香味，可炒食，並可榨油以燃燈。

五三、見風乾(Carpinus turczaninowii)樺木科，亦屬陰性，產地從山西陝西山東河南以至東九省等處，葉小橢圓形，先端尖，最大者長一寸五分，闊九分，葉脈十至十二雙，葉裏側脈上有剛毛，五月開花，八月實熟，果苞爲卵形，木材可爲農具及薪炭用。另有二種：一曰鵝耳櫪(C. cordata)，二曰千筋榆(C. forgesiana)，同爲落葉喬木。

五四、棠梨(Pirus betulaefolia)薔薇科，山林處處見之，樹似梨而葉邊皆有鋸齒，色頗黲白，二月開花，一樹盡白，美麗無匹。結實如小楝子大，霜後可食，嘗見大樹於鄉野道左，花綻時滿樹如雪，實奇景也。

五五、山茶樹(Thea japonica)山茶科，陰性樹，中國產，計有若干種，此種常綠喬木，葉長橢圓形而尖，質厚有光澤，互生，春月開花，花大，花瓣美麗，有大小紅白斑，單瓣複瓣之別，雄蕊頗多，子房平滑，果實爲蒴果，秋末成熟，則裂開，種二三粒，此樹旣合觀賞用，木材供細工之原料，種子可榨油。

五六、油桐 (Aleurites fordii) 大戟科，此種雖爲經濟植物，但山野普通生長，葉大，花美，確是鄉村採果樹類之一佳種。同時鄉社地方，亦可倚之爲行道樹或風景樹，如湘桂川黔諸省氣候，尤合此樹之栽培，並不有藉於剪截。

五七、巴豆 (Croton tiglium) 大戟科，原產東印度，而巴蜀多見。常綠小喬木，樹冠圓滿，幹部光直，葉卵形而尖，其基腳有二蜜腺，花小，各花叢之上部自雄花成，下部自雌花成，果實乾燥時裂開以散出種子，其種榨出之油，內用爲瀉下劑，性頗猛烈，外用爲皮膚之引炎藥，見本草經。

五八、山茱萸(Cornus officinalis) 亦曰四照花，山茱萸科，落葉喬木，葉卵形而尖，對生，花小黃色，花瓣四枚，雄蕊與花瓣同數，互生，又有總苞，暗色，春月先葉而開花，數花集生，果實赤色，橢圓形，味甘酸，確爲供觀賞之植物。

五九、紫薇 (Lagerstroemia indica) 亦名百日紅，千屈菜科，原產東印度，落葉喬木，樹皮滑澤，葉卵形或橢圓形，全邊，對生或互生，夏月梢上滿開花，如穗狀花，紅紫色，洵觀賞之豔品也。

六〇、李（Prunus communis）薔薇科，雖屬庭園果樹，花盛開時，增益山野風景，農家副產亦有所裨助。葉長卵形，花帶花梗，常三花相集生，類似海棠，果呈赤色，有光澤。

六一、海棠（Pirus spectabilis）薔薇科，落葉小喬木，又曰垂絲海棠，葉長卵形或長橢圓形而尖，有鋸齒，其嫩者微帶赤色，春月與新葉共出長梗著花，其蕊朱赤，結小圓實，爲觀賞用。

六二、杏（Prunus armeniaca）薔薇科，原產蒙古，各省栽培甚廣，花似櫻而葉及花又酷似梅，其與梅相異者，杏之果實肉部易與核分離，梅之果實肉部密着於核上是也，葉廣橢圓形或卵形而尖，春月次於梅而開花，花瓣五片，帶紅白色，果實爲核果圓形，熟則呈黃色，又將種子加水蒸餾製成杏仁露，用爲鎮痙藥及止咳劑，木材可供器具及種種用。

六三、碧桃（Prunus persica）亦曰絳桃，薔薇科，原產中國，各國亦栽培甚廣。葉披針形，如長橢圓狀，有鋸齒互生，春月與李同時開花，花瓣呈紅白紫等色，在單瓣花者曰桃花，冠自五瓣成；重瓣者亦不少雄蕊之花絲下部曲於內面，上部則曲於外面，其數甚多。雌蕊一枚。花梗極短，果實爲核果，外面生長，夏月成熟，碧桃每每不結實，此樹專供觀賞之用。本草云：絳桃千瓣，花如剪絨，比諸桃開遲而色可愛，花時特長。

六四、紅梅(Prunus mume)薔薇科，小喬木，每有綠蕊者，產於暖地，葉廣橢圓形或卵形，有尖端，緣邊多鋸齒，早春先葉開花，香氣甚高，花梗極短，萼紫絳色或綠色，下部連合爲筒，上部五裂，花冠五瓣，色有白淡紅紅等之別，亦有重瓣者，雄蕊甚多，雌蕊一枚，果實核果，木材色紅而堅密，可爲櫛及算珠等之用，川產者之花，稍與長江下游之紅梅異致。

六五、棕櫚(Trachycarpus excelsa)椰子科，產地不必在熱帶，而暖帶多產之，且因人工栽培，展至溫帶，高可達三十餘丈，直徑六至八寸，但生長不甚迅速，在四川野生者多見，發育亦快，有用爲列樹者，例如重慶之南開中學，頗覺雅觀，葉分裂如掌，樹幹有苞毛，如竹籜，俗稱棕皮，每月成一片至二片，每年可收十餘片至二十片，以供製造繩網地氈牀褥毛刷及農人簑笠等雨具之用。種實每爲鳥類所嗜食，根細而爲淺根性，喜粘土肥沃適潤之處，但在風強之沙土上，往往爲風吹折，屬陰性植物，能耐庇陰，暖帶地方以之代行道樹甚佳。

六六、山楊(Populus tremula var. davidiana, Schneid)楊柳科，喬木，樹幹細長挺直，枝細長合爲球狀或卵形之樹冠；樹皮光滑，帶灰綠色，小枝黃褐色，有光澤，圓柱形，多年生枝青灰色。葉形頗多變，大略爲三角形，基部平圓形或楔形，前端尖，邊緣有不規則鋸齒，葇荑花序，三四月開放，苞掌狀分裂，邊緣密生有長細毛，雌花之花盤爲狹長漏斗狀，口緣有毛，柱頭分裂，分布於湖北四川山西河南河北至東九省一帶，木材呈暗白色，輕軟而富有彈性，割裂自如，可爲箱桶板，木靴，製紙原料，火柴桿，轆轤細工等用。

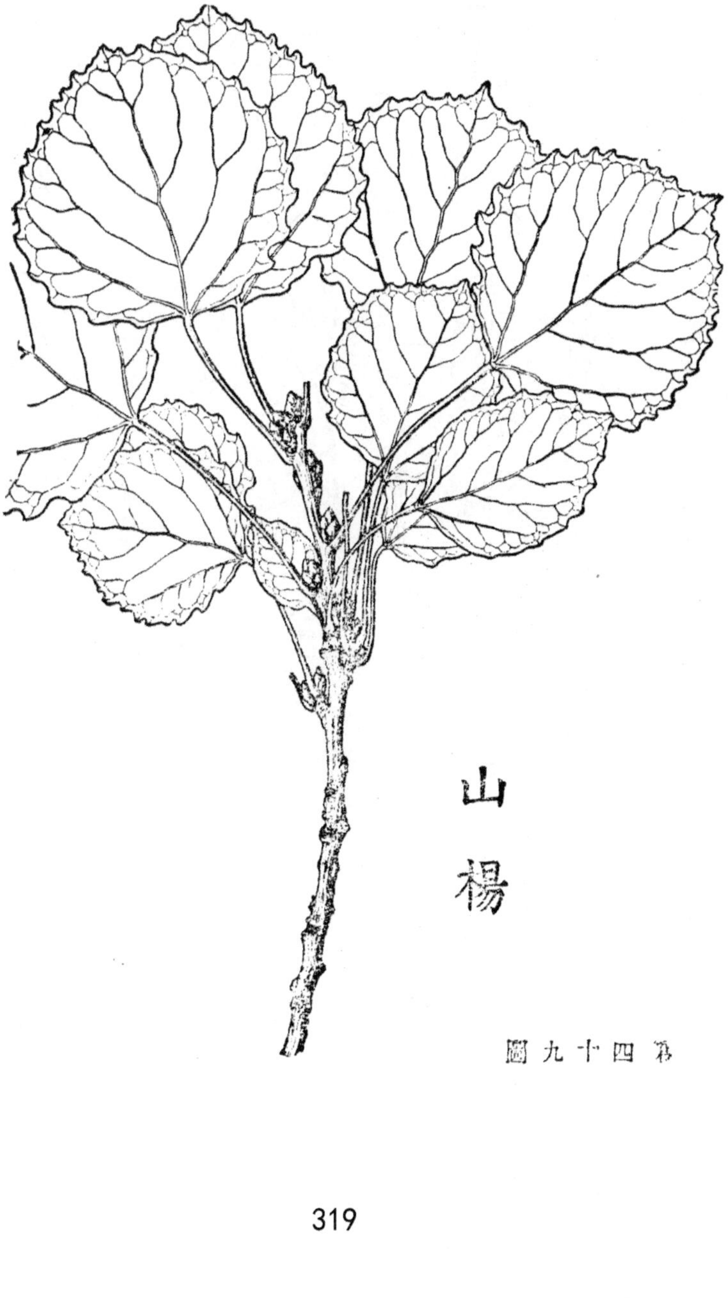

山楊

第四十九圖

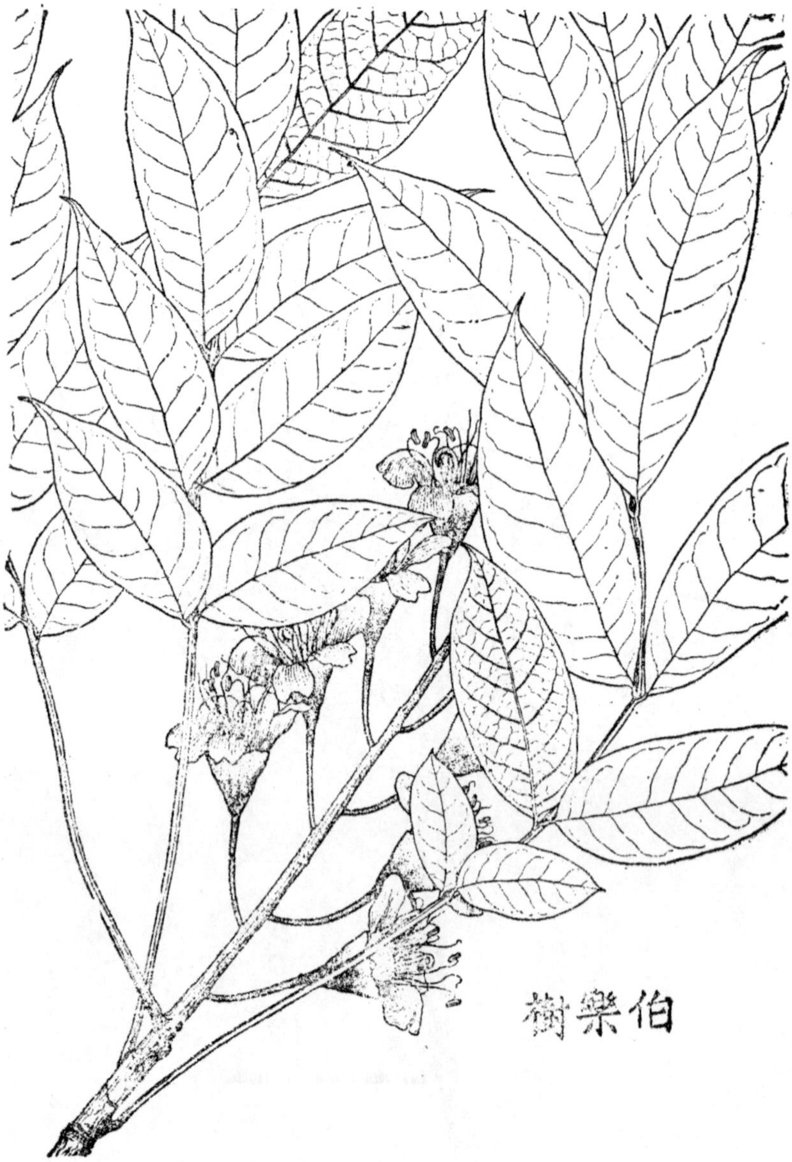

伯樂樹

第五十圖

六七、伯樂樹(Bretschneidera sinensis Hemsl) 七葉樹科，落葉喬木，小枝粗肥平滑無毛，葉近革質，奇數羽狀複葉，小葉七至十五枚，形大而爲長橢圓卵形，前端短而漸尖，基部圓形或有時偏斜，全緣，表面綠色有光澤，花粉紅色，徑約九分；頂生總狀花序，萼鐘狀全緣；花瓣五片，長橢圓狀卵形，離生；雄蕊五至九本，內向花絲長，果實紅色，爲木質蒴果，產貴州、雲南、湖南等省。

六八、油桉(Eucalyptus citriodora, Hook) 桃金孃科，喬木，幼時樹皮灰褐色，至長大一年脫皮一次，皮脫後甚光滑而爲青白色，葉綠褐色，披針形，平滑無毛，花白色，爲腋生繖形花序，萼筒倒圓錐形，着生於子房；萼之裂片及花瓣合生爲蓋，雄蕊多數，果實蒴果，葉之香氣强，用以製油，木材堅韌爲枕木之良材，原產澳洲，現我國閩粵蜀滇等省均栽植之。

六九、空桐樹 (Davidia involucrata) 梎薩木科，喬木，樹形端整；枝向上斜生，全體成一圓錐形；枝平滑，葉廣卵形，前端尖，基部爲心臟形，邊緣有鋸齒，表面鮮綠色，頭狀花序着生於短枝上；苞二，或罕爲三枚，對生，卵形或長橢圓狀倒卵形，開花時滿樹如羣鴿棲止，奇特美麗，歐美有『中國鴿子樹（Chinese dove tree)』之稱，自在中國發見以來，歐美植物家園藝家常不憚艱險，深入川鄂內地以求種者。

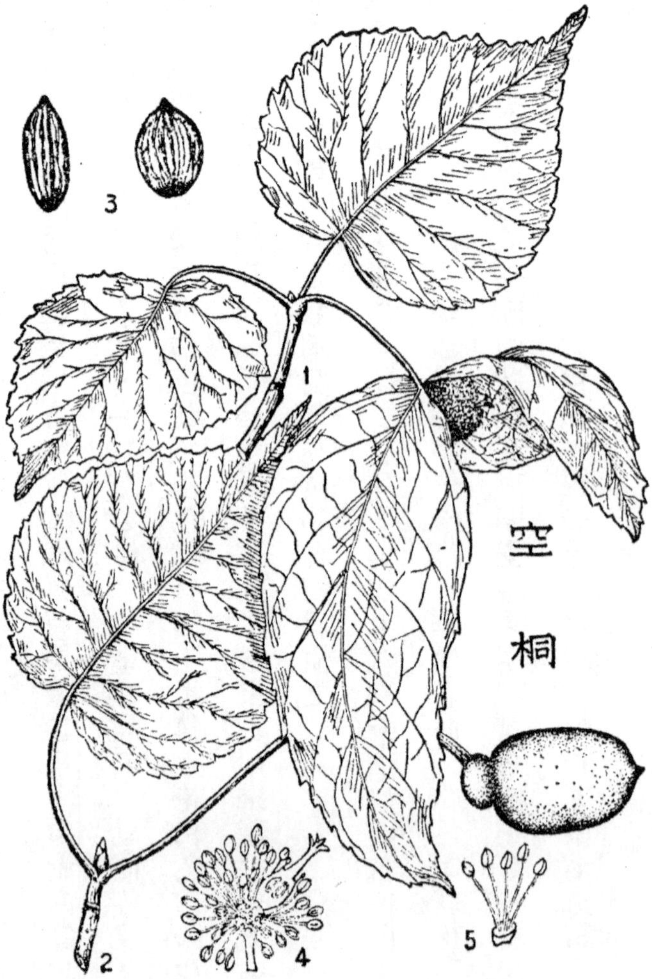

(1)花枝　(2)果實枝　(3)種子　(4)花序　(5)雄花

第五十一圖

七〇、交讓木（Daphniphyllum macropodum）大戟科喬木，可達四丈。常綠性，惟至翌春新葉開發時，則全凋落，故有「交讓」之稱。葉互生而叢集於梢端，全緣，橢圓形，葉長四至六寸，寬一二寸。

此樹幼生稍速，惟在乾燥地略緩，產浙江湖南湖北四川等省。爲觀賞之珍品，植之鄉野道中尤適宜。

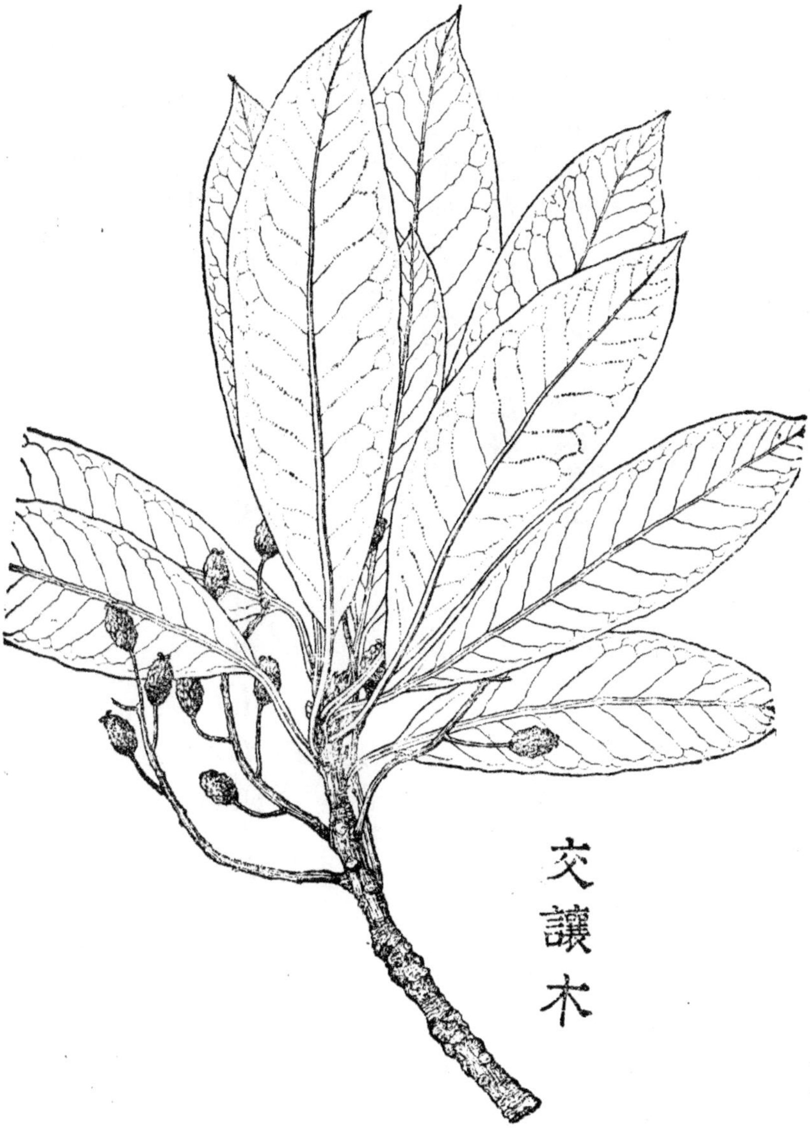

第五十二圖

問題

一、試舉下列各樹種之異同：

（一）槐與刺槐；（二）南京白楊與銀白楊；（三）欒與無患子；（四）五腳樹與五角楓；（五）梓與楸。

二、國產樺及國產泡桐各有幾種？

三、試舉下列各科適於行道樹者各五種：

（一）榆科；（二）大戟科；（三）薔薇科。

四、試舉適於觀葉、觀花、觀果之行道樹各五種。

第十三章　行道樹之管理

吾人對於普栽行道樹，固知不可無負責之管理者及保護規則，此項部分之行政最難循諸個人意旨因見解將至紛歧而不獲一致，妨礙進行。必也由省建設機關及市政機構任用技術人員獨立或附屬於市工務機關，以發揮其謀猷，推行其計畫，而尤以注意樹之衛生及病蟲害之防除，非芸芸編氓之所能自動處理也。從西國經驗言之，此項人選與名額不當爲義務職，亦不當數數更易，須經地方立法機關通過，而任期至少爲三年。

行道樹規章，最初係一八五四年美之馬薩諸塞(Massachuseets)省通過一種行道樹管理法，由是他省仿效，對於行道樹之栽培與保護，咸三致意焉；一八九三年，其紐介綏(New Jarsey)州所訂尤加周詳，至一九〇七年則有賓夕法尼亞(Pennsylvania)州引伸而擴大之，可謂蔭樹植街之先驅者。

美國保護蔭樹以紐介綏爲最早。溯自一六七六年，其地方市政公會卽議決：凡毀傷行道樹皮者，每一株罰十先令。迨後馬薩諸塞省對於行道樹損害，則由法庭科罰鍰五至十五元不等，一次紐約某煤氣公司因煤氣管損壞危害行道樹四株，法庭罰鍰一百五十元另一次在堪薩斯（Kansas）城，其電話公司之線路工，擅將一株行道樹頭砍伐則罰鍰二百元，又一次紐約某建築公司因行道樹一排被毀亦罰鍰五百元未幾某鐵路公司因電流觸行道樹立被焚斃，旋罰鍰五百元等等之類者，不可勝述。

吾人厲行管理時，亦當仿行美制，凡遇大都邑必選聘一路樹管理員，或小區域聯合三五處地方設一聯合會合聘一路樹管理員，對於一切違犯警章及摧毀蔭樹者當訂定各種罰則，例如毀樹及扶杜釘傷樹本等者，悉應取締，至若傾撥油液鹽水染料有害植物之液體等於根部者處罰，又若動物之牛羊驢馬嚙食樹皮，煤氣之毒害根株等，皆應妥爲防護者也。

問　題

一、管理行道樹必須設置專職者何故？

二、管理行道樹最應注意之事項若何？

S

Sabia japonica 清風藤
Salix babylonica 垂柳
Salix sp. 柳
Sapindus mukorossi 無患子
Sapium sebiferum 烏桕
Sassafras sp. 薩沙富拉斯
Sassafras tzumu 檫
Scandinavia 斯堪的那維亞(地名)
Scarlett oak 赤櫟
Sciadopitys verticillata 金松
Sequoia sp. 美產松之一種
Sophora japonica 龍爪槐
Spot gall 蟲瘿
Sterculia platonifolia 梧桐
Sycamore 歐產篠懸木之别稱

T

Taxodium dislichum 落羽松
Taxus chinensis 紅豆杉
Tecoma arandiflora 凌霄
The Forester Vol. I林學者原著卷一
The trees of Great Britain and Irland 英國樹木誌
Thea japonica 山茶樹
Thuja orentalis 側柏
Thuja Plicata 側柏
Tilia americana 菩提樹
Tilia argenntea 菩提樹
Tilia dasystyla 菩提樹
Tilia glabra 菩提樹
Trachycarpus excelas 棕櫚
Tree Planting on Streets and Highways 行道樹
Trimming 整委
Tsuga canadensis 鐵杉
Tsuga chinensis 鐵杉
Tsuga yunanensis 雲南鐵杉
Tussoch moth 食葉蛾之一種

U

Ulmus americana 白榆
Ulmus campestris 歐產榆
Ulmus pumila 白榆
Ulmus sp. 榆

V

Vitis vinifera 葡萄

W

W. F. Fox 伏克司(人名)
Webster 衛浡司透(人名)
White oak 白櫟
Willam Solotaroff 沙洛特樂夫(人名)

X

Xanthoceras sorbifolia 文冠果

Z

Zelkova sinica 櫸

New Jersey 紐介綏(州名)
Nisbet 力斯敗特(人名)

O

Ormosia semicastrata 紅豆樹
Osmanthus frugrans 木犀

P

Paulownia duclouxii 紫桐
Paulownia forgesia 泡桐
Paulownia forlunei 白桐
Paulownia lomenlosa 泡桐
Paulownia sp. 泡桐
Pennsylavania 賓夕法尼亞(州名)
Pharnetis hederacea 牽牛子
Photinia serrulata 石楠
Picea sp. 雲杉
Pin oak 櫟之一種
Pinus laricio 奥產松
Pinus massoniana 馬尾松
Pinus silvestris 蘇島松
Pirus betulaefolia 棠梨
Pirus spectabilis 海棠
Platanus occidentatis 歐產篠懸木
Platanus orientalis 篠懸木
Poa acuna 早熟禾
Poa compresia 加拿大青草
Poa nemoralis 牧草
Poa pratensis 金托青草
Poa trivealis 禽草
Podocarpus macrophylla 羅漢松
Poinciana regia 鳳凰木
Populus alba 白楊
Populus deltordes 白楊
Populus italica 義大利白楊
Populus simonii 南京白楊
Populus tremula 白楊
Populus tremula var. dividiana 山楊
Pruning 修枝
Prunus armeniaca 杏
Prunus commanis 李
Prunus mume 紅梅
Prunus persica 碧桃
Prunus pseudo-cerasus 山櫻
Pterocarya rhoiforia 澤胡桃
Pterocarya stenoplera 楓楊
Pteroceltis tatarinowii 青檀

Q

Quamoclit vulgaris 蔦蘿
Quercus bicolor 櫟
Quercus coccinea 橡
Quercus palustris 橡之一種
Quercus prinus 櫟之一種
Quinaria tricuspidata 地錦

R

Red oak 赤櫟
Rhode I. 羅島(地名)
Robinia pseudo-acacia 刺槐

Gladitsis triacanthas 美產槐
Gordonia sinensis 山枇花
Grant 格蘭特(人名)
Gymnocladus canadensis 美產皂角樹之一種
Gymnocladus chinensis 皂角樹
Gymnocladus divieus 皂角樹

H

Hard maple 楓之一種
Hardy catalpa 黃金樹之別稱
Hedera helix 常春藤
Henry 亨利(人名)
Honey locust 美產槐之別稱
Hovenia dulcis 枳椇

I

Idesia polycarpa 椅
Ilex pedunculosa 冬青
Indiana 印第埃那(地名)

J

Juglans regia 胡桃
Juglans sp. 胡桃
Juniperus chinensis 圓柏

K

Kansas 堪薩斯城
Kentucky coffee tree 康德陔咖啡樹
Koelreuteria paniculata 欒
Kraunhia floribunda 紫藤

L

Lagerstroemia indica 紫薇
Larix europaea 落葉松
Lazenby 訥杉伯(人名)
Liquidambar formosana 楓香
Liquidambar styraciflua 蘇合香
Liriodendron chinensis 鬱金香
Liriodendron tulipifera 鵝掌楸
Lonicera japonica 金銀花
Lonicera sempervirens 忍冬
Lover of swamps 嗜溼樹種

M

Machilus ichangensis 楠木
Magnolia acuminata 玉蘭
Magnolia liliflora 木蘭
Magnolia sp. 玉蘭
Massachusetts 馬薩諸塞(州名)
Melia azedarach 苦楝
Melia japonica 苦楝
Menispermum davuricum 蝙蝠葛
Michigan 密威根(州名)
Mildon 密爾登(人名)
Morus sp. 桑

N

New England 紐英倫(地名)
New Heaven 紐海芬(地名)

Carpinus cordata 鵝耳櫪
Carpinus forgesiana 千筋榆
Carpinus turczaninowii 見風乾
Catalpa bungei 楸
Catalpa ovata 梓
Catalpa speciosa 黄金樹
Cedrus deodara 喜馬拉雅杉
Celtis davidiana 青朴
Celtis occidatalis 朴
Celtis sinensis 朴
Celtis sp. 朴
Charlotte 夏羅德(城市名)
Chinese dove tree 中國鴿子樹
Cinnamomum camphora 樟
Cladrastis lutsa 懷槐
Coroline popler 白楊
Corsican pine 歐產松
Cornus florida 山茱萸
Cornus officinalis 山茱萸
Crataegus sp. 山楂
Creosote 甲酚
Croton tiglium 巴豆
Cryplomeria japonica 柳杉
Cumberland 昆布蘭
Cupressus funebris 瓔珞柏
Cynodon dactylon 狗牙根草

D

Daphniphyllum macropodum 交讓木
Davidia infolucrinea 空桐
Digitania sanguinea 馬唐

E

Elensine indica 蟋蟀草
Elm city 榆城(紐海芬之別稱)
Elwes 埃耳威斯(人名)
Eucalyptus citriodora 油桉
Eucalyptus globulus 桉
Eucommia ulmoidus 杜仲
Evonymus patens 蔓性衛矛
Evonymus radicans 爬牆虎
Evonymus radicans var. orgentes margenata 白邊爬行衛矛

F

Fagus longipetiolata 水青杠
Ficus foveolata 木蓮葛
Ficus pumila 薜荔
Ficus thunbergii 小薜荔
Firmiana simplex 梧桐
Fraxinus americana 白蠟樹
Fraxinus pubinervis 梣

G

Ginkgo biloba 銀杏
var. fastigiata 銀杏之一變種
var. macrophylla 銀杏之一變種
var. pendula 銀杏之一變種
var. triloba 銀杏之一變種
var. variegata 銀杏之一變種

附錄　英漢名詞對照表

A

Abutilon avicennae 商麻
Acanthopanax ricinifolium 刺楸
Acer barbatum 砂糖槭
Acer henry 三角楓
Acer negundo 楓之一種
Acer palmatum 雞爪楓
Acer pictum 五角楓
Acer pseudo-platanus 歐產楓
Acer platanocides 挪威楓
Acer rubrum 丹楓
Acer saccharium 砂糖槭,白楓
Acer trancatum 五腳楓
Aesculus chinensis 七葉樹
Aesculus hippocostanum 七葉樹
Agrostis balustris 爬根草
Agrostis danina 絲絨草
Agrstis copillaris 殖民草
Agrostis species 蘆草
Agrostis stanifera varieties 德國草
Ailanthus glandulosa 樗
Albizzia julibrissin 合歡木
Aleurites fordii 油桐
Alnus sp. 榿木
Ampelopsis hilerophylla 蛇葡萄
Aphanonthe aspera 糙葉樹
Appalachian mountains 阿帕爾幾山
Araucria 南洋杉

B

Basswood 椴木(菩提樹之一種)
Beech 山青杠之英名
Betula 樺
Betula alba-sinensis 紅樺
Betula himinifera 光皮樺
Betula japonica 白樺
Betula nigra 樺木
Bischofia japonica 重陽木
Bretschnoidera sinensis 伯樂樹
Buchey Park 柏須公園
Buckeye 七葉樹屬
Bordeaux mixture 波爾多液

C

Campsis radicans 美國凌霄
Camptotheca acuminala 旱蓮
Canarium album 橄欖樹
Canarium pimela 黑欖
Carlisle Park 卡來兒公園

行道樹

張福仁 編

商務印書館
民國十七年

張福仁編

市政叢書

行道樹

商務印書館發行

行道樹目錄

行道樹

總論

義。解。行道樹也者，乃沿道路兩傍，依一定之距離而栽植樹木之謂也。英謂 avenue of tree 德曰 Alleebaume 其在歐美流傳至廣，考諸我國，則列樹表道，古有良規，史記秦始皇紀，二十七年，賜爵一級，治馳道，應劭曰，馳道天子道也，道若今之中道然。漢書賈山傳曰，秦爲馳道於天下，東窮燕齊，南極吳楚，江湖之上，瀕海之觀，畢至，道廣五十步，三丈而樹，厚築其外，隱以金椎，樹以青松。閩志載蔡襄爲閩部使者，夾道種松，以避炎熱，人至今賴之，然則行道樹之於我中國，由來舊矣。

目的及效用

行道樹因其枝葉張展，足以庇蔭道路，清鮮路面，既使行人受涼爽之感快，復有美化道路及其附近風致之效。此外於人類之衛生，木材之利用，路堤之保護上，其功用之大，更有不堪枚舉者。

彼如勞疲之旅人，烈日之下，如灼如焚，驟入樹蔭，綠蔭涼爽，又如油然作雲，沛然下雨，則行旅商賈，就樹相躲，大雪瀰漫，舉目渺茫，則行道樹爲絕好道標或防風森林，其效豈不大哉。若夫街市之行道樹，何啻臻美風致，庇蔭行人，其於清新空氣，緩和風力，制塵埃之飛騰，節氣候之劇變，功效之大，久爲世人所公認，故吾人廁身歐美都會，見其道路廣闊，市肆整潔，樹木繁茂，綠蔭繽紛，不覺心曠神怡，塵囂頓忘，幾不辨其爲山林城市，與城市山林也。顧環視吾國所謂大都會也者，乃閭巷污穢，房舍狹隘，人語馬嘶，叫囂終日，藏垢納污之處，觸目皆是，而病菌孳乳，乃爲癘疫之媒，較之歐美之街市現象，豈可同日而語哉。夫相人者入其室，見其衾褥不整，椅榻亂錯，書案狼藉，知其人之必惰，升其堂，見桌椅塵封，窗櫺不全，童遺徧地，鼠矢盈寸，知其家之必敗，覘國者人其境，見房屋倒塌，道路不治，閭巷穢濁，知其國之必衰，嗚呼，吾國之所謂都會者，其景象乃如彼，寧非國家之羞辱耶。

第一編　街市行道樹

街市行道樹者，乃行道樹之植於街市地方者之謂也，比諸他類行道樹，生長困難，危害尤多，故其保護撫育，務宜鄭重。夫以我國街市之建築物，其美觀雄壯，當不能與歐美之都市相抗衡，必也利用各色樹木，點綴裝飾，則雖舊屋殘街，頗具緻趣，故余以爲不欲改良我國都會（鄉村亦然）則已，苟以都市足以代表國家之文明，而亟欲改良之者，則擴大道路，加高建築，浚治河流，固不可一日少緩，而栽植樹木，尤屬要圖，夫闊道路所以利交通，高建築所以容居民，浚河流植樹木乃以重衛生增風景，況事輕而利溥者，非尤以我樹木爲然乎，此街市行道樹之所以必要也。

第一章　街市樹木之效用

都市之成立，往往起於通商上有特種便利之處，如彼礦山相近，事業家會合便利，貨物廉價製出之地，或港灣河口，商品集散容易之所，皆足以成立都市。而人類之移居於都市，其始也祇求生活適當，一切固有之天然狀態，不惜破壞毀棄，旋因人口增加，市區隨之擴大，於是井然街市，遂逐漸形成，日益發達。

在任何民族，當草創時代，皆仇視森林，因砍伐太煩，繼以焚燬，當是時也，地曠人稀，而森林轉擅天然之惠，千里蒼翠，一若取之不盡，用之不竭，庸知樹木之缺乏，有如今日之甚哉。顧都市之建設，亦同斯病，蓋今日之都市，乃往時之森林地，當時不知保存原有森林，以爲異日之公園或遊覽地用，乃於森林絕滅之地，欲爲捲土重來，再事栽植之計，豈不惜哉。

西曆一千九百〇九年一月三十一日，美國芝加哥（Chicago）市，曾開植樹會議，法蘭克馬克微氏（Franklin Macveagh）謂芝加哥地方，當初純係美壯樹林，現今繁華之街市，即往時之大森林地云云。此類現象，豈僅芝加哥爲然哉。

且夫都市，因社會之發達，物力之增進，教育之普及，旅行之盛行等，已不僅為工商業之集合點，轉為人衆四時往來遊樂之場矣。故近代街市之衛生法，清潔法，以及家屋交通機關等各種方面，進步發展，不遺餘力，例如公園遊覽所，亦為形成都市上之一要件，其街市設計之週到精密，遠非昔比，而樹木對於都市住民，足以助彼健康，喚起愛市之心，所以歐美各國，無處不有行道樹之栽植，東鄰日本，亦歷處茂有，我國方力在提倡，固一極好現象也。美國華盛頓（Washington）市，其行道樹，或大如盤石，或高聳雲霄，雖是街市，宛若公園。法之巴黎（Paris）市，以一都之內，行道樹有八萬六千本。故一入美法兩國之街市，見其樹木之雄偉清雅，誠令人驚歎不置也。

歐美各國，於大都市之附近，地價暴騰，故當擴張街市之際，其面前草地，務為節約，常使家屋與街道接近，且使家屋自相密接，若於此種街道，一律樹以行道樹，足令家屋之外觀，有美化之奇效，蓋樹木對於家屋，不僅可以隱其蕭殺之風景，且使居住人類，常能安靜愉快，四季有無限的興趣。譬若冬至，則萬葉畢萎，而樹身轉顯枝幹之風致，樹皮之古雅。春來則鳥啼花笑，芳香滿懷。夏則綠陰爽涼。秋則霜染紅葉，斯固以天然之美相環繞，而使市民四時之享樂無窮也。更就衛生上觀之，則樹木吸收炭酸氣，使外園濁氣，轉爲新鮮，一方復供給氧素，使吾人獲健康之益，

又樹木可調節溫度，使吾人便於居住，如在夏日，若街市無樹木遮蔽，則由家屋瓦石之反射，足令吾人深感劇熱，反之樹木林立，則由枝葉遮斷日光，減卻反射熱，復由葉面蒸發多量水分，更有調節溫度之效。

此外行道樹之有關於經濟價值者甚大，如外國市民，當移住或轉居，必先叩宅地之有無樹木，然後上下其賃屋之資，宅地上若有健樹存在，所有物之價格必高，故行道樹於都市，甚有吸收人與金錢之力也。

第二章　街市行道樹樹種之選擇

栽植行道樹，當首選樹種，夫有老樹大木之街市，與僅有幼稚樹木之街市，其風景懸殊，固弗待論，然無論如何，必擇於幼樹期內，即呈有幾分美觀之樹種，且當講求宜如何栽植撫育，及適當之距離，依其設計而施行之，則幾年以後，豫期之計劃，不難立現也。

第一節　理想的街市行道樹

理想的街市行道樹者，乃遠眺俯視，全街俱爲同種齊大之樹木，其肅然不紊，有如軍隊之行伍，且樹間距離，均勻相等，樹木縱充分生長，而左右兩樹之枝葉，亦不至交錯重疊，空氣日光咸得自由流通者之謂也。

理想的街市行道樹，應具之性質姿態，必風土相宜，枝姿葉容，均能相稱，樹梢雖十分發育，而疏密中庸，樹枝須豐滿力足，饒有生致，樹葉未達凋落時，須清鮮健全，至如僅於春季開花，此後則殘醜陋之枝葉者，不適於都市行道樹之用者也。

第二節　街市行道樹應具之性質

森林樹木，種類雖多，然其對於街市行道樹，要皆不能具完備之資質，故其適用者，爲數甚小，爰就行道樹應具之要項，列舉如次：

（甲）適於該街市之風土且容易生長之樹種

一、適應於該街市之氣候土質者。

二、大苗移植，能安全活着者。

三、風害，蟲害，病害，烟害，塵埃等之抵抗力強者。

四、牛馬及其他畜類嚙食之害少者。

五、傷口容易癒合者。

（乙）適於吾人衞生之樹種

一、夏季可使庇蔭道路，冬季可使透射日光，卽爲落葉闊葉樹者。

二、無惡臭或針刺者。

三、清潔者。（即生活狀態清潔者，彼如時有樹枝落葉花實樹皮等落下，或結有黏性之種子，落下時滑跌行人者，俱不適宜。）

四、產生花果，無刺激人類之感情者。

五、花及枝葉，不放過度強烈之香氣者。

（丙）既壯姿勢復富風致且不妨礙他種物體之樹種

一、樹幹務爲圓柱狀，挺直，且樹皮緻美者。

二、樹冠爲球形或半球形，短圓錐形，配置均勻者。

三、夏季樹葉呈深綠或青綠色者。

四、一列並植，能增美觀者。

五、幹之下方不生新枝，根部無萌芽者。

六、無橫根出於地表致使地表隆起，爲路面之障礙者。

（丁）樹葉宜大且厚幷宜一齊落葉之樹種

例如櫸櫟之類，樹葉概小，夏季不足以庇蔭，且自九月起，遠亘冬季，每爲不斷的落葉，致令掃除，甚感困難。

（戊）樹梢樹枝堪以剪切之樹種

歐洲之行道樹，大抵任其喬大長生，我國家屋構造較小，街路不廣，自當爲適當的剪切，然如槭栂之類，每因翦切以致枯死，他如翦切之傷口，易招腐朽者，當非選擇不爲功也。

（己）壽命長久之樹種

街市行道樹，由理想上言之，固宜擇生長中庸，且壽命長久者，蓋生長太速樹木，大抵短命，或爲軟弱易罹風害，然街市行道樹，往往於中途枯死者居多，故實際於選擇街市行道樹，常求幼時之生長迅速，圖其速效，壽命長短，不之計也。

第三章　街市行道樹之樹種

街市行道樹，其應具性質，既如前述，然實際欲求與此相應之樹種，渺乎其不可得也。彼如北美，固有樹木至五百餘種之多，而於事實上，適當之樹木，不過三十餘種。歐洲乃僅僅數種，大部分皆由外洋輸入者。日本樹種，雖較豐富，其於斯也，亦不外二三十種，我國地大物博，氣候互殊，土質迴異，宜於南者，不宜於北，適於彼者，不適於此！故宜酌分北中南三部，就其分佈之相宜者，一一言之。

第一節　中國街市行道樹之種類

一　中國北部之行道樹

中國北部，屬溫帶之北部，略具寒帶性質，氣候寒冷，大率在黃河流域，包有直隸，山東，山西，陝西，甘肅，河南，東三省及各特別區，其適於行道樹之樹種，約有：

公孫樹　白楊　垂柳　澤胡桃　樺木　七葉樹　楡屬類　槐樹

進香樹　樗　黄櫱等種。

（一）公。孫。樹。(Ginkgo biloba, Linne.)　公孫樹一名銀杏，俗謂白果，屬公孫樹科，爲前世紀遺物，在昔遍佈歐美各地，今僅發見於東亞，故於中日兩國，往往植之，以供觀賞，今則輸入歐美各國，用作行道樹，幾乎到處皆是。銀杏樹幹挺直，枝條繁茂，高九十尺，直徑達八尺，樹冠初作尖圓形，後漸平展，延至八十平方尺，樹幹幼時平滑，長則有乳頭狀突起，葉作扇形，又似鴨脚，（本草李時珍謂鴨脚樹）有長柄，葉端有缺痕深入，葉脈平行，全葉迎風搖曳，楚楚有致，秋季轉黃褐色凋落，植之頗廣，所以然者，微特美觀已也，實因其適應風土氣候抵抗病蟲諸害甚強故耳，然其果熟，作奇臭，宜取其雄者栽之。

（二）白。楊。(Populus tremula, L.)　白楊屬楊柳科，產我國北部及中部，大喬木，高達八十尺至百尺，幼時生長甚速，嫩枝密生綿狀細毛，幼枝青白色有光澤，老則粗糙無毛，作灰色，葉略作三角形，前端尖，基部平圓形，邊有深鋸齒，長約二寸餘，闊二寸，樹冠圓形，約三四十方尺，濃厚多蔭，葉柄狹長，常隨風動搖，窣窣有聲如下雨，頗耐玩賞，本草名曰獨搖。大抵楊柳科植物，生長均甚快，而壽恆不永，單獨用作行道樹，不無缺點，最好與生長稍慢而具良好特徵之樹，互相栽植，則前者利其速成蔭庇，俟后者生長完全，始將前者斫伐，留存後者，如此一爲臨時的，一爲永久的，相得益彰，在歐美著名之都市，多有行之者，故楊柳科植物，實於臨時行道樹，爲最適宜也。

（三）垂。柳。（Salix babylonica, L.）　垂柳爲楊柳科樹木高可四十尺，葉綫狀披針形，邊緣有微鋸齒，生盛京，直隸，山西，湖北，江蘇，浙江等處，生長迅速，且可用插條繁殖，雖喜濕地，然乾燥地方，生長亦盛，其細長之葉，春初舒綠，新秋凋零，夏日火繖高張時，正綠蔭繁茂，數行柳樹，枝條下垂，迎風婀娜，楚楚動人，故古人以柳腰形容美人，而詩人形之歌詠者，不一而足，其在吾國用爲行道樹及蔭樹者，由來已久，尤以隋堤及淵明宅邊五柳爲最著，而他處栽植亦不少，夕陽古道，垂柳臨風，幾爲吾國農村之絕景也，然柳樹易招蟲害，瘢痕駁雜，殊不雅觀，是其一大缺點也。

（四）澤胡桃（Sterocarga stanoptera, D. C.） 澤胡桃爲胡桃科落葉喬木，原生於溫帶濕潤地方，山東，浙江等谿谷中或河邊，均有此樹，樹幹直長，生長甚速，幼枝光滑青褐色，老則皮成鱗狀破裂，葉爲奇數羽狀複葉，小葉緊著中肋，長橢圓形，有細鋸齒，於春初開葇荑狀之花，果實懸垂樹上，至秋後成熟，長尺許，乾果茶褐色，有翅二，如元寶狀，掛樹上如貫珠纍纍，頗爲奇觀，故此樹又名元寶樹，或嵌寶楓。

（五）樺木（Betula alba, L. var. vulgaris, D. C.） 樺木屬樺木科，產於溫帶及寒帶之山野中，葉互生，有長柄，心形三角或菱狀三角形，先端長銳，有鋸齒，葉之形狀大小不一，葉細長約一寸，隨風飄揚，頗耐觀賞，樹高六十尺以上，幼時生長甚速，樹幹直長，枝葉疏生，細長而下垂，樹皮雪白色，爲多層薄片，片上均有白毛茸生。皮厚而輕軟，皮匠家用襯韡裏，及爲刀靶之類，又可卷蠟作燭。

（六）七。葉。樹。(Aesculus turbinata, Bl.) 一名天師栗，屬七葉樹科，生於山野之落葉喬木，樹冠傘狀，樹皮粗厚，葉對生，掌狀複葉，葉柄長五六寸，小葉五個乃至七個，爲狹長倒卵形，兩緣有鋸齒，五月開花，十月蒴果成熟，歐洲之行道樹及公園庭園之庇蔭樹，多賞用之。

（七）榆。樹。(Ulmus japonica Sargent.) 榆樹屬榆科，生吾國中部及北部，喜潮濕及肥沃地，管子曰，五沃之土，其榆條長，蓋此也，樹幹圓柱狀，高達百尺內外，直徑三尺，幼時生長甚速，枝條雖揚起，在老木時，則小枝下垂，或網狀錯雜，頗美觀，樹冠作扇狀，頗勻稱，遠觀即可辨識，葉初春作嫩綠色，頗嬌豔，夏則變濃綠，於春初葉未出時開花，果實爲榆錢，當清明時節，桃紅柳綠，春風簸錢，繽紛道周，若誇其富者，亦一佳景也，宋孔平仲榆錢詩，鏤雪裁綃個個圓，日斜風定穩如穿，憑誰細與東君說，買住青春費幾錢。此樹在美國及日本北海道，用作行道樹者甚多，然蟲害甚大，實爲美中不足耳。

（八）榔。榆。(Ulmus Parvifolia)　榔榆與榆同科，產湖北，山西，直隸，江西，浙江，江蘇等處，一名紅雞油，生長甚慢，直徑二尺，高四十尺至六十尺，樹皮灰色，成鱗片狀，在老樹則多脫落，露棕色之內皮，小枝密生，成水平狀，向外舒展，冬季落葉后，其狀尤美，於夏季開花，冬季結實，葉於秋後變豔紅或黃色，熱帶地方所生者，並不落葉。

（九）槐。(Sophora japonica)　槐屬荳科，生暖帶及温帶，我國各省皆有之，多栽植於居室及寺院之旁。天然生之槐樹，葉密茂，樹冠球形或倒卵形，直徑二尺以上，高達三十尺，樹皮縐痕甚多，暗灰色，樹枝綠色而彎曲，葉互生，奇數羽狀複葉，小葉七個至十七個，卵形，或橢圓形，甚薄，表面深綠色，平滑，裏面帶青白色，微有毛，八月初開花，蝶狀白色，莢果圓筒形，如貫珠。

槐樹在吾國北部庭園寺觀或道旁，多有栽植，居民對於喬大槐樹，多禁不敢犯，視以爲神，唐時天街兩畔多槐樹，號槐衙，則槐樹之用爲行道樹者古矣。

（十）連香樹（Cercidiphyllum japonica, S. et Z.）連香樹屬雲葉科，產溫帶之落葉喬木，原生於谿谷間土壤肥沃濕潤之地，直徑四尺，高八十尺，萌芽力甚強，往往一株叢生數幹，樹形傘狀，樹皮灰色，幼時光滑，樹幹挺直，樹枝細弱，伸延頗長，葉對生圓形，鋸齒雲頭狀，古銅色，春初紫色，入秋轉紅，枝條甚密，綠蔭度中庸，春初葉未出時，開花紅色，頗美麗，此樹幼時生長甚速，壽命頗長，樹姿美麗，以之爲行道樹，殊適宜也。

（十一）樗（Ailanthus glandulosa.）樗一名臭椿，爲苦木科，落葉喬木，吾國山野，處處有之，樹皮光滑，栓皮成薄片縱裂，葉奇數羽狀複葉，子葉七枚至九枚，葉子揉碎時及雄花花粉，均發生奇臭，幸雌雄異株，植雌樹則臭味較爲輕微，翅果飄散空中時，如蝴蝶飛舞，其聲翩翩動聽，樗樹生長甚速，軀幹甚大，對於土壤濕氣之抵抗力甚大，幾於無處不可滋生，輸入歐美後，栽爲行道樹及鐵路堤防者甚多。

（十二）黃。蘗。(Rhellodendron Amurense, Ruprecht) 黃蘗屬芸香科，本草曰黃柏蘗木，落葉喬木，幹直長，高八九十尺，外皮淡黃褐色，有深縱裂，葉對生，奇數羽狀複葉，小葉三對至五對，卵狀披鍼形，邊緣波狀或生細齒，雌雄異枝，夏月開黃綠色小花，十月結球果，呈黑藍色，有特殊之香氣及苦味，其莖之內皮黃色，供染料及藥用，生溫帶與寒帶南部，好濕潤肥沃之地，黃蘗絕少蟲害，生長甚速，葉於秋季轉黃色甚美麗，故用爲城市行道樹，甚適宜也。

二　中國中部之行道樹

中國中部，屬北溫帶之南部，氣候寒燠適中，居長江流域，包有江蘇，安徽，江西，湖南，湖北，四川，貴州，及河南之南部，其適於此區域內之行道樹種，有：公孫樹　白楊　柳　澤胡桃　朴　木蘭　鬱金香樹　赤楊　槐　樗　香椿　楝樹　楓類　七葉樹　菩提樹　級木　梧桐　橡　櫸　梓　齊墩果

楸　無患子　糙葉樹　合歡木　椅　櫸　女貞　櫟　絲綿木　篠懸木　枳椇等種。

（一）木蘭（Magnolia liliflora Des.）　木蘭爲木蘭科，落葉灌木，幹高十餘尺，葉倒卵形凸頭，上面平滑，下面有細毛，長三寸乃至五六寸，三四月開花，暗紫色，花徑三四寸，無香氣，生長江流域，多爲庭園觀賞用植物，用之於行道樹殊當也。

（二）朴樹（Celtis sinensis, persoon.）　朴樹爲楡科之溫帶落葉喬木，生平地，吾國及日本道傍，栽植頗多，小枝密生，樹幹粗糙，多成疣狀，直徑三尺，高達六十尺，葉互生，橢圓形，先端尖銳，基部歪形，表面深綠色，裏面淡色，葉脈有細毛，葉之脫落頗早，四月開花，果於九月成熟，紅色顆粒甚小，可食。朴樹壽命頗長，樹冠舒展甚廣，夏季葉茂蔭濃，堪爲行道樹也。

（三）鬱金香樹（Liriodendron chinensis, sargent.）　鬱金香樹一名鵝掌

楸，屬木蘭科，生吾國中部濕潤而排水極易地方，爲落葉喬木，高達五十尺，樹幹直，樹皮褐色，枝條纖小，成銳角向外分歧，葉鮮綠色，密生甚多，綠蔭頗濃，樹冠端正，姿態雅麗，蟲菌之害絶少，幼時生長迅速，堪充行道樹之用，惟移植不易，未免缺憾耳。此樹在古時，分佈甚廣，地質學家，屢發見此樹之化石，今則亞美兩洲，各存一種耳。

（四）赤。楊。（Alnus japonica, S. et Z.） 赤楊屬樺木科，生吾國中部之乾燥地，高二十尺，直徑尺餘，生長甚速，每年發生新梢甚多，成數狀，樹皮灰褐色，葉互生，長卵形，鋸齒不正，表面深綠色，裏面青白，葉片向下凹陷，葉柄甚長，約一寸，雌雄同株，三月下旬開葇荑狀花，十月鱗果成熟，爲橢圓形或球形。

（五）香。椿。（Cedrela sinensis, Juecien.） 香椿屬楝科，生温帶及暖帶，吾國原產，樹幹直長，生長極速，每年生長至五六尺，高達六七十尺，直徑二尺以上，枝條成銳角向上抽出，冬季落葉后，杈枒可觀，葉互生，羽狀複葉，稍不整齊，小葉八九雙對生，有短柄，卵形或披針形，銳尖，全緣，或淺鋸齒，表面鮮綠，裏面淡白色，有香氣，嫩時香甘，生熟鹽醃皆可茹，葉柄紅色。

（六）楝樹。（Melia azedarach） 楝樹屬楝科，生溫帶，吾國各地，栽供觀賞用者甚多，樹幹高大，直徑二尺，高達五十尺，生長極迅速，枝條粗長，樹冠擴張甚大，葉互生，重出或三出羽狀複葉，小葉卵形或披針形，表面鮮綠色，葉開放甚遲，至五月下旬，與花同時開放，花序複總狀，紫色豔麗，且芳香雖遠在百步外能聞之。

（七）楓樹。（Liquidambar fomosana, Hance） 楓樹別稱楓香樹，路路通，雞爪楓，落葉大喬木，屬金縷梅科，原生於暖帶之山野河邊潮濕地方，葉互生，三裂至七裂，成掌狀分歧，葉緣有鋸齒，葉柄纖而長，葉後重而枝弱，迎風善搖，故名楓，有芳香，故名楓香，霜後色轉紅甚美，號稱丹楓，楓樹漢室宮殿中多植之，故稱京城為楓宸，蒴果作圓球形，亦有長柄，自夏至秋，懸搖樹上，頗可觀，爾雅名此曰攝攝，漢書注云，天風則鳴，故曰攝。楓樹多於吾國南部，生長甚速，直徑數尺高數丈之木，廟宇河邊道旁，樹植甚多，樹冠寬大，綠蔭濃厚，姿態幽美，每至秋后，丹楓漁火，掩映江邊，實一幅絕好秋江畫圖也。

（八）**菩提樹**（Tilia Maxmowicziana） 菩提樹屬田麻科，原產温帶山腹或谿谷中，落葉喬木，高六七十尺，直徑達三尺，枝條肥大，生長迅速，壯年樹冠球形，枝葉疏朗，擴張甚廣，綠蔭廣大，萌芽力強，易於移植，癒合傷口之力亦大，樹姿秀麗，秋冬落葉後，亦不失其美觀。

（九）**級木**（Tilia cordata, Mill. Var. japonica.） 級木與菩提樹同科，生於温帶山谷陰處，好肥沃陰濕地，壯年樹冠擴展，如張巨蓋，幹平直，樹皮平滑褐色，枝條擴張，葉端稍下垂，葉二三寸，心臟形，鮮綠色，綠蔭度大，樹姿美麗。

（十）**梧桐**（Sturculia platanifolia L.） 梧桐乃梧桐科，落葉喬木，生於温

帶之原野，高四五丈，直徑達數尺，幹挺直，枝條粗大，葉三裂至五裂，掌狀分杈，葉幅寬大，道甲書云，梧桐可知日月正閏，生十二葉，一邊有六葉，從下數一葉爲一月，至上十二葉，有閏十三，視葉小處，即知閏何月。是雖未免附會，然入秋末，葉較他樹先落，則係事實，故昔人云，梧桐一葉落，天下盡知秋，梧葉扶疎，綠蔭中庸，一種婀娜風度，如遺世美人，故人多玩賞之，在杭州栽爲行道樹，生長迅速，三四年生，即高二丈，然因種子可食，往往有頑童攀援或持竿打採，以致樹姿盡失，是警察所宜加以禁止者也。

（十一）檫樹（Sassafras Tsumu, Hemsl.） 檫樹乃樟科，落葉喬木，高達百尺，原生於溫暖兩帶之山地，吾國浙江之新昌，奉化多有之，樹幹通直，樹枝直上或橫出，樹冠作圓錐形，樹皮幼時光滑，青灰色，老則褐色有縐紋，葉橢圓形，先端有三個缺或全緣，初出時有軟毛，後光滑，表面暗綠色，裏面青白色，入秋轉黯紅色，甚麗，花黃色於春初葉未開出時開放，果實位於紅色之長柄上，頗中觀，此樹生長甚速，七八年生，直徑近尺，且害蟲甚小，但木脆易被吹折，且直根甚長，移植不易耳。

（十二）梣。(Fraxinus pubinernis, wg.)　梣一名秦皮，木犀科植物，多生於溫帶之山腹或谿谷間之陰濕肥沃地，樹幹直長，高五丈，直徑二尺，生長迅速，樹枝粗大，樹冠擴張甚大，葉對生，奇數羽狀複葉，綠蔭中庸，花於五月中旬與葉同時開放，翅果細長如箭羽，甚美觀，大抵此類植物，對於外界危害之抵抗力頗強，尤因其側根穩固，能禦風害，樹姿美好，然生於土壤磽瘠之處者，類多細小云。

（十三）梓。樹。(Catalpa kaempferi, S. et Z.)　梓樹屬紫葳科，原生於溫暖兩帶之落葉喬木，高四十尺，直徑二尺，葉普通對生，生長旺盛之部，往往三葉輪生，形類桐葉，為尖頭廣卵形，長四寸至八寸，幅同大，全緣不裂，表面平滑，裏面稍有毛，脈腋有蜜腺，柄長四五寸，七月開複總狀花，十月蒴果成熟，長達尺許，常多數下垂而生，種子扁平，兩端有長毛，生長雖速，材質輕軟，不堪抗風。

（十四）齊墩果（Styrax japonica, S. et Z.）　齊墩果屬齊墩果科，溫帶山林中自生落葉喬木，幹高三四十尺，葉卵形而尖，有少數鋸齒，初夏開短總狀花，花白色，果熟則殼破，且出褐色之種子，樹皮平滑，暗綠色，此樹生長中庸，綠蔭度亦不甚濃厚，較諸公孫樹梧桐等，大爲不及，更有所謂大葉齊墩果者，則綠蔭度較此略濃耳。

（十五）楸樹（Mallotus japonica, Muill. Arg.）　楸樹乃大戟科，落葉喬木，產我國及台灣，朝鮮，琉球等處，樹皮帶紅褐色，葉廣闊互生，全緣或有淺鋸齒，先端尖銳，脚圓，嫩葉紅色，雌雄異株，夏月開穗狀花，花細綠黃色，至秋垂條如線，謂之楸線，實之外面有軟刺，熟則子粒吐出，葉大，生長迅速，味苦，主治吐逆，殺三蟲，有拔毒排膿之功，爲外科要藥，樹勢不旺，幹形多劣，是其缺點也。

（十六）無患子（Sapindus Mukuros i,gaertn.）　無患子一名無患樹，又名

噤婁，又名桓生，樹甚高大，樹皮帶黃暗褐色，葉互生，爲偶數羽狀複葉，長一尺四五寸，小葉五至八對，披針形，全緣，六月開花，十月實熟，雌雄異株或同株，果爲石果球形，果皮煎汁，可供洗濯用，原產吾國，此樹生長迅速，蟲害亦少，樹姿既佳，而秋季之黃葉，更爲美觀，故意大利都市，有盛用此樹者，惟不易剪切耳。

（十七）糙。葉。樹。(Aphananthe aspera, Peanch.)　糙葉樹屬楡科，落葉喬木，高六七十尺，生江西，浙江，廣東等處，葉卵形或長方形，粗糙，兩面有毛，足以鑢物，實徑三分，紫黑色，幹形不正，性懼冷，生長迅速，惟葉不甚大，爲其缺點。

（十八）合。歡。木。(Albizzia julibrissin, Boivin.)　合歡木屬荳科，產暖帶及溫帶之河畔谿谷間，生長甚速，直徑一尺，高三十尺，樹幹直長，樹皮平滑灰色，枝條疏生，葉互生，偶數二回羽狀複葉，每葉分歧小葉八對至二十四對，日中則全葉開張，夜間或酷暑則左右相合，故名合歡，或夜合槐，六月下旬開頭狀花，萼瓣均小不顯著，吾國庭院廟宇，栽植頗多。

（十九）椅樹。(Idesia Polycarpa, Max.)　椅樹乃椅科之落葉喬木，生暖帶溫帶之山腹或谿谷中，性愛陽光，喜濕潤肥沃地，生長迅速，軀幹肥大，樹冠擴展甚廣，成車輪狀，直徑二尺，高達五十尺以上，葉互生，心形或心狀卵形，長三寸至六寸，幅二寸至五寸，類似楸，表面深綠色，裏面青白色，五月中旬開花，冬季果實成熟，呈鮮紅色，如葡萄狀，甚美觀。

（二十）欅樹。(Zelkowa Acuminata, Planch.)　欅樹屬楡科，生溫帶之山陰，雖傾斜峻急，土壤淺薄之地，亦能生長，而於土壤輕鬆之地，其根擴延尤遠，生長迅速，直徑六尺以上，高達九十尺，大枝舒展甚廣，小枝密生，壯年樹冠洒盃狀，老年則作倒椀狀，天然生木，樹冠甚爲發育，樹皮灰色，成小片脫落，葉二列互生，長橢圓形，先端尖銳，鋸齒甚稀而銳。

（二十一）女貞。(Ligustrum lucidum, Aiton.)　女貞屬木犀科，生暖帶山野之陰濕地，或栽植於人家周圍之常綠小樹木，直徑罕有過四五寸者，生長緩慢而對於危害之抵抗力殊強，樹冠狹隘，綠蔭度頗弱，葉表面暗綠色，裏面帶黃色，冬季各樹皆落葉，而此樹獨蔚茂，其歲寒後凋之葉，令人起一種遐想，故用爲觀賞樹頗適當，漢鄭氏婚禮謁文謂女貞之樹，柯葉冬生，寒凍守節，險不能傾，蓋言其負霜葱翠振柯凌風也，然杭州有用爲街市行道樹者，未免選非其材，蓋生長既慢，樹冠又小，夏日亢陽在天，此樹雖欣欣向榮，而於行人，毫無裨益，故全失行道樹之用意也。

（二十二）櫟樹（Quercus serrata, Thunb.）櫟樹屬殼斗科，落葉喬木，一名橡，孟郊詩翻翻橡葉鳴，幹高六十尺，葉披針形，先端尖銳，長三五寸，新葉表裏生白毛，老葉無之，櫟實俗謂橡斗，可食，宋唐庚詩橡實炊食如剝栗，此樹生長雖速，樹冠甚小，不適爲行道樹。

（二十三）絲綿木（Euonymus europaea, L. Var. Hamiltoniana, Max.）絲綿木屬衛矛科，生於山地之落葉小喬木，高二十餘尺，葉橢圓或卵狀披針形，有細鋸齒，生長中庸，樹冠不甚開展，行道樹之下者也。

（二十四）篠懸木（Platanus orientalis, L.）　篠懸木一名法國梧桐，屬篠懸木科，原產小亞細亞及喜馬拉亞地方，邇來長江流域，用為行道樹者，遍處皆有，樹為落葉喬木，繁茂甚易，蔭影闊大，葉有長柄，鋸齒甚粗，一葉有三五主脈，冬芽以葉柄膨大之基部包圍，果如懸鈴，故又名懸鈴木，此樹為現今盛行之行道樹，甚有價值者也。

（二十五）枳椇（Horenia dulcis, Thunb.）　枳椇一稱玄圃梨，生暖帶北部及溫帶之落葉喬木，高五丈，直徑二三尺，葉互生，廣卵形，長四五寸，幅三四寸，先端尖銳，脚圓形，有鈍鋸齒，五六月開花，花梗初綠色，至霜降時，彎曲肥大，紫褐色，味甘可食，俗謂可以醒酒，果大如豆，十月成熟，我國寺院，均有種之者。

中國中部行道樹，上述二十五種以外，尚有公孫樹，白楊柳，澤胡桃，槐，樗，七葉樹等七種，已於北部行道樹中言之，茲不復贅。

三　中國南部之行道樹

中國南部，屬温帶區域，氣候温煖，居珠江流域，兼有閩，浙，粵，桂，滇五省及湘，贛，黔三省之南部，其堪為行道樹之樹種，約有：柳　朴　楓　槐　楝樹　檫　梧桐　椅　合歡木　無患子　黃連木　槭　檀　樟　榕　相思樹　竹柏　蒲葵　檳榔樹等種。

（一）黃。連。木。（Ristacia chinensis, Bunge.）黃連木屬漆樹科落葉喬木，產吾國中部，高四十尺，互生奇數羽狀複葉，小葉十一個至十三個，棱形，全緣，基部歪形，葉柄甚長，小葉則殆無柄，雄花串形，花序雌花分歧成圓錐形，果漿果，球形，稍扁平，初紅色，後呈紫色，或藍色，殊美麗，黃連木，樹幹多屈曲，秋季轉紅色，或橙色，殊豔，故用為行道樹者甚多。

（二）槭。屬。（Acer Sp.）槭屬植物，生長皆迅速，強於適應力，對於土壤水分之要求，不甚嚴格，然於深沃之土壤，則生長極佳，陰陽性中庸，極能抵抗風雪之害，生活力大，移植容易，即有損傷，亦癒合甚速，其夏日於葉蔭濃茂中，露其纖細微弱之枝，遠望翩徃，婀娜可憐，春秋兩季，葉均鮮紅，艷麗奪目，故甚適於觀賞用，然易生病害，葉多萎縮，但用藥注射，菌害可除也。

（三）紫。檀。（Pterocarpus indicus, Willd.）　紫檀或稱黃柏木，屬荳科喬木，高四十尺，生廣東雲南，廣羣芳譜謂紫桐木出扶南，色紫故名紫檀，莖挺直，材堅，葉互生，羽狀複葉，小葉互生或成不規則之對生，花黃色，生長中庸，抗風禦蟲之力甚大，堪為行道樹。

（四）樟。（Cinnamomum Camphora, Nees.）　樟乃樟科常綠喬木，原產熱帶及暖帶土壤肥沃且深處，分布吾國閩，粵，贛，桂，湘，浙等省，寺院衙署及人家庭院中，往往有之，軀幹偉大，樹冠半球形，小枝密生，葉濃密，直徑六尺，高六七十尺，氣宇雄壯，綠蔭度甚大，全樹不論皮幹枝葉皆含芳香，生長中庸，壽命甚長，數千年古木到處有之，抵抗蟲害之力亦大，以為吾國南省行道樹，殊為相宜，然移植不易，未免美中不足耳。

（五）榕。樹。（Ficus Wightian, Wall. Var. Japonica, Mig.） 榕樹屬桑科，我國南地多產之，常綠喬木，高四五十尺，葉平滑有長柄，橢圓形，葉緣波狀，夏日開淡紅色花，果實似無花果，此樹多氣根，不適於街市，宜作郊外之行道樹。

（六）相。思。樹。（Acacia confusa, Merr.） 相思樹屬荳科，常綠小喬木，分布閩廣台灣及非利賓等處，性耐鹽分，海濱潮溼之地，他樹不生，惟此樹可造林，樹皮初平滑而薄，老則轉粗厚，內部呈紅色，全樹姿態，甚似柳樹，福州地方，栽爲行道樹，蔭濃，姿態嬝娜，頗可觀。

（七）竹。柏。（Podocarpus Nageia, R. Br.） 竹柏屬紫杉科，粵桂諸南省皆產之，高數十尺，葉對生，卵形或橢圓形，有多數平行脈，光滑強韌，雌雄異株，夏初開花，生長中庸，蔭影頗大，堪爲行道樹。

（八）蒲。葵。（Livistona chinensis, R. Br.） 蒲葵屬棕櫚科，生閩廣等處，幹

直立，高三十尺，直徑尺餘，灰白色，葉叢生，直徑四至六尺，分裂至葉之中部而止，葉似棕櫚而柔薄，用製扇，俗呼蒲扇，此樹生長迅速，綠蔭濃厚，堪爲行道樹。王羲之見老姥持六角扇賣之，因書其扇各五字，老姥初有難色，羲之謂曰，但云右軍書，以求百金，老姥從之，人競買之，六角扇卽蒲葵扇也。

（九）檳榔樹（Areca Catechu, L.）　檳榔樹與蒲葵同科，均南省產之，單幹直立，高四十至百尺，羽狀複葉，叢生幹頂，樹膚裸出滑澤，每距四五寸有節輪，園圃田畔，亭亭直立，頗具美觀。

上述九種以外，尚有柳，朴，楓，槐，楝，櫟，梧桐，椅，合歡木，無患子等十種，皆爲宜於南部之樹種，其性狀見前。

第二節　歐洲街市行道樹之種類

歐洲中如德奧法諸國，其街市行道樹之種類，不過下列數種，尤以一二兩種應用最廣。

（一）篠懸木（Platanus orien talis, L.） 巴黎柏林維也納以及其他歐洲大都市，咸賞用之。

（二）級木（Tilia cordata, Mill.） 普通行道樹多用之，此外尚有 Tilia euchlora 者，古來稱爲行道樹之王，抵抗煙塵之力甚強。

（三）七葉樹（Aesculus turbinata, Bl.） 此外尚有八重七葉樹及赤花七葉樹之二種。

（四）楡類（Ulmus.） 楡類有四種，其中以 Ulmus Campestries, Sm. 爲適應力最強之樹種。

（五）秦皮屬（Fraxinus.） 本屬中有 Fraxinus americam, L. 與 F. excelsior, L. 兩種，後者尤堪溼地。

（六）洋槐屬（Acacia.） 本屬亦有四種，邇來盛用無刺洋槐（Robinia Pseudoacacia, Bessoniana.）

（七）鵝掌楸（Liriodendron Chinensis, L.）

（八）槭屬（Acer.） 槭屬中以 Acer. Campestris, L. 及 A. Negund, L. Var. californica, Sarg. 植之最多，適應力強。

上述八種以外，如樺，山毛櫸，山楂子，槲，赤楊，皂莢，榛，黃蘗，澤胡桃，胡桃等，雖間有栽植，要皆用諸於地方行道樹者居多也。

第三節 北美街市行道樹之種類及其特徵

北美合衆國，樹種素稱富庶，氣候亦各部不同，故行道樹樹種，隨之而多，然其中或有可適用於我中國者，爰摘錄如次。

一 槭樹類

（一）諾威槭（Acer Platanoidis, Linn.） 槭類之中，行道樹以此樹最爲適當，原產歐洲，不僅能耐街市之不當狀態，即於蟲害之抵抗力亦強，生長不爲過大，故於人家稠密之市街，尤宜栽植，樹間距離，當取三十八尺，且時時施以剪定，使枝葉不致過密。

四五月之間，開綠黃色之花，葉柄中含有乳狀之苦汁，此樹移植容易，春季生葉甚早，冬季脫葉極遲，故其繁茂時期較長，葉於凋落前，呈鮮明之黃色。

（二）篠。懸。木。葉。槭。（Acer pseudo-platanus, L.） 原產於歐洲，生長狀態與前者相同，然枝條不如前者之密，又不如前者之健全，且易罹蟲害，不適於街市上栽植。

（三）砂。糖。槭。（Acer Saccharum, Marsh.） 此樹性質強健，生長挺直，以爲街市之裝飾樹，殊爲相當，在林內生長時，雖去地上六七十尺，不生枝，若栽之街市，則地上十尺左右，即出強大之枝，栽植時，宜互距四十尺，其后雖十分生長，無枝葉重接之患也。

初秋葉呈黃色，浸假而橙色而紅色，望之甚美也，冬季雖落葉，幹姿頗爲優雅，顧此樹於街市，輒因肥料水分之缺乏，不能充分繁茂，且在乾燥期，易受塵煙之害，是其缺點耳。

（四）赤楓（Acer ruburm, L.）樹姿柔靭，堪爲街市樹之用，生長迅速，禦風力強，枝短而多不易裂，樹形成低球形，三四月開小赤花，初秋葉色悉呈鮮紅，縱貫四時，皆爲美觀，好溼地，樹距以三十八尺乃至四十尺爲當。

（五）秦皮葉楓（Acer negundo, L.）分佈甚廣，生長迅速，北美中部之街市多栽植之。

（六）銀楓（Acer Saccharinum, L.）楓類中之行道樹，以此爲最劣，蓋生長雖速，然有質脆壽短之缺點，易爲風所折損，致斷口乾燥腐朽，延及樹心，以至枯死。

二 白楊類

（一）加落利那白楊（Populus deltoides, M.）此樹三四月開花，當時葉尙未開，實有綿毛，乘風侵入室內，或附於行人之衣服，七月之交，萬物繁茂之際，而此樹已脫葉，漸落衰境，以之爲行道樹，固有不宜，惟其生長甚速，故較之白槭，栽植較廣。

（二）路。白。堤。白。楊。（Populus italica, Moench.）樹形尖塔狀，故便於狹隘街市之栽植，樹形優美，甚有臻美風致之效，且樹幹甚高，枝不傍展，以之密植，更可防風，但生長不甚速，壽短，綠蔭小，是其缺點也。

三 槲樹類

（一）針。槲。（Quercus palustris, L.）樹冠圓錐形，樹幹直立，枝細殆水平伸展，下方者最長，葉淡綠色，缺刻甚深，饒有雅緻，此樹因枝條密生，殘留之枯枝，宛如芒刺，故有針槲之名，與其他槲類相異也，種子越二年成熟，今春開花，秋則半熟，翌秋乃全熟，其葉初秋深紅色，晚秋落葉。

（二）赤。槲。（Quercus rubra, L.）赤槲乃本類中生長最速者，華盛頓市植之頗多，對於土壤之要求甚少，樹姿球形，葉大型，深綠色，堪爲行道樹，歐洲大陸，酷愛此樹，秋季樹葉鮮紅，呈罕觀之奇觀。

（三）白槲(Quercus alla, L.)　白槲風致之優美，素稱森林之王，其勁健長壽，枝條張展，與夫活潑之趣，尤爲人所歡迎，然生長甚遲，且其枯葉久附不脫，亦美中不足也。

四　菩提樹類

（一）美國菩提樹(Tilia americana, L.)　生長力強大，適於行道樹，樹冠幼時圓錐形，後成大球形，葉淡綠，枝密生，可作蔭蔽，初夏開芳香之花，幹不分歧，僅由主幹發生枝條而已，好深沃土壤，且易罹蟲害。

（二）歐洲菩提樹(Tilia europaea, L.)　幹枝葉三部，配置甚爲停勻，常挺直生長，枝條細分，呈卵形之樹冠，葉心臟形，花甚芳香，惟樹不偉大，故適於狹市之栽植。

五　楡類

（一）白榆。（Ulmus americana, L.）白榆爲美國裝飾樹之代表，縱貫四季，均呈美麗之觀，夏季綠葉繁茂，冬季細枝分歧，各有特殊之風致，春季早花，秋季葉呈黃金色，惜其易罹病蟲害耳。

（二）歐洲榆。（Ulmus campestris, L.）歐洲榆適於街市之栽植，故常用爲行道樹，然樹幹不大，落葉又晚，樹冠球形，易罹蟲害。

六 七葉樹（Aesculus hippocastanum, L.）

七葉樹開花甚早，故其美觀，完全於此時表現之，原產於歐洲南部，百年以前，該地之公園或行道樹，皆採用之，英倫諸大路，皆五列栽植，開花之際，遊客特多，邇來巴黎諸地，亦多此樹，綜計達一萬七千本以上，輸入美國，已百餘年矣，

七 美國篠懸木（Platanue orientalis, L.）

樹幹挺直強韌，生長迅速，樹冠整齊球狀，此樹有銀槭（Carolina）白楊之長，

而無其短，且葉大可作濃蔭，故近來華盛頓市，此樹非常增加，而巴黎市八萬六千本行道樹之中，篠懸木殆占二萬六千本，其趨向可知。

八　美國鵝掌楸（Liriodendron tulipifera, L.）

美國原產樹中，以此樹爲巨大且美麗者，開美麗之大花，帶綠黃色，五月生葉，浸假開花，樹姿端整，適於行道樹，好深肥土壤，敵害力強，然因其根多柔軟，移植困難。

九　白梣（Fraxinus Americana, L.）

白梣生長迅速，對於外界之抵抗力強，且能禦蟲害，樹幹正直，樹冠球狀，枝葉雖不如槭類槲類之密生，然多呈波狀雜出，用之爲行道樹，常無大謬也。

十　西洋朴樹（Celtis occidentalis, L.）

外觀似榆樹，形偉巨，幹挺直不分歧，是其適於行道樹之點也，此外對於土壤氣候，皆能抵抗，好溼氣富庶之區，亦能生育於乾燥地，蓋其適應力大也。

十一　公孫樹 (Ginkgo biloba, L.)

公孫樹樹葉奇特，歐美視爲珍異，且樹體健全，抵抗力甚強，可謂最有希望之行道樹，惜果實具異臭，猶美中不足也。

十二　香膠樹 (Liquidamber atyraciflue, L.)

香膠樹乃楓之一種，秋季則葉美麗，故爲有名之樹種，葉星形，由鮮紅轉變黃色，樹幹挺直，樹冠整齊，根多木質，故移植困難，性喜多澤土壤，天然者多生於池沼相近處。

十三　西洋梓樹 (Catalpa catalpa, Karst.)

西洋梓樹，爲裝飾樹之一種，有大葉，六月開花，與七葉樹花相似，樹幹屈曲且短，樹枝既曲且長，呈不整齊之樹冠，以之爲行道樹，不甚適當。

十四　荳科

（一）洋槐。(Robinia Pseudoacacia, L.)

（二）延。壽。樹。（Gleditsia triacanthos, L.）

上列二樹，鮮有用爲行道樹者，前者惟巴黎市栽植之，成績尙佳，樹冠小成球形，枝密生，然或任其自然，則縱橫生長，不復爲球形，且樹枝甚脆，葉易萎脫，實長附着枝上，有強銳刺，不易剪定，兩者皆易罹害蟲，

十五　槲類

（一）列。布。槲。（Quercus virginiana, Mill.）　槲類樹木，乃北美南部諸洲最貴重之樹種，而其中最偉大最美麗者，尤以此樹爲首屈一指，佛羅里達（Florida）及墨西哥（Mexico）灣一帶，皆天生常綠樹，美產之槲類，當推此樹爲生長最速，此外尙有數種如左。

（二）水。槲。（Quercus nigra, L.）

（三）惠。羅。槲。（Quercus phellos, L.）

（四）綠。蘭。槲。（Quercus laurifolia, Michx.）

十六　大玉蘭（Magnolia grandiflora, L.）

南部常綠樹中，此樹最爲美觀，街市行樹街，往往用之，葉大花潔白，使觀者嘆羨不置，好廣闊肥沃之地，不適於狹地之栽植。

十七　樟樹（Cinnamomum camphora, L.）

樟樹乃生長速而美觀之常綠樹，葉有光澤，樹姿整齊，能於瘠地生育，適於狹市栽植。

十八　針葉樹

針葉樹不適庇蔭之用，蓋其枝條之生長狀態，有不能施以剪定者，故不能不任其自然生長，若植之過密，則陽光不足，下枝自然枯死，樹冠高聳，未能爲庇蔭之用，若栽之太疎，則下枝叢生，一施剪定，輒復枯萎，故非有特種情由，針葉樹均不宜用爲行道樹也。

第四章　栽植行道樹之準備

栽植街市行道樹，必先調查街市之狀況，譬若土壤之性質，車道步道之廣狹，街市兩傍建築物之高低，街道方向，以及電線水道之有無，上下，大小等，凡與選擇樹種上有關係者，當一一調查較量之。

第一節　土壤

植樹之成敗，雖原委複雜，其大部分，要視土壤及處理之如何而定，故宜先檢土壤，審其性質，判其深淺，然後可定栽植之適否與方法也。

街市之土壤，大抵不適於樹木之栽植，尤以地層傾斜，路面瘠削之處爲然，此種地方，若欲種植樹木，遂其生育，必塡補以良好土壤，斯可栽植，所謂客土法者是也。

（一）適應土壤　適應於樹木生長之土壤，須具有植物營養上必要之養分，土質須輕鬆之砂質壤土，且粗細等齊者，蓋如是則耕鋤既易，乾溼平衡，否則，如黏重土壤，空氣水分，均不能完全透通，燥則硬化而生龜裂，雨則泥濘，不堪工作，以之植樹，何能相宜，然砂質太多，不持溼氣，亦屬非可，故普通適於栽植樹木之土壤，其組成應如左比。

砂　七〇%　黏土　二〇%　腐植土　一〇%

街市道路，如土質良好，且心土能透通水分者，樹木生育必盛，壽命長久。不然，若土壤瘠惡，宜多施肥料，或移入他處肥土，（如牧場或農地之土）然後栽植。其在大規模的栽植，則於一年以前，預置堆肥於瘠惡之地。堆肥之製法，乃用土壤，雜草，人糞尿及他種肥料，交互積疊，每隔數月，反覆一次，而經腐熟者也。

（二）土壤之量　樹木之根，欲遂其生育，宜有充分之土壤，普通於幅四尺乃至六尺之步道上栽植樹木，至少須有三尺見方之肥土。然各路處處調換客土，似有未能，惟華盛頓巴黎諸處，往往有掘長八尺寬三尺五寸深三尺之穴，去其宿土而充以新肥沃新土者。

如前所述，去其瘠壤，入以肥土，然後栽植樹木，則五六年間，生育必然暢茂，嗣後根勢強盛，自可生育伸長，若五六年後，樹木忽有停止生長之兆候，或早脫葉，則穴傍宜更寬掘數尺，換土或耕耘施肥可也。

（三）**心土** 心土若爲黏重土質，水分之透通性缺乏，則水分停滯於根部，阻滯空氣之流通，樹命危淺，故宜善爲排水也。

（四）**土壤之準備** 準備土壤，要而言之，當視土壤之性質如何，事有繁簡。如土性良好，土量豐富，則僅掘適當之穴，便可栽植，若地力中庸，則須略換土壤，至如土性太劣，則宜全易。顧所宜注意者，乃調換土壤，必較原土高積若干分，以圖鞏固根基之用。

普通掘穴，宜較栽植期，約早數月。例如春植，則時短事忙，宜於客秋預爲掘就，至春再植，既可以調節閑忙，亦所以促土壤風化也。

第二節　街市行道樹之配置

（一）植。樹。地。帶。 歐美於普通之街市，車道與步道之間，設有寬四尺以上之細長地帶，俾便栽植行道樹，而於帶內樹木與樹木之間，常置芳草或設花壇（第一圖）在街市廣闊之區，則此地帶，其寬務爲十尺或十尺以上，不宜在四尺以下，否則街市狹隘，寧缺之不設可也，其在我國之街市道路，尙無此類地帶，僅就車道步道之傍，聊植幾本樹木而已。

第一圖

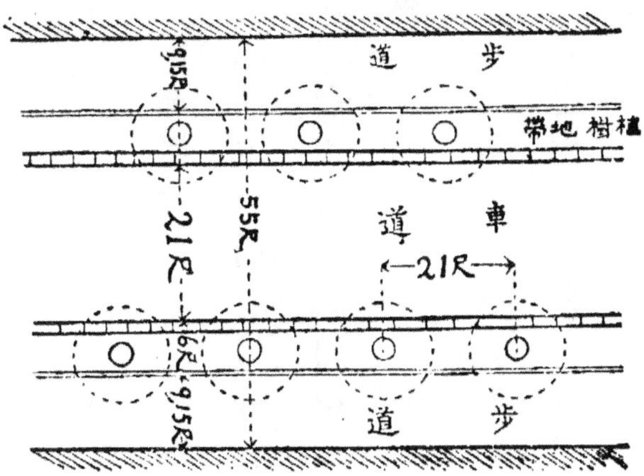

（二）車。道。之。幅。 車道之廣狹，當視通行車馬之數量以爲衡，若廣闊太過，則修築維持諸費，隨之增大，且塵埃之飛散益多，故車道與步道之間，若留有廣寬之植樹地帶，以之植樹播草，既可避去塵埃，復能美化街市，誠計之得者也。

（三）街。路。之。區。劃。　街路上八道與車道之區劃，及路上應植之樹木行數，當視街道之廣狹，建築物之高低，及家屋與植樹地帶之距離等而定，我國街市道路，殆無一定之區劃法則，亦無可以模範之行道樹，爰舉海外之例，以爲研究者之參攷。

日本東京，在震災以前，則銀座通一帶，路幅十五間，（每間約六尺）其中車道寬九間，兩側之步道，各寬三間，步道內側，（與車道相接之側）每隔四間，置三尺平方之隙地（此外純用水門汀築成）樹以喬木，京橋須田町，道幅同爲十五間，惟車道爲十間，步道各居二間半，青山方面，道寬十二間，車道八間，步道各二間，均未設植樹地帶，亦不置芳草地域。

西班牙之罷山洛那（Barcelona）市，道幅有壹貳叁三等區別，一等道路，幅爲十八丈，二等道路十二丈，三等道路六丈。幅十八丈之道路，中央四丈八尺，敷砂礫，作爲車馬道，兩側幅各三丈六尺，佈細砂，以爲遊步道，遊步道之左右兩側，各植高大之行道樹，樹間設石條，備行人之休憩。遊步道之外側，有幅一丈八尺之電車通。電車道之外側，更留七八尺之餘地，敷以磚瓦，充買物道。（第二圖）

二等道路，中央有寬八丈之細砂道，即遊步道也，遊步道之兩側，栽植行道樹，此外更有幅約一丈八尺之電車道，電車道外，即爲買物道，（第三圖）幅不過數尺而已。

三等道路，則無電車道，中央有二丈四尺之車馬道，兩側之步道，闊約二丈，車道步道之交，植行道樹。（第四圖）

要之，歐美普通之道路，其幅之五分二爲

第二圖

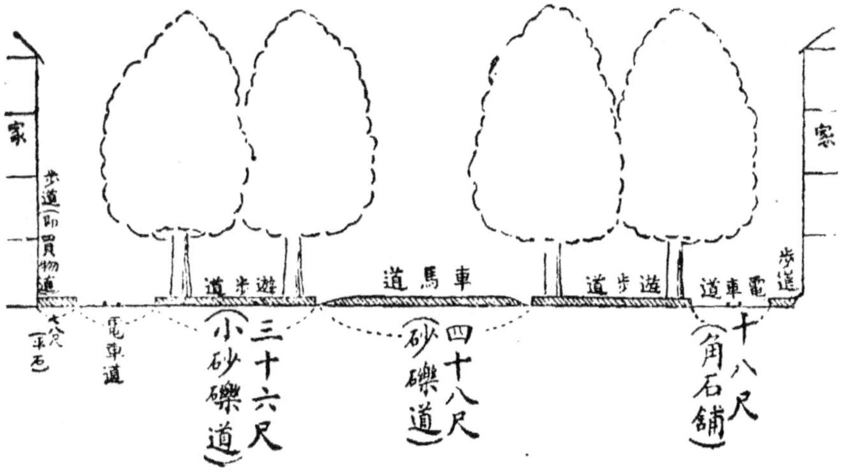

人道，五分三爲車道，而住宅地之街道，其幅大抵以五十尺爲常，故此時人道一側之幅，若爲十尺，則其中四尺爲步道，又四尺爲植樹地，其餘二尺，以爲步道與住宅之間隔地，播以芳草可也。（第五圖）

第三圖

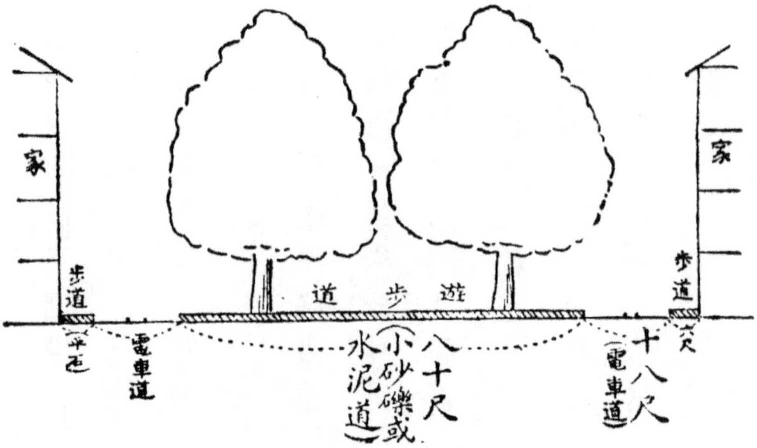

第四圖

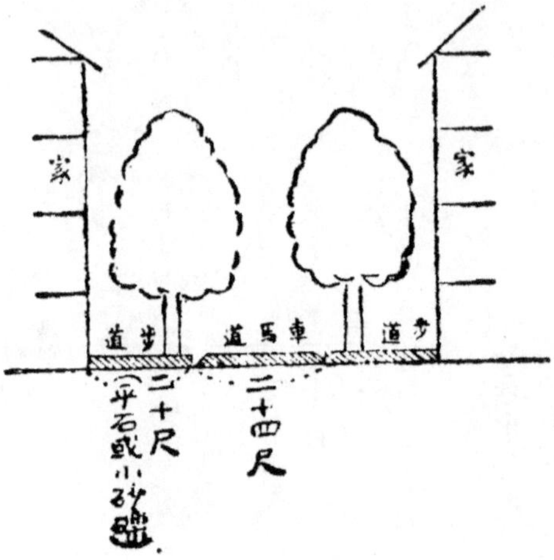

第五圖

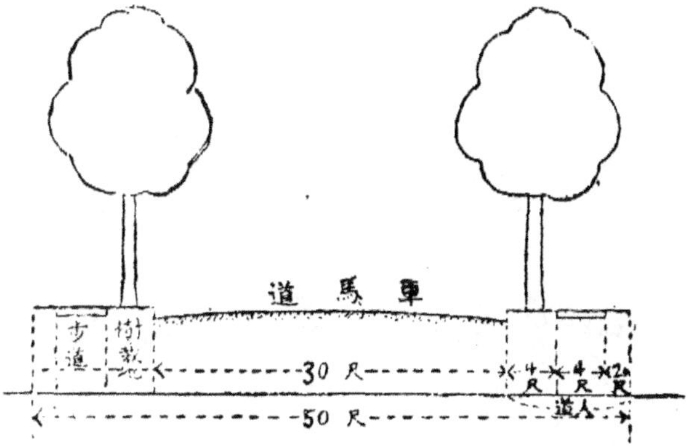

在住宅地有適當之路幅者，可如次配置，卽住宅與住宅，兩岸相距六十尺者，其中以三十尺爲車道，兩傍左右各十五尺爲人道，人道之中，六尺爲植樹地帶，四尺爲步道，所餘五尺，乃步道與家屋之間隔地，植以芝草（第六圖。）又住宅兩岸，若相隔八十尺，則車道四十尺，人道左右各二十尺，其中更分八尺之植樹地帶，八尺之步道，四尺之間隔地（第七圖。）若街幅百尺，則中央二十尺設植樹地帶，栽植灌木或小矮樹木，左右各二十五尺，充車馬道，兩側之各十五尺，定爲人道，其中以與車馬道相接之六尺爲植樹地，其次四尺爲步道，五尺爲間隔地（第八圖。）

第六圖

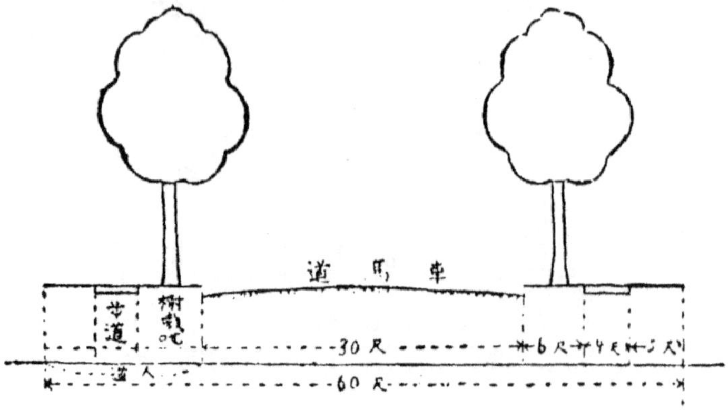
車馬道
步道
樹栽地
30尺
6尺
4尺
人道
60尺

第七圖

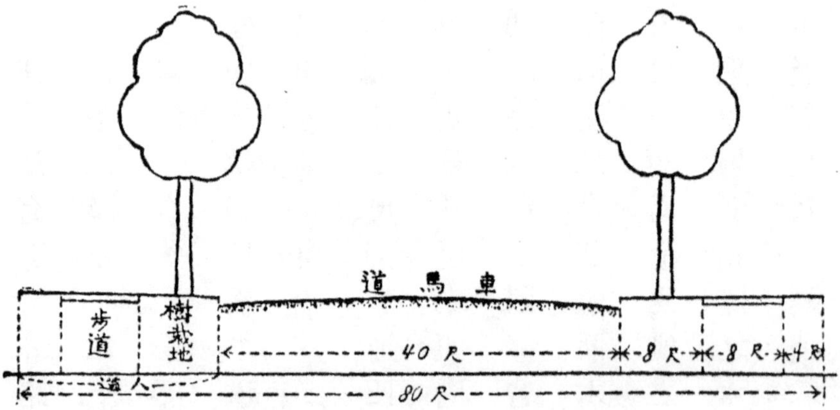
車馬道
步道
樹栽地
40尺
8尺
8尺
4尺
人道
80尺

第八圖

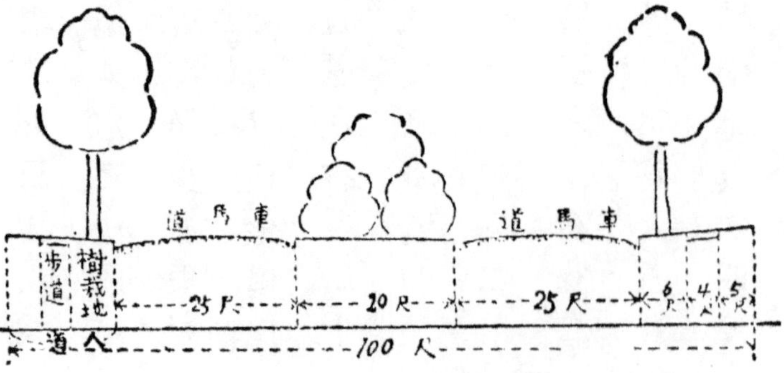
車馬道
車馬道
步道
樹栽地
25尺
20尺
25尺
6尺
4尺
5尺
人道
100尺

若幅爲百二十尺，或百五十尺，則可植樹四列，中央通電車，而兩傍通車馬，華盛頓市，有四列樹木者，道幅均爲百五十尺云。（第九圖）

（四）家。屋。之。高。度。　在住宅地之街路，家屋與步道，相隔須有一定之距離以上，（例如二十尺或二十尺以上）如是，則栽植樹木，可充分生長，不然若步道與高大房屋接近太密，樹木之生育必劣也。法國巴黎市之規定，道幅若爲三十三尺，家屋之高，不許超過六十六尺，道幅若不及二十六尺，家屋之高，必在四十尺以下，如此制限，所以使建築物之高，與街路之幅相稱，而使樹木得遂其生育也。故兩側之建築物，若高三十五尺，則路幅須六十

第九圖

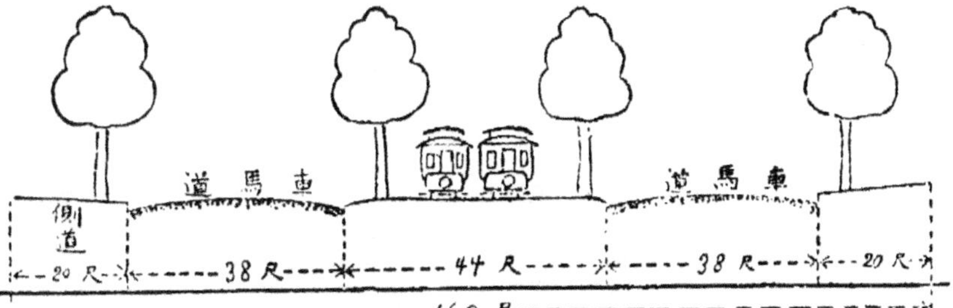

行道樹

六尺以上，建築物爲六十五尺，路幅必在百二十尺以上，（第十，十一圖）若路幅甚狹，家屋高大之街市，僅於車道中央，植以一列樹木可也。（第十二圖）

第十圖

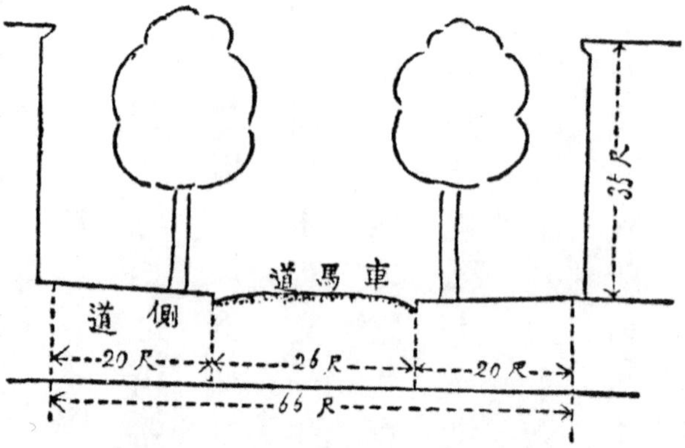

第十一圖

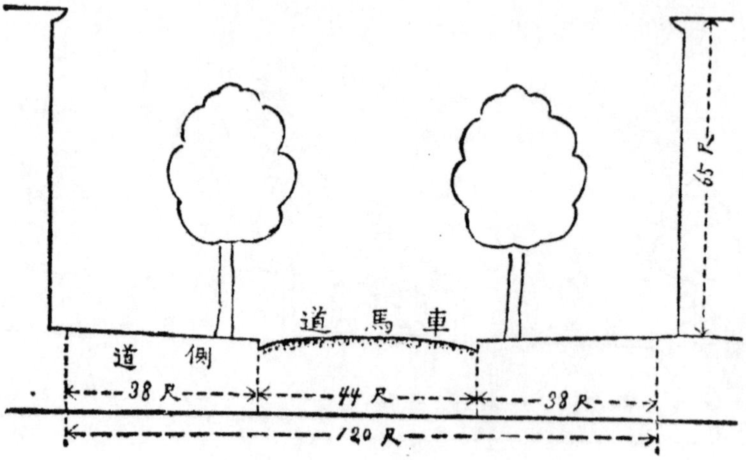

（五）車道界與樹木之距離。

樹木與車道界線相距，必在二尺以上，不然則樹木之根，擴張至車道界線下，輒爲砂礫鋪石所掣肘阻擊，養分難以吸取，生育困難。

第十二圖

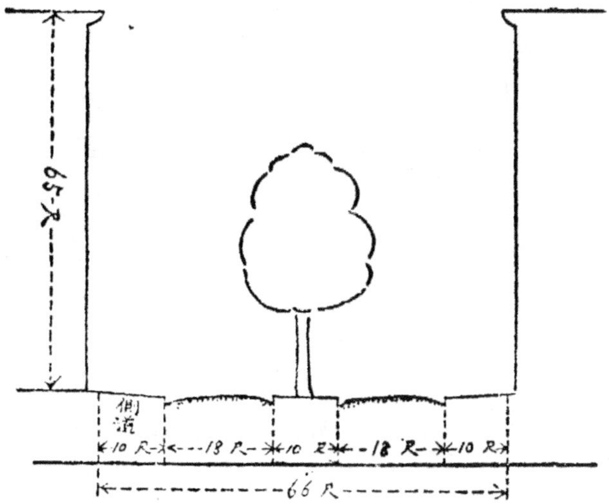

邇來街市步道，盛行混凝土(Concrete)築造，此時須深掘一尺五寸，故老木樹根，往往受其大害，故於此際，與其用混凝土，無寧鋪石之爲愈也。

（六）樹間距離。

樹種選定以後，栽植不可過密，否則必不能遂其生育也，其適宜距離，必樹木枝葉，雖充分生長，尚與隣接樹木弗相迫害者方可，日本東京街市之樹木，大概互距二丈，歐美且有次之標準。

行道樹

樹種	樹間距離
美國楡	五十尺
砂糖槭	四十五尺
槲樹類	四十五尺
篠懸木	四十五尺
槭樹類	四十尺
美國菩提樹	三十八尺
歐洲菩提樹	三十五尺
七葉樹	三十五尺
公孫樹	三十尺
西洋梓樹	三十尺
西洋朴樹	三十尺

樗
加落利白楊 } 二十八尺

樹木若任其自然生長者，距離可大，反之枝葉須時時修剪者，距離可小，譬如法國巴黎之樹木，皆不時剪定，故其距離，可較前表爲小也。

（七）樹木相互的位置。 狹隘之步道或街道兩側之樹木，當以不相對峙，參互栽植爲便，苟或不然，則樹木間相互之間隔，益形短縮，易使枝葉相接觸，反之街道若廣，自以對峙爲美也。

（八）角隅之栽植。 十字街道之四隅，往往有街燈郵筒或警報器等之存在，栽植樹木每多障害，無已，當去角隅二三丈，再行

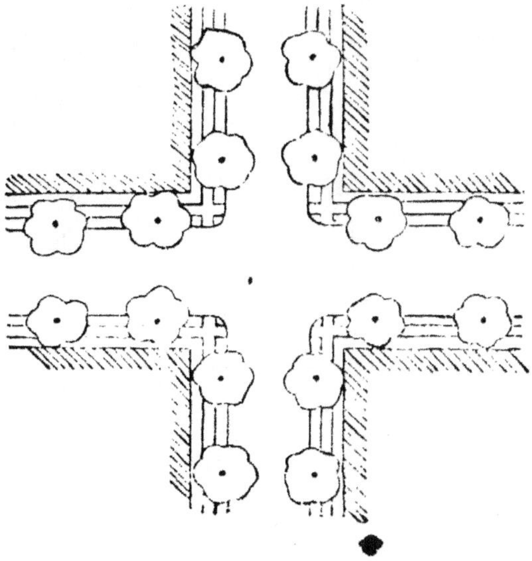

第三十圖

栽植，如斯則四隅之間，宛行八本植樹，體裁生育，俱爲良好也。（第十三圖）

（九）步。道。與。住。宅。間。之。栽。植。　街市行道樹，普通雖多植於步道與車馬之間，然步道與宅地之間，亦屢有特設地帶而爲栽植者，由是樹木受車馬之害少，且地力較佳，生育必暢，但此種設計，僅宜行於車道狹窄，而家屋步道相距甚寬之處，若與家屋太近，則樹木既因是而日光爲之蔽障，車道復爲無樹木而不得蔭影，雙方均有缺點，故一般皆植樹木於步道與車道之間，兩得其便也。

（十）行。道。樹。之。列。數。　街市上應栽植行道樹之列數，當視大道之廣狹，步道植樹地帶之寬窄，樹種等而異，今示巴黎市規定之一例如次。

大道之幅	車道之幅	步道之幅	樹木列數	自家屋至樹木距離	自車道至樹木距離
八六—九二尺	四〇尺	二三—二六尺	二	一八—二一尺	五尺
一〇〇—一二三	四六	二六—三三	二	二一—二六	五

一二〇—一三五	四〇—四三	四〇—四一	四	一六五—一八	五
一三六	四三	四三	四	三	五

（十一）樹。種。純。一。之。必。要。　街市上之風景，欲其不時變換，且避同時齊一之蟲害，則街市全部，宜植各種行道樹，然同一街市，若植同種樹木，整齊純一，壯麗雄偉，亦大足喚起觀者之注目焉，彼如華盛頓市，其美觀奇麗，要皆由純一樹種有以致之，更如新懈西（New Jersey）市之街道，有遠亙三英里之美國楡，植成四列，印地那（Indiana）之篠懸木，丕西爾伐尼亞（Pennsylvania）之針樅，皆由單一樹種，高聳雲霄，巍然可觀。

（十二）異。類。樹。種。之。列。植。　在並行二列以上之植樹，其中央者與外側者，若樹種全異，則街市風景，大有可觀，例如步道之內側植松，外側栽槭栽楓，不啻體態不同，花葉之色彩亦各有異，豈非絕好風度哉。（第十四圖）

第十四圖

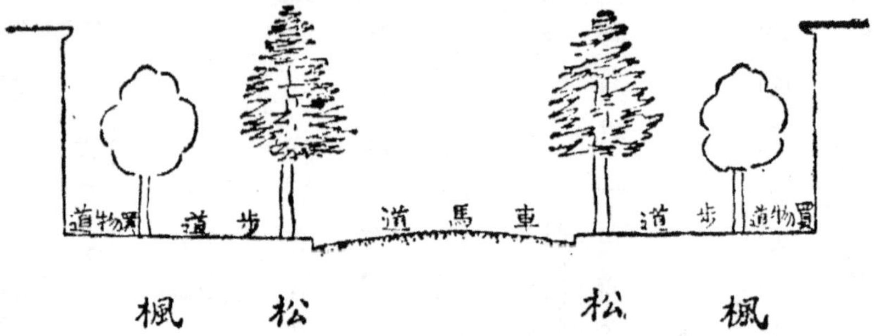

第五章　街市行道樹之栽植

（一）**林內之樹苗**　設計既定，當由苗圃中選擇相宜之樹苗，蓋林內縱有自生樹苗足以利用，但因直根太長，掘採之際，必受損傷，移植以後，易於枯死，加之此類樹苗，密生於山林，樹皮薄滑，驟然移之市上，日光強射，易罹皮焦之害，故由森林移苗至市，甚爲危險，縱須利用山生樹苗，亦必於一二年前，預爲掘採，去其根葉，養諸農地，然後用之可也。

（二）**苗圃之樹苗**　苗圃樹苗，須在圃內豫爲移植，使多發鬚根，便於活着，例如四五尺長之苗木，移植之際，將直根距根基五六寸處剪去，每距四五尺，分植苗牀中，如此則支根暴發，成健全之苗，經一二年後，再植於街地，決無枯死之患矣。

（三）幹。枝。之。發。育。 凡行道樹，在樹苗時代，須令樹根具健全之組織，并宜剪定樹冠，故於栽植之二三年前，就樹幹六七尺以下，將側芽小枝，盡行摘去，上方枝葉，亦時加修剪，令樹冠呈密生整齊之觀。

（四）大。小。之。制。限。 大苗移植之際，因枝葉剪棄太甚，恢復較遲，小苗當無是弊，故歐美各國，通常皆採用眼高直徑二寸乃至三寸，日本乃採用周圍五寸，高一丈二尺，枝下六尺之小苗。又自經濟上言之，移植大木，亦多不利，例如樹苗養成至直徑七八寸大之時，苗圃中屢屢爲之移植，徒費財用，故除欲生長迅速，或費用上無何等制限外，均以小苗爲便也。

（五）大。樹。之。移。植。 直徑一尺二寸乃至一尺五寸之大樹，欲行移植之際，須令根附宿土，勿令損傷爲要，大樹樹根錯雜，若一時切斷，則移植後發育不良，或竟枯死，故宜於二三年前，分年逐漸掘斷之，則斷處發生細根，移植後便無活着不良之弊。

（六）選擇行道樹之要點。 選擇行道樹，當使樹冠圓滿，樹根密生，得其平衡狀態，蓋根多容易活着，生長必速，若樹冠徒大，根數太少，縱令活着，生長甚遲，故街市行道樹，當以根部發育完全，樹幹挺直，枝下至少須有六七尺，且具健全之枝條者爲佳，栽植之際，務宜迅速，若兩地相隔甚遠，更宜講求採掘包裝運搬諸法，方可期植後之安全也。

（七）包裝。 相當之樹苗，既由苗圃中選定，即宜附以記號，速行採掘，尤須注意包裝，裹根以苦菰，束枝幹以藁草可也，若苗數頗多，宜用箱車，車中積疊苗木，覆以藁苫，且密閉窗穴，制其蒸發，如斯爲日雖久，亦無傷也。然積苗太多，有損枝幹，宜加注意耳。

（八）植樹上之注意。 樹苗之活着度，繫乎養成法之如何，固不俟論，然樹苗運到之後，如樹根之保護，土地之準備，栽植之方法等，於樹苗活着上，亦極有關係，此其所宜注意者也。若到着後不能立時栽植，卽宜假植以爲緩和之計，卽於陰潤位置，掘一尺五寸之深溝，廣以足容苗根爲度，溝中密置樹苗，上覆泥土，使毋生間隙，常保濕潤，若斯則發芽延遲，可放置數週後供用。

（九）**樹梢與樹根之剪定**　移植苗木之際，未有不損其根者，故欲根葉之保其均衡，非行枝梢之剪定不可，然其剪定之程度，全視根部之狀態而異，若細根豐富，剪去枝梢可少，否則宜多，就一般言之，剪去枝梢之量，約前年生長者之五分四云。但亦有因樹種而異者，例如我國之槭楓落葉松類，剪去務少，梧桐公孫樹櫟女貞，剪去宜多，要而言之，樹苗移植後，爲生活之安全計，剪去之量，寧多毋少也。

（十）**栽植法**　植穴之深宜與苗在圃時相同，使根弗拳曲，土不凝塊，保其自然之位置，且於根上，壅佈細土，鎮以尖棒，所以不使生間隙也，上踏以足，覆以細土，所以保濕氣也。

嘗見日本東京行道樹（長一丈二尺眼高周圍五寸）之移植法，每於一年之前，將樹根一部，預爲切棄（約減縮其直徑至一尺內外）移栽苗圃之內，俟後將此樹根部，於直徑二尺之範圍內掘起之，包以濕菰，車運至目的地，以供栽植之用。

（十一）植樹之時季。 種植樹木，可於秋季落葉後，至翌春發芽前，於樹木之休眠期內行之。其在秋季落葉後，卽十月末至十一月初之時，栽植者，翌春雖可早早開始生長，然或遇酷烈之晚霜，反害多而利少，且因冬季土壤之凍結與融解而起樹根之搖動，於樹苗活着上，其危險更甚。但春植亦非絕無危險，卽新葉一開，蒸發盛旺，而樹根尚未十分活着，以致根部乾燥，卒至枯死者，亦往往有之，然權宜利害，總以春植爲宜。

（十二）支柱襯竹及樹幹之保護。 樹幹亭亭直立，足使行道樹增幾分美觀，然栽植之際，縱令如何注意，常因土地之狀況，風之影響或他種關係等，而有卒不能自然直立者，此等傾斜樹木，若欲其直立，而時時扶之提之，則樹根必難活着，故樹木栽植以後，宜先樹支柱，防其傾倒，更用襯竹襯木，使樹姿正直，蓋亦本與其扶危於將來，孰若防患於未然之意耳。爰就日本之例，言之如次。

（甲）日本東京用於行道樹之支柱，計有三種，但均施於栽植以後，蓋施於栽植前，殊多不便也。

（一）牌。坊。形。支。柱。　三種支柱，均用梢徑二寸以上之杉材。在牌坊形支柱，兩椿之長各爲五尺，二尺打入地中，其上釘以橫木，長約二尺八寸，更以棕繩或鐵絲束縛於樹（第十五圖）。

第十五圖

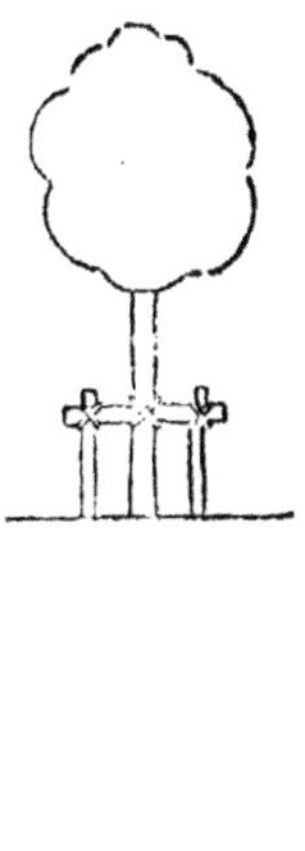

（二）梯。形。支。柱。　此法用一尺乃至一尺二寸之橫木一本，與五尺之椿二本，距離三尺，深二尺，稍斜打入，作梯形，（即三脚式之減却一本支柱者）。

（三）脚。式。支。柱。 此法如前之梯形，橫木之長一尺乃至一尺二寸，三椿斜打成三叉形，縛之（如十六圖，）椿於地面之擴大度約三尺，此三脚式，比前二法，多椿一本，且用繩較多，堅牢特甚，是其優點也。

第十六圖

支柱若用圓材，甚易腐爛，故宜先行燒焦，或塗防腐劑，惟前法有汚損行人衣袂之患，必磨去炭層，方可用之。

（乙）襯。竹。 行道樹或直徑在五寸以下，或樹幹特別柔軟者，即或不然，如法國梧桐等枝葉饒多，幹易屈曲者，必用襯竹，俾姿勢整齊。法以直徑三寸之竹，切成與樹木齊高，樹立樹幹之傍，樹幹裹以杉皮，用繩縛之可也（第十七圖）

第十七圖

甲、樹木　乙、襯竹　丙、杉皮　丁、繩

（丙）樹。幹。之。保。護。 行道樹之下部，易受人畜車馬之害，故特宜保護，在日本東京，往往於樹幹周圍，編以竹籬，束諸樹幹，以防危害，大抵對於防兒童者高四尺，防牛馬者高六尺，在華盛頓市乃用木製柵，歐洲更有用鐵製保護柵者。如東奧萊(East Orange)市是也。

（十三）地。下。灌。水。

歐美諸國，對於街市行道樹，自地表深約九寸乃至一尺二寸之處，埋置土管一列，或繞樹成矩形，由其注口，時時灌水，以爲樹木吸收之用（第十八圖）。然此法乃徒耗經費，殊鮮實效也。

第十八圖

矩形灌水路平面圖

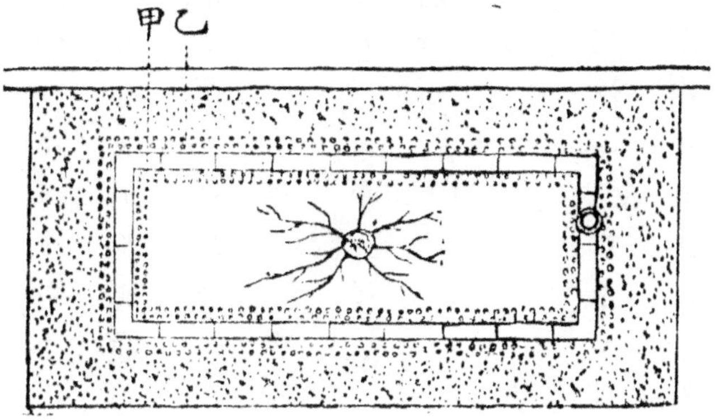

同上縱斷面圖

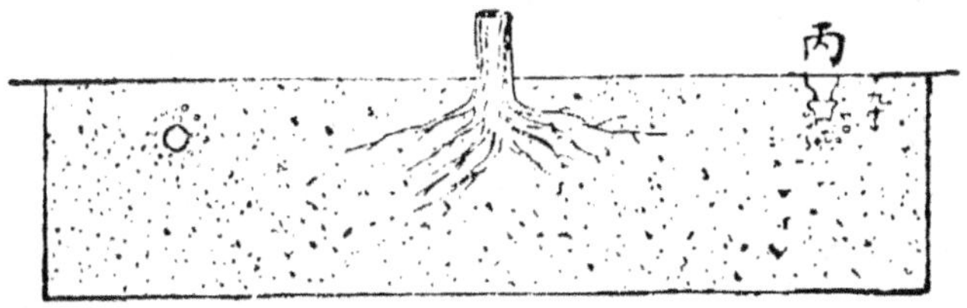

甲、土管　乙、砂礫　丙、土管之口

（十四）地下排水。　樹木既須灌水，又不可不排水，蓋土地雖良，樹種相應，若排水不完全，則根部濕氣過度，空氣不能流通，必漸次腐朽，旦夕枯死，故排水於植樹上，甚爲切要。凡土壤如爲不透水性而土層不厚者，可深掘使達透通性之土壤，或令排水路與下水路相連絡，後法對於排除根際之停滯水分，其效尤大，此類之排水路，通常設於地下三尺五寸乃至四尺左右之處。

第六章　街市行道樹之保護

第一節　灌溉

灌溉之必要。　土中濕氣，關係於樹木生育上，至爲重要，濕氣不足，不得不由人工灌水以補之。其在街市道路，雨水流去甚速，滲入地中之量較少，故灌溉尤爲切要。顧灌溉與樹種年齡氣候季節，及土壤之性質狀況等，俱有密切關係，幼樹較老樹，淺根性樹種較深根性者，生長速之樹種較緩慢者，灌溉宜多。尤以春季發芽前後爲然。他如樹木於移植期間，根部尙未與土壤固着者，其所蒸發之水分，非由人力補給，末他由也。

灌溉量　灌溉量及灌溉次數，因根之擴張範圍，心土之性質等而不一定。例如植後經過二三年之幼樹，其根約擴展三尺平方，每次灌水，約施六斗，即可滿足，如在大樹，須更增水量。要之，灌水量宜使根之蔓延部分，含水分至飽和為度，但不宜使根部有過量水分之停滯也。

灌溉方法　設備土管之處，僅由地面之土管口注水即可，非常簡易，但若無此裝置，則攪起土壤（與樹根之擴張面同大）深約六七寸，然後灌水可也。（所謂樹根擴張面者，與樹冠之擴張度相同之根部面積也。）

灌溉時間　灌溉宜避溫度高之日中，可於早朝或傍晚行之，東奥萊市道樹之灌溉，常在晚間，即午後六時與午後七時之間行之云。

第二節　耕耘及施肥

燐酸鹽硝酸鹽及加里等，於樹木生長上固不可缺，但於道路上，因此等養分缺乏而使樹木不能生育之現象，殊不多見，轉因土壤物理性質之如何，常有顯著之關係，故樹根部之土壤，恆宜耕耘，使土中空氣透通，促營養分之分解，便樹根之攝取，並防土中濕氣之蒸發，此等物理性質上之改良，誠爲至要。顧耕耘於樹木生育，有偉大價值，世人尚未普知，如彼旱魃之際，土壤乾燥，地表固結，傳熱於地中也甚速，因之促水分之蒸發也殊易，復因毛細管之作用，即深藏地中之水分，亦能吸上發散。若一旦耕耘，使表面土壤，輕鬆膨軟，其作用類如毛巾覆地，可以絕溫熱之傳達，杜毛細管之吸收蒸發，而地中水分，可免消失，旱魃之害，乃以幸免，詎非偉大之功效也哉。彼行道樹下所以栽植芝草花卉之類者，良以此也。

通常欲改良土壤性質之故，於秋季以肥料淺埋於樹木根部，使之腐熟，如此不僅可以使土壤肥沃，且可改善其物理的性質，爲效至宏也。其適於行道樹之肥料，主爲油粕荳粕類（每本約施一升，）歐美更有配置化學肥料者，其配合量如左。

燐酸　四十斤　氯化加里　二十斤

以上之混合物，秋季於每畝地中，約施一百八九十斤，翌春每畝中更施三十六七斤之硝酸曹達，三者均以水溶液施之可也。

第三節　修整

凡公園庭園樹木，樹形矮小，樹幹屈曲，姿勢不正者，概不計較，或反有以爲緻雅者，故無矯正之必要，反之若在行道樹，必樹幹挺直，樹冠高張，且呈齊大之卵形，幹與枝之配置，又須均衡，故於選擇上，既加注意，撫育上尤須鄭重修整也。

枝。下。高。之。一。定。　修整行道樹，栽植後可卽行着手，然使枝下高（自根部至枝之樹幹長度）之達於一定，非一次手續可以完了，當徐徐施行。歐美樹木之枝下高，定爲十尺乃至十二尺，日本較低，約九尺內外。

樹。冠。之。整。理。

整理樹冠之形狀，在乎抑制，或促進枝之生長，挫強扶弱，去弱留強，總期保持均衡，毋使偏倚，其如具有數本之梢者，則留中央之強壯樹梢，而去其所否，或切短之，使全力集中於中央之梢，如此斯樹易臻高，抗風力亦大。又如槲樹，幼年時代，梢頭往往屈曲下垂，是宜縛諸竹竿，令樹梢向上，以矯其屈曲，至梢頭或因風蟲而損壞者，則將有力之側枝，如前法扶挈之可也。

修。剪。方。法。

修剪之着手，通常始自梢端，漸次及於下方，當枝條剪除之時，務使切口與幹接近而並行，且宜注意於切口之不分裂，及癒合之迅速，例如以切斷而最小爲目的，而如第十九圖甲乙與枝軸，直角切斷者，則基部丙丁以上，失其生活力，乾燥枯死，外皮脫落，浸假而腐朽，尋至樹心，亦招昆蟲菌類之侵入，甚爲該樹生長之患，終至枯死，不然若由丙丁位置，即與樹幹平行切斷，則傷口周圍之形成層，內部增生木質，外部加厚樹皮，形成癒合組織，使傷口漸小，

第十九圖

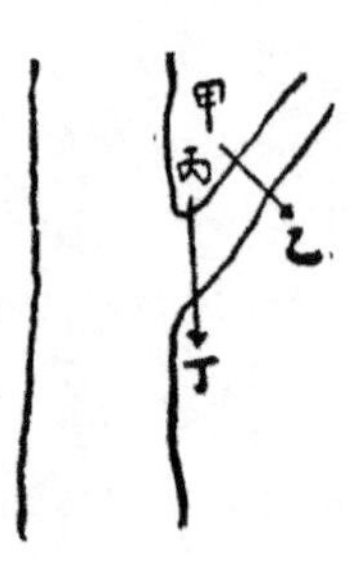

遂至全部被覆。由是觀之，剪切枝條，務使切斷面與樹幹近接並行，期其癒合較速，但此癒合組織，一方被覆傷口，一方更生保護用之外皮，其下生新形成層，與樹幹形成層相連，年年增生木質層，而此木質層，與樹幹固有之木質，性質相異，決不相合，僅為枯死之木質而永遠殘留耳。

披。枝。之。第。一。法。　先於枝之下面，距基部七八寸處鋸入枝徑二分之一，於上面自枝之基部鋸入七八寸，則因枝之自重而裂墜，（第二十圖。）然後可用利刃，切去殘枝也。

披。枝。之。第。二。法。　樹枝太粗，基部膨大之樹，苟由前法，未能完全切落，或反招損傷，故當於枝之下面，距基部七八寸處，鋸入一半，次於基部上面，亦鋸入一半，更於最初鋸入之反對方向（上方）稍前，鋸入枝心，則枝自裂墜，然後徐徐切去殘部可也。

第二十圖

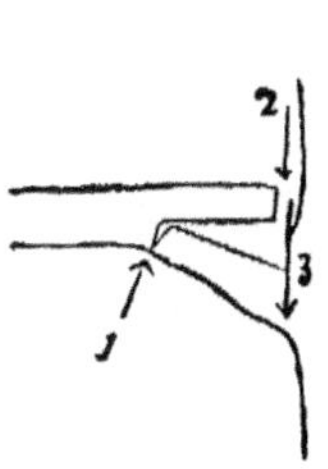

第二十一圖

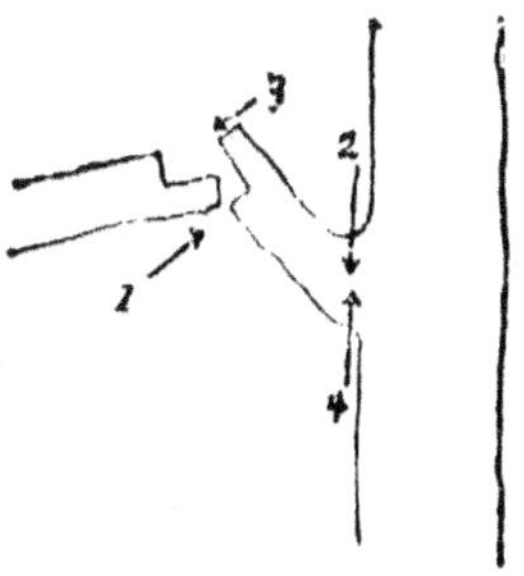

傷。口。之。保。護。 樹木之傷口，經過一定期間，固能自然癒合，然其癒合期之長者，約須數年，常起局部的腐朽，至釀內部之大害，故其間之防腐，甚爲緊要，法以漆蠟或濃墨汁等，塗抹傷口，使不爲外害所侵入，但最完全者，莫如煤膠(Coal tar)，蓋煤膠對於傷口，微特爲機械的被覆，且有殺菌驅蟲之效，故保護傷口，最爲有效，但須用精製者。

行。道。樹。之。心。枯。 樹根之擴張度，大概與樹冠之擴張度相等，而都市之行道樹，多地味瘠惡，根之伸長，不自然不活潑，因之樹枝疎生，勢遂衰墜，葉亦凋萎，卒至梢頭腐朽枯死，所謂心枯者，乃此現象也。

樹。姿。之。整。理。 修剪樹枝，當行於幼齡時代，若在老樹，縱令如何抑制，如何促進，終不能得充分之效果，矧夫新枝之發生力，視樹種大有差異，有剪後遂生新芽者，有絕對不發生或發生而甚微弱者，彼如篠懸木，白楊，槭，朴，公孫樹，梧桐等，生長迅速之樹種，比諸他樹，剪後之回復甚易，斯今之行道樹所以盛用篠懸木也。

樹枝剪定以後，大抵由切口邊緣，叢生芽穗，二三年後，須相樹姿之宜，留其生長之強盛者，而去其所否，於是樹姿之整理，由是以始。整理之際，可用談卡(Descartes)氏之樹姿透視器(Dendroscope)。此器爲幅三寸長六寸之薄紙或薄板所製成，中央開一空洞，與所希望之樹姿同形，中軸更張縱綫（第二十二圖）者也。

第二十二圖

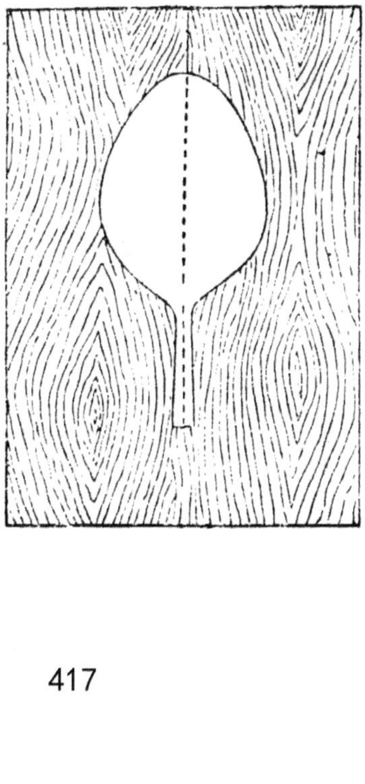

使用之際，指導者一人，預立於行道樹之前，距離與樹高相等，持樹姿透視器於眼前，使縱線與樹軸一致，更前後進退，使窺見樹面，達一定之大，將伸出於此面外之枝條，使第二者升樹，受前者之指揮，悉數剪去，如斯繞樹一週，便得預期之樹姿矣。

修。剪。之。季。節。 行道樹修剪之季節，非如果樹花卉等之嚴密，惟於施強度之修剪或老樹修剪時，不可不在休眠時期，卽晚秋以迄冬季時行之。若爲整理樹姿計，則必在有葉時期，蓋此時方能識別枝條之枯死或虛弱不完全故也。然春季及盛夏之交，樹液流動活潑，於此修剪，則樹液湧出，切口不易措施，且枝條易折，皮易剝落，務宜避去之，普通則於梅雨季行之。

修。剪。用。器。具。 修剪用具，我國固有者，有桑鋸鉈桑剪之類，普通桑園中之器具，概可應用，如在外洋，則有阿特金氏鋸(Atkins' universal saw)爲美國通用之器形如圖（第二十三圖），齒刃長二尺六寸，鋸齒成特異之形，使用甚便，力少效大也。

第二十三圖

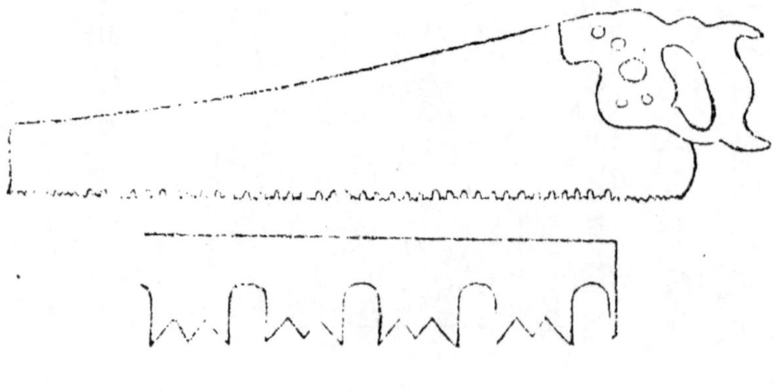

修剪者登樹之際，爲攜帶用具之便，有特別調製之皮帶（第二十四圖），一切用具，均可懸垂腰間，手足則自由動作。

又自地上欲剪除高處之枝，或攀登樹木尚非鋸斧所及者，則有長柄鋸，杖鋸，竿鋏等具，述之如左。

竿鋏乃用以剪直徑一寸左右，且不甚高之小枝，有下刃竿鋏上刃竿鋏兩種。

下刃竿鋏，具長凡十三四尺之柄，上端裝置如果園用之修剪鋏，下曳附索，枝即切斷，其刃由下向上，故有此名（第二十五圖。）

第二十四圖

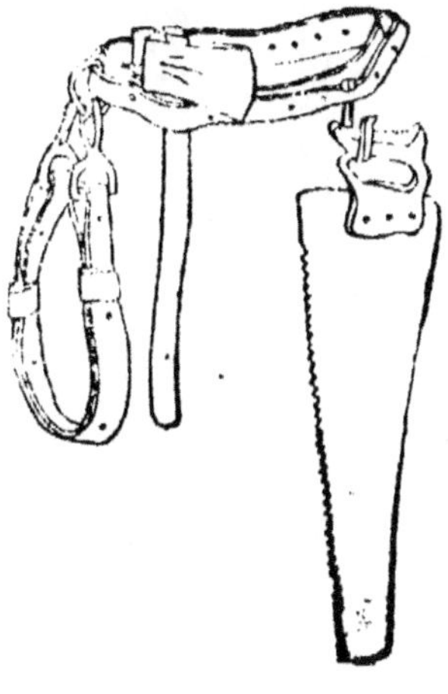

第二十五圖

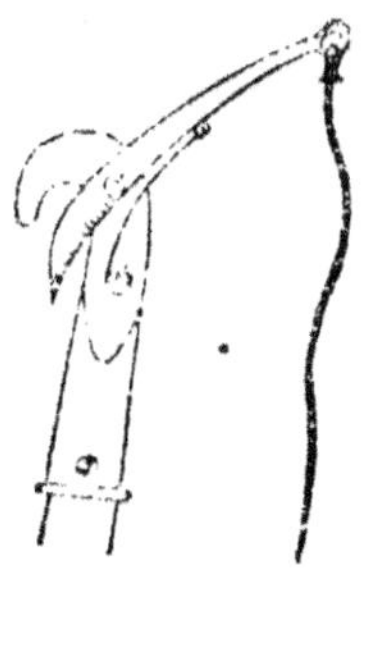

上刃竿鋏，其刃與前種相反，由上向下（第二十六圖）此鋏較之下刃竿鋏，切口平滑，且得利用枝重，故切斷容易，因有此二點，近來盛用之。

登攀樹木，大抵均用梯子，間有用如第二十七圖之靴者，惟對於樹木皮部，頗多損害，故除老木或樹皮堅厚者外，不可使用。

關於登樹之要點。 茲爲參攷計，特將勃魯克林 (Brooklyn) 及昆氏 (Queens) 市公園管理所揭示之登樹規則，列舉如次。

第二十六圖

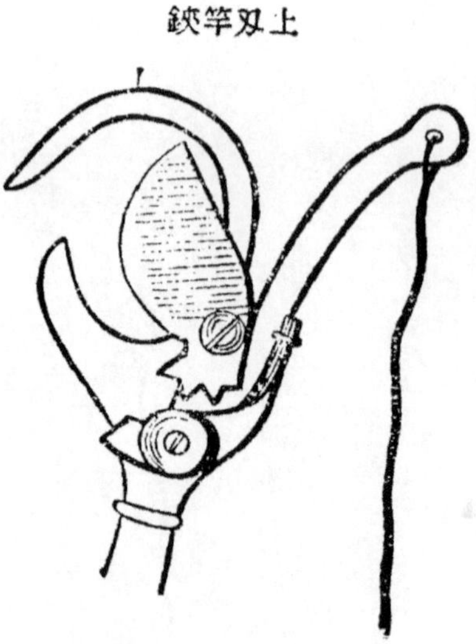

第二十七圖

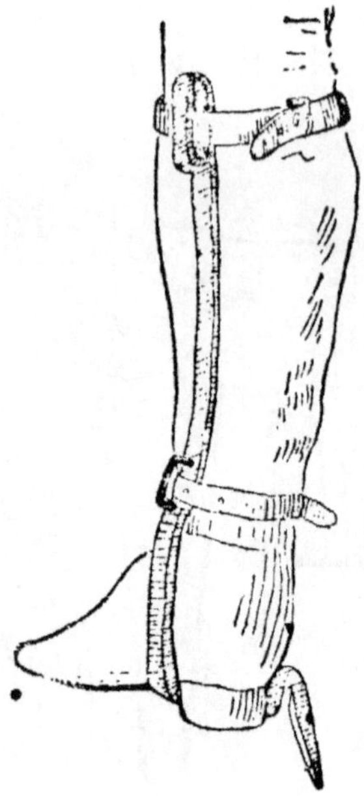

一、登樹之先，當察樹木全體之形狀，老大或罹病害者，必呈不健全之徵狀，對於此等不健全樹木，較之健全者，攀登時宜特別注意。

二、樹種不同，枝之負擔力，大有強弱，於登攀脆弱樹枝之時，宜特別注意，例如白楊類，楓，楊，鹽膚木，槭樹，栗類，柳類，菩提樹，楝樹等，具脆弱之枝，榆類，槲樹類，篠懸木，山毛櫸，樸樹等，比較的具強靭之枝，但如鹽地樹，桉樹類等，枝強而易割裂，故宜注意。

三、宜檢察黴菌之有無，凡菌類欲吸收樹液，常使菌絲侵入樹幹，或樹枝等部，故受菌害之部分，外觀雖無異狀，內部已失黏力，變爲脆弱，若不熟察菌絲之有無，必召危險，故宜注意也。

四、枝上多節，或多孔者，皆爲穿孔蟲蝕害之證據，故宜注意。

五、無外皮之枯枝，必爲久經枯死者，定多危險。

六、冬季積雪之時，較之高溫之夏季，容易折斷，故宜注意。

七、登攀樹木，於雨霧之際，容易滑倒，故宜注意。

八、使用梯子之先，當預檢樹木之牢固與安全。

九、使用梯子時，當預檢關係樹枝之強弱。

十、倚靠梯子，不可太斜。

十一、梯子上端，當宜注意。

十二、街市上剪定樹木，其墜枝往往爲害行人，故宜注意勿怠。

十三、冒險行事之際，宜預商指導員，受其指揮。

第七章　街市行道樹之被害種類及其保護法

樹木生育之際，常受諸種敵害，如暴風吹折枝條，霜凍損害新芽，雹雪損傷葉片，至如雷電及寄生動植物等，足以危害樹木之生命者，不一而足，街市行道樹，則於此種天然危害之外，更有土地之不相宜，人類家畜之累，故對於行道樹之保護，比之森林樹木，尤爲重要，而世人於此點，往往不之顧慮，以爲一經栽植，便可了事，殊不知植物對於環境，並無自身選擇之能力，不幸而地土不適宜，則生活必衰，枯死可以立待，爰就行道樹被害之素因，列舉如次。

（一）**地味之瘠惡**　凡樹木由土中攝取養分，更與得之於空中者，互相同化，以資維持生活及形成新組織，而由此等養分所組成之葉，乃按時落下，復腐朽為樹木養分，此森林中所以無須肥料也。然街市地方，常將落葉掃去，地力年年減少，遂至地味瘠惡，使樹木生長困難，故當如農地，年年施以肥料也。

（二）**土地理學性質的不良**　土地之物理性質不善，植物不能完全生長，街市地方，常生此現象，即街市地面，常因通行紛沓，致路面堅固，或因鋪石被覆地表，使空氣水分，兩不流通，誠於樹木生長上，大有弊害也。

（三）**鹽水油類之害**　歐美都市之住民，咸有自製冰麒麟（Icecream）之習慣，所殘鹽水，往往棄注根際，為害至大，我國則庖廚雜水，屢灌樹根，常釀大害，鹽水之外，尚有油類，亦足殺害樹木，如日本東京芝公園，曾有喜馬拉耶杉之枯死，考其所由，乃由修繕大門，使用多量之漆，當時以荏胡麻油爲溶解劑，即於樹下行溶解作業，浸假之間，油滴滲入土中，致樹枯死，其著例也。

（四）浮遊空中之塵埃煤烟及有害氣體之害。 都市之空氣，多含塵埃煤烟等物，樹木之呼吸孔，常爲閉塞，而害生活機能者甚大，顧其抵抗力，因樹種不同，有強弱之分，如彼砂糖槭者罹害最易，此時其氣孔全爲塵埃煤煙所堵塞，葉面則呈堅硬金屬之狀。

又如使用石炭之種種工場，不啻放出有害之煤煙，且屢屢發生亞硫酸氣體，傷害樹木，蓋此氣體，甚爲有毒，空中若含有五萬分之一，即足以使樹葉凋萎，故於鎔鑛爐之附近，宜其渺不見樹木也。其被害徵兆，乃葉面生赤褐色斑點，葉緣變黃，尋至凋萎，惟篠懸木，堪耐此害云。

又工場中發生之鹽酸氣體及鹼性 (Alkali) 氣體，亦有害於植物，茲就比利時內務部報告，對於抵抗鹽酸氣體毒害之強健樹種，順序言之如次。

槲　榆　菩提樹　秦皮　白楊　西洋李　蘋果　梨　櫻桃

（五）牛。馬。之。害。　行道樹爲牛馬嚙食以後，傷口微小，固旦夕可以平癒，若嚙口太大，或於同一部分，再四爲其嚙傷，則平癒自難，且因乾燥龜裂，菌蟲遂以寄生，浸假而木材腐朽，終至全部枯死，故在歐美之都市行道樹上，羈繫牛馬，或放置樹傍，法禁殊嚴，然此等消極的方法，殊鮮徹底之效果，其積極的保護方法，乃於樹幹周圍，用竹片，或薄板縛之樹幹，或用柵籬繞圍，使牛馬不得接近，故能於防禦牛馬之外，兼可避車類之摩擦，兒童之惡戲，爲效匪淺也。

（六）皮。焦。及。霜。裂。之。害。　行道樹皆係孤立樹幹，直接陽光，易起皮焦之害，又如我國直隸一帶，寒氣凜烈，街市樹木，常罹霜裂之害，宜各選擇禦寒暑力強樹種，以爲抵禦，捨此無他法也。

（七）蘚。苔。類。附。着。之。害。　行道樹年紀高邁，或土地溼潤之處，枝條上常有薜苔地衣發生，既礙樹皮之發育，復爲菌蟲潛伏之所，或纏繞樹幹，害肥大生長，阻樹液流動，爲害殊多。

若蒙此害之樹木，宜於冬季用平刃搔去之，凸凹之所，可用針五六本束成掌狀，以之剔除，然后更塗石灰乳可也。

第八章　對於街市行道樹傷痍之保護法

（一）樹。皮。之。擦。傷。　對於樹木的外科手術，其最簡單者，莫如樹皮擦傷，然其傷部微小，則以利刃爲局部的修削，更塗煤膠(coal tar)於傷部，不久即生新癒合組織，傷口完全癒合，

若傷部範圍太廣，樹木養分之輸送，或爲阻礙，或爲杜絕，則宜施「渡接法」使樹皮之隔絕部分，得以連絡也。其法先將擦傷部完全削去，其時上下兩皮，不相連絡，復以插穗削去兩端，插入上下樹皮間，綁以布片蘘類，更溶解接蠟，以手塗抹傷口全部，及接合部之上下，必獲良好結果也。

以上兩法，普通如受皮焦霜裂之害者，亦可應用。

接蠟之製法　樹脂四　蜜蠟二　獸脂一　混合溶解，更注以水，用塗油之手。十分揑製，但獸脂可以亞麻仁油代用，量約一·五。

（二）折傷　輕小之樹枝，若爲暴風吹折，可如披枝時，由基部切去，塗佈煤膠，主梢或大枝折斷時，塗布煤膠之外，更以鐵板或亞鉛板被覆之。

（三）窩之塡充　樹木外傷，若不速施治療，必至腐朽枯死，故塡充樹窩，亦甚必要，即先將腐朽部削除，並鏤爲窩形，俾易保持塡充物，然後掃其內面，用稀薄硫酸銅液（加十五倍水）消毒驅蟲，塗抹煤膠，乘其未固，即入水泥（Cement）塡充之。

（四）節孔　凡枝之切口，任意放置，必生新組織，以爲包被，其時樹枝基部，即堆積爲輪狀之木質部，年月遷延，卒至腐朽脫落，成爲節孔，節孔發生之後，宜由切口基部削除腐朽部分，如前用水泥塡之。

（五）樹叉。　樹木於近地部份，往往分歧，生幹二三本，所謂樹叉者是也，此等樹叉，常爲風所動搖，分歧部份，時起分裂現象，必宜緊縛樹叉，預爲防範，其適當方法，即貫通兩枝，穿一橫門，且隨樹木生長，橫門漸次埋沒，當無何等妨礙也（第二十八圖）。

第二十八圖

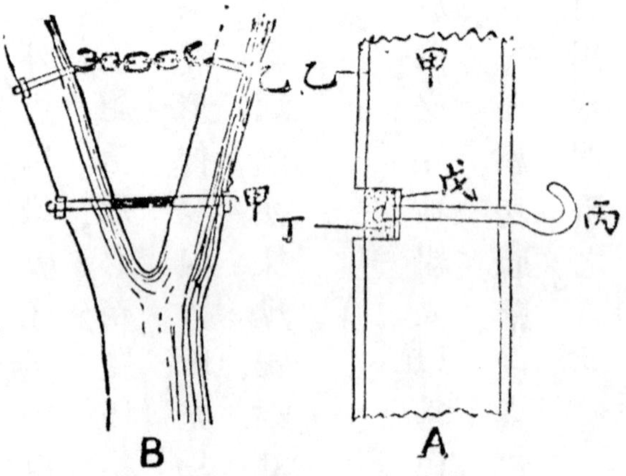

A　甲、木質部　乙、樹皮　丙、門　丁、水泥　戊、坐鐵與螺旋

B　甲、門緊法　乙、鎖縛法

第九章　街市行道樹之管理法

街市中既有多數之行道樹，自不可不講管理方法，普通分個人管理法及統一管理法兩種。

第一節　個人管理法

本法爲各住宅面前之行道樹，一任居住者撫育處理，就費用上觀之，頗稱良好，若由全體言之，實有如次之諸缺點。

一、主管之人不同，行道樹或樹種各異，距離不一，或剪定之方法程度，大異其趣。卒至參差不齊，釀生種種惡果。

二、發生病蟲害，不能一致預防驅除。

三、一般市民對於行道樹管理上之智識技術，皆不充分，故不能實行完全之管理方法，病蟲害之驅除上，亦屢屢坐失機宜。

四、管理上使用之器具機械，高價者使之購入，則於個人財囊之負擔太重，縱使價廉，亦屬不甚經濟，其結果較之統一管理法，必多耗費用也。

第二節　統一管理法

街市行道樹之統一管理法也者，乃於街市上特設行道樹管理機關，使全市行道樹，行歸納的管理者是也，個人管理法之諸缺點，得盡避去，故欲完成行道樹之目的，當捨此莫由，爰就實行此法之都市，舉其實例如次。

（一）華盛頓市。　美國實行統一管理法，其成績最著者，首推華盛頓市，一千八百七十二年哥倫比亞(Columbia)州衙，設有樹木及公園課(Tree and Parking Division）即爲行道樹管理機關之嚆矢，而據一千九百九年末，華盛頓市之調查，栽植樹數九萬四千七百九十本，皆依市之監督而栽植，一切經費，亦由市支出，每年約八萬圓，較之巴黎，不過半額，而管績殆較而上云云。

（二）巴黎市。　巴黎市之行道樹，亦由一定之機關爲統一的管理，樹數八萬六千本，（庭園公園諸樹不在其內）管理經費，約十六萬圓，但其中包含勞金，用其修繕，土壤換植，枯損木補植等費在內。

第二編　地方行道樹

前編所言，皆街市行道樹之主要者，街市以外，如地方村落間之行道樹，目的既未盡同，方式自宜有異，用假篇幅，約略言之。

第一章　地方行道樹之效用

地方行道樹，所以庇蔭路面，保持清潔，防過度之乾燥，減退風力，使塵埃不至飛揚，清鮮空氣，俾旅人住民，俱得衛生之益，兼增地方風致，此與街市行道樹相似之點也。更有木材薪炭可以利用，果實可以採取，然則於間接効用以外，復有經濟上之直接利益，斯歐洲所以邇來盛以果樹，栽植道旁，獲公私互益之效也。

例如蒲蘭西瓦（Braunschweig）侯國，國土僅三十五萬公頃，（每公頃約十六畝強）國道縣道，延長約四千五百餘里，兩側平均每二丈四尺，植樹一本，其總數達三百三十一萬本，其中二十一萬本係果樹，果樹中，蘋果佔百分之七十七，餘為櫻桃梨李杏之類，果樹中三分之二為已結果實，每本收入平均一元計，則有十二萬元之收入。

夠此普國，在德國聯邦中，行道樹數，乃在中位，此外如巴甸（Baden），撒克遜（Saehsen），惠爾敦（Würtemberg）等，植樹之數，皆比前者為多云。

第二章　地方行道樹應具之性質

地方行道樹應具之性質，與街市行道樹雖無大異，然其重且要者，大抵如次。

（甲）風土相宜之樹種

一、適於該地之土性及氣候者。

二、大苗移植，亦得活着者。

三、堪敵牛馬及其他之傷害者。

四、病蟲害少者，
五、抵抗風力強者。
六、生長迅速者。
（乙）適於吾人衛生上之樹種
一、爲落葉闊葉樹，蓋此類樹木，夏季於道路上，可爲適當之庇蔭，冬季可使日光射透路面。
二、無惡臭針刺者。
（丙）樹姿富於風致且不爲田地之妨害者。
（丁）樹葉宜大，適於庇蔭者。
（戊）枝葉堪以剪切者。
（己）壽命長者。
（庚）木材及果實俱有價值者。

第三章　地方行道樹之樹種

選擇地方行道樹之要件，當擇具備街市行道樹之諸性質外，尚得利用木材或產出高價果實且不爲農地之害者，茲就中國之中南北三大部，而舉其各部中最適應之林木與果樹，區別一二三三級，列記如左。

第一節　中國中部之地方行道樹

一　用材

一。級。　公孫樹　烏桕樹　櫨　椅樹　櫸樹　楝　赤松　黑松　秦皮
厚朴　美國白楊　鹽地樹　構樹　櫟　交讓木　枳椇

二。級。　篠懸木　朴　糙葉樹　赤楊　楓楊　皂莢　樟　梧桐　槭類
柳類　七葉樹　無患子　齊墩果　樗樹　洋槐　桉樹　三角楓
石楠

三。級。　杉　柳杉　花柏　扁柏　櫧類　虎皮楠　榧

二　果樹

一。級。柿樹　梨　桃　胡桃　柘榴

二。級。梅　杏　李　枇杷　無花果　楊梅　棗

第二節　中國南部之地方行道樹

一。級。杉　樟　楠　紫檀　桉樹　椰子　相思樹　竹柏　檳榔　荔枝
龍眼　榕　赤鐵樹　台灣松　橄欖樹　綿花木　菩提樹　檬
果樹　亞美利加合歡　鳳凰木

二。級。垂柳　烏桕　台灣柳　台灣赤楊　波斯棗

第三節　中國北部之地方行道樹

一　用材

一●級。七葉樹　榛　栗　美國白楊　榆類　公孫樹　秦皮　欅　黃蘗
白楊　厚朴　櫰槐　紫杉　樅

二。級。赤松　黑松　篠懸木　赤楊類　柳類　槭類　刺槐　柳杉　花柏　扁柏　杜松

二　果樹

一。級。蘋果　梨　柿

二。級。梅　杏　李　胡桃

第四章　地方行道樹之栽植及保護管理法

第一節　地方行道樹樹苗之大小及栽植時期

地方行道樹，亦如街市行道樹，須培養至一定之大小，然後一齊栽植，若用普通二三尺之小苗，必爲牛馬所蹂躪，兒童所攀折，不得良好之結果，故適於行道樹栽植之樹苗，至少須在十尺以上，直徑三寸左右。

第二節　苗木養成法

普通購入二三尺左右之小苗，相距四五尺，栽之田間，迨至十尺內外，始行

栽植，但於栽植之上年，乘未發芽前，將苗掘起，剪去若干之根，下枝刈去六七尺，樹冠剪成球形或鈍圓形，依五六尺之距離，移植一次，迨翌春發芽前，掘取該苗，切成根長約一尺四五寸之苗，然後包以濡菰，運搬至栽植地方可也。

第三節　栽植之位置

栽植地方行道樹，可如第二十九圖，保持於道路兩側，各距路邊二三尺而樹間距離約二丈乃至二丈五尺之位置，如道路狹隘，且東西向者，可僅就南側植之，惟一側植樹，體態不佳，迫不獲已，宜如次行之。

第二十九圖

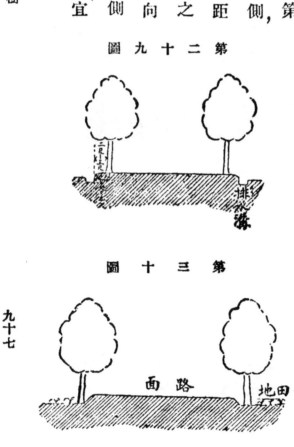

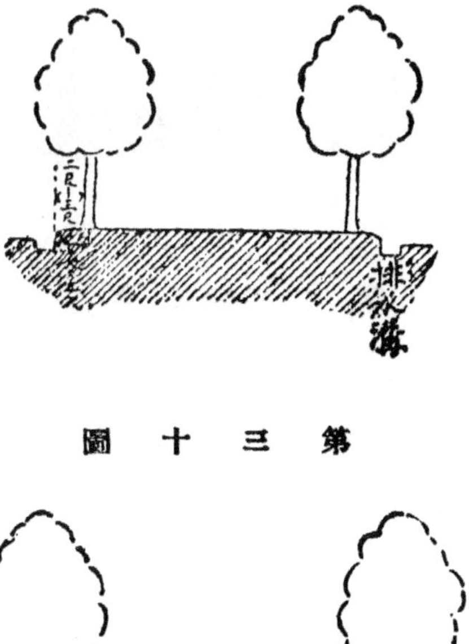

第三十圖

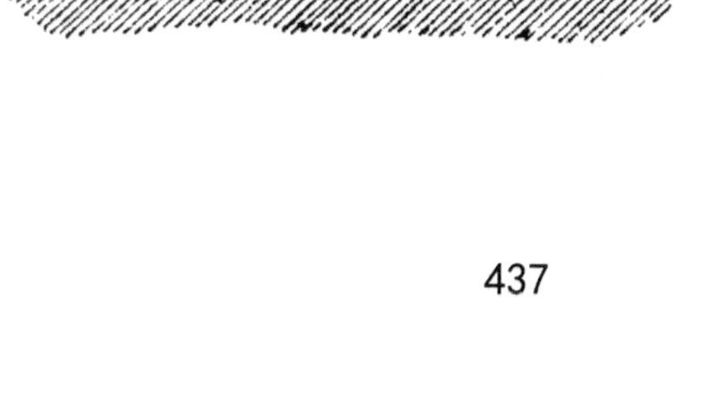

（一）道路兩側直接田地者，可栽之道旁之田地（第三十圖，）若其間有排水溝存在，則植於溝之外方(第三十一圖)。

（二）道路兩側，有排水溝或用水溝，溝外更有小畔者，則植之畔上。或一方植之畔上，他方植之路面或路面外之土地可也（第三十二圖。）

（三）道路兩側，俱有用水溝，當植於溝外或小堤之上。

第三十一圖

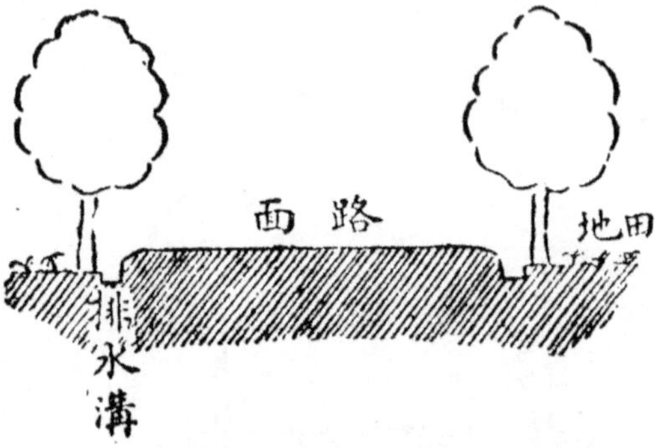

第三十二圖

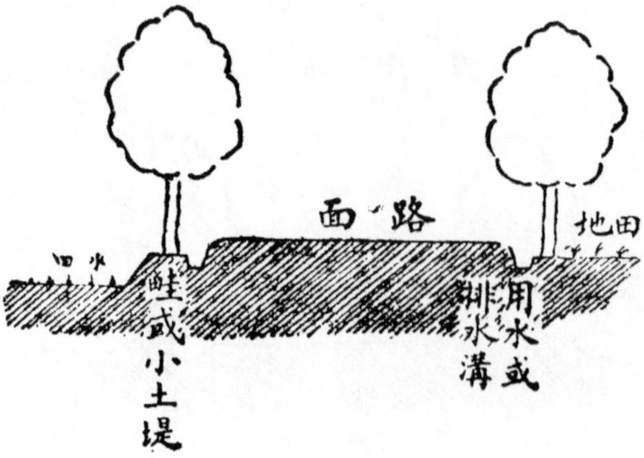

（四）道路若係貫通水田，路側並無何等畦畔小堤可以植樹者，宜於應植之位置添築直徑二三尺之半圓地，塡土植之可也，路幅在二丈以上者，如第三十三圖甲，在二丈以下者，如同圖乙可耳。

（五）切土道路，當如第三十四圖甲，植於排水溝外之傾斜面，或更上如乙可也。

第三十三圖

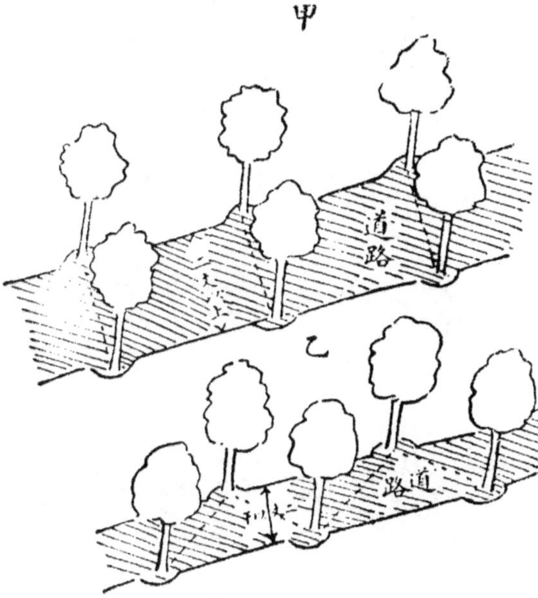

第三十四圖

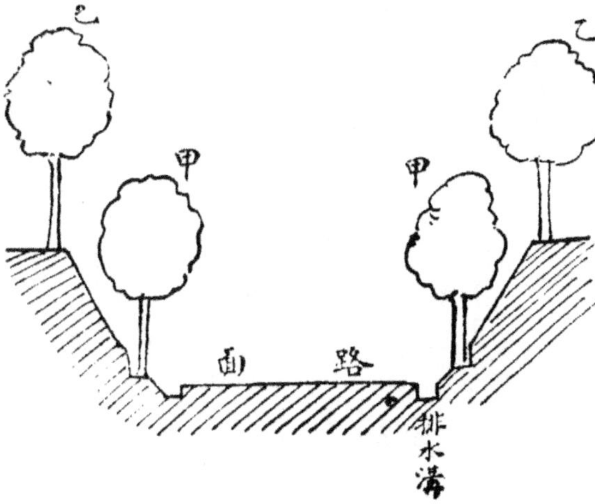

（六）道路若通山腹者，傍山方面，當植於排水溝外，如第三十五圖甲，傍谷方面，植於路邊乙或其下如丙。

（七）盛土道路，如第三十六圖兩側各下一二尺植之，此時樹木須選較高者，然後可與他樹相齊也。

（八）道路通過林內，且兩側有樹林之處，當無栽植行道樹之必要，然路幅在三丈以上，兩側儘有栽植之餘地者，仍有栽植之必要焉。

第三十五圖

第三十六圖

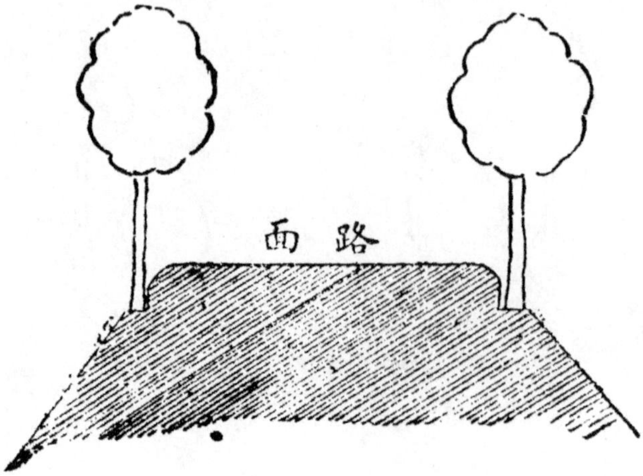

第四節 管理法

地方行道樹，宜使鄉自治鄉農會或其他青年團體學校等，當栽植管理之任，其收益更行部分制度，例如青年團管理之際，先由青年團購入樹苗，更分給各青年攜帶家中，弱任培養保護之勞，迨達一定之大小。同時栽於道路，他如保護管理並一切撫育事宜，一任青年團之自決，而青年團對於收益之分配，則以幾分歸諸己，幾分歸諸地主。

此外如由村立小學校管理者，則由小學校長分配小苗於各學生，使持歸培養，達一定之大，則由各家族一齊栽植，各學生各自管理其樹，常奏良好之成績，由是觀之，地方行道樹，得假小學生或青年之手，以爲栽植，似乎永久的紀念碑，他日覩物思情，感慨無量，所謂木猶如此，人何以堪者，豈止桓溫一人而已哉。

市政叢書

[illegible]道[illegible]

中華民國十七年五月初版

（每册定價大洋叁角伍分）

外埠酌加運費匯費

編纂者 張福仁

發行兼印刷者 商務印書館 上海寶山路

發行所 商務印書館 上海及各埠

Municipal Series
AVENUE OF TREE
By
CHANG FU JEN
1st ed., May, 1928
Price: $0.35, postage extra
THE COMMERCIAL PRESS, LTD.
Shanghai, China

一二四四張